JN056893

〔改訂版〕アマエビの生物学と日本海

繁殖戦略、その神秘のメカニズム

〔改訂版〕アマエビの生物学と日本海
——繁殖戦略、その神秘のメカニズム

目次

第2章　日本海のあらまし

第3章　日本海産アマエビの生態（研究結果から）

第4章　アマエビの生態と日本海

第5章　アマエビの生態学的知見に基づく資源利用

表紙　海洋台帳背景図（海上保安庁海洋情報部）

序章

1973（昭和48）年4月1日、水産大学（現東京海洋大学）を卒業した筆者は、上野駅から夜行列車「北陸」に乗って早朝の石川県・金沢駅に着いた。途中、汽車がガタゴトよく揺れたことを覚えている。後日、雪が多くて線路が傷むためと聞いた。

学生時代の国内旅行

これといって、石川県に縁があったわけではないが、千葉県と東京都内で育った筆者は、地方にあこがれて学生時代に寝袋を背負って日本各地を旅行した。実は、国内旅行よりも先に海外に関心があった。大学3年のとき、水産庁の調査船が世界一周航海の調査員を募集していることを知り、親には内緒で応募することを決意した。すっかり休学して海外に行くつもりでいたが、面接試験に落ちてしまった。同じような考えを持った学生は他に何人もいて、採用されたのは柔道部の学生であった。自身が所属していたワンダーフォーゲル部では軽く見られた、と今でも思っている。この結果には、相当落ち込んでいたようで、強面（こわもて）で普段は口もきけなかったもう一つの部活（海洋研究会）のI先輩が、見るに見兼ねて喫茶店に誘って励ましてくれた。この先にも、M先輩やK先輩には人生の節目で励ましていただいた。先輩とは、今にして思うと、ほんとうにありがたいものだ。翻（ひるがえ）って、自身がよき先輩だったかと思い起こすと、怪しくなってきたので、この辺で書き置く。以上のようなことがあって、学生時代の国内旅行は、傷心旅行でもあったわけである。

旅行では、もっぱら駅のベンチを一夜の旅枕としたので、宿泊代には困らなかった。ただ、中国地方のある駅では、寝袋に寝ているところを浮浪者に囲まれて、手も足も出せず、万事休すと思ったこともある。尤も、こちらも浮浪者然としていたので、仲間に思われたのか、危害を加えられずに助かった。ある時は、寝ているところを大勢のヒトに取り巻かれて、驚いて目を覚ましたこともある。何のことはない、寝ている上にテレビが置いてあって、それを観ているのであったが、衆目監視の中で寝袋から起き上がるには勇気がいった。

石川県に就職

そんな冷や汗ものの旅行を続ける中で、能登半島の印象が深く残り、何時かここで魚の研究をしたいと思うようになった。幸い、石川県の公務員試験にも合格して、地方での生活が始まったわけである。金沢駅に着いた筆者は、その足で石川県庁へ赴き、辞令交付を受けて、初めて金沢市内の県庁勤務を知ったのであった。能登半島の水産試験場へ行くつもりでいた筆者は、すっかり出鼻をくじかれてしまった。落ち込んでばかりはいられない。早速、住む所を決めなければならなかった。しかし、4月1日といえば、既に人事異動の季節は実質的には終わって、簡単にアパートなど見つかるはずもなかった。しばらくの間、県庁からバスで40分ほど離れた金沢港魚市場にある、漁師の仮眠所に転がり込むことになった。

それから金沢市内に下宿先が見つかるまでの3カ月余りの間、仮眠所に居候(いそうろう)することになったのである。金沢港魚市場は、底びき網漁船が多く出入りして活気があり、全国的にも珍しい夜セリをおこなう所であった。日が暮れるにしたがい、底びき網漁船が沖から次々と帰港して、カレイ、タイ、タコ、エビ、カニなど多彩な底びき魚を水揚げした。夜8時になると、セリが始まる。夜セリをおこなう理由は、同じ金沢市内にある金沢市中央卸売市場が午前3時から始まるので、全国一早いセリに間に合わせるためである。金沢市中央卸売市場は、鮮魚を扱う市場としては全国有数の規模を誇り、日本海側の各地から鮮魚が集まって来る。夜明け前にセリをおこなうのは、ここから再び全国各地に魚を届けるために必要な時間帯、ということのようだ。いずれも理にかなったこととはいえ、魚を扱う世界の厳しさを肌で感じることになった。

休漁と時化（しけ）の日を除いて、夜セリを見る機会に恵まれた筆者ではあったが、ただただ魚介類の多彩さや、次々と値決めしていくセリ人の手際のよさに感心するばかりであった。今から思うと、もっと魚の名前を覚えたり、季節的な特徴を頭に叩き込んでおくべきであったと、反省の念がよみがえってくる。そんな中で、後年、研究に精力をつぎ込むことになったアマエビは、1箱３kgの魚箱が連日のように数百箱から1千箱単位で水揚げされ、セリに掛けられていた。よく資源が枯渇しないものだと思った。また、当時は東京でエビを生食することはほとんどなく、金沢に来て初めてアマエビを生で食べた。ほのかな甘みに感動を覚えたものである。

結局、金沢での県庁勤務を5年経て、晴れて能登半島の宇出津（現在の能登町）にある水産試験場での勤務が実現した。試験場には試験船（総トン数１８９ｔ）があって、漁船と同じ装備が可能で、イカ釣り漁業、マス流し網漁業、底びき網漁業、籠（かご）漁業などを、漁師さながらに体験できたのは幸運であった。毎月のようにおこなわれる海洋観測では、３００ｍ以深から揚がって来る、驚くほど冷たい海水に直に触れることができた。

不思議な海・日本海

面白そうだと思って来た石川県ではあったが、当時の筆者の日本海に対する知識は心もとなかった。しかし、浅い知識しかなかった頭の中で、日本海ではイセエビとカツオが獲れないこと、北の冷たい海に生息するニシンが能登を通り越して黄海に分布すること、そして日本海の成因などに漠然とした疑問を持っていたように思う。魚類図鑑を見ても、カツオは日本海を除く日本列島近海に分布、と記載されている。魚類多しといえども、このような書き方をされているのは、他にマグロ類のビンナガ、キハダ、メバチだけだ。日本海が、特別で不思議な海、と思わせるには十分な情報であった。

そんなもやもやした気持ちを晴らしてくれたのが、京都大学の西村三郎博士が著した、名著の誉れ高い『日本海の成立』（１９７５，筑摩書房）であった。本書は、地球物理学的な成果が限られた時代で、生物地理学的観点から日本海の成因を論じたスケールの大きな内容で満たされていた。海や魚の研究者は勿論、一般の読者をも魅了した。今でこそ、氷期の海底環境を酸化的としていたことなど、後年に海底ボーリング調査が可能となって、幾つか訂正を必要とする点が生じている。しかし、当時としては画期的な書物で、西村本に影響を受けた研究者は数知れず、筆者も大いに啓発された一人である。

それから地球物理学は長足の進歩を遂げ、これまでの地球観も急速に変わりつつある。日本列島の形成についても、地球史上まれにみる激動を重ねて創られてきたことが、次々と明らかになっている。しかし、残念なことに、日本海の成因とそこに棲む海洋生物を扱った、西村本に匹敵する好書が、それ以降に出ていないのが現状である。また、関連する書籍があっても、日本海に関する解説が極めて乏しい。「日本海は日本列島が盛り上がって出来ており、このときに閉じ込められた底層水が日本海固有水の起源である」、「日本海は過去に酸欠状態になって海洋生物が死滅し、生物の多様性は高くない」、「８０００年前まで死の海であった」などである。「日本列島は１５００万年前に日本海が拡大して今の形になった」というのもある。誤りではないのかもしれないが、昨今の研究の進展を考えるならば、極めて不満足な説明としかいいようがない。

そもそも日本海は、生物の分布や多様性を支配する海底地形や海底地質が複雑極まりない。このことに触れられることもなく、日本海が語られるのは腹立たしくもある。最近になって、京都大学の気鋭の鎌田浩毅博士が著わした『地学ノススメ「日本列島のいま」を知るために』（2017，講談社）を読んだ。しかし、日本海のことが全く触れられておらず、ガッカリした。なお、鎌田博士の名誉のために述べておくと、別途上梓された3冊から成る大著『地球の歴史』（2016，中央公論新社）では、日本海について十数ページを割いて語っており、本書でも参考にさせていただいた。

いずれにせよ、日本海は、日本人にとって多大な恩恵を受けている、極めて身近な存在でありながら、その全体像を手軽に解説する書籍が極めて少ないのである。そこで本書では、日本海とそこに棲む海洋生物について、新しい知見も踏まえて、わかりやすく紹介したいと考えた。しかし、この大きな課題を正面から扱うには、筆者の力不足は明らかであった。そこで、筆者が研究したアマエビを通じて、日本海の不思議に触れてみることにした。

アマエビは神秘的

さて本書の鍵となる生物アマエビは、ブリ、ズワイガニ、マダラ、アンコウなどと並ぶ日本海の代表的な味覚で、標準和名をホッコクアカエビという。大きめだと、1尾で数百円の値がつく、随分と高価なエビである。一時は、漁獲量が減少して「ピンクのダイヤモンド」の異名をとったこともある。そもそも、アマエビというのは地方名で、石川県金沢が発祥の地とされている。食べたときの独特の甘みから、この名前がつけられたのであろう。この甘みは、アミノ酸の一種のグリシン、アラニン、プロリンなどが元になっているが、水溶性の「とろみ」も影響している。したがって、生（なま）で食べたときに最も特徴がある。江戸時代後期、加賀藩士にして郷土史家であった富田景周の著わした『加越能三州地理志稿』（1798）に、地元の産物の一つとして「甘蝦」が挙げられている（山下欣二，1996）。語源は不明であるが、金沢と関係が深いことは疑いない。

日本海側では、北陸地方の「甘えび」、新潟県の「南蛮海老」、山陰地方の「赤えび」などの地方名で、比較的古くから親しまれているが、今ではアマエビが全国区だ。そこで本書でも、アマエビの名前を用いることにする。

アマエビは、成長しても全長15㎝足らずの小さなエビで、生物学上の大きな特徴として、オスからメスに性転換することが挙げられる。そのライフ・スタイルは、何とも特異で神秘的だ。この特徴は、テレビなどを通じて、今では一般のヒトにもかなり知られるようになった。日本海では、水深500m前後を主な生息場としており、今話題の深海生物の一種である。したがって、その生態についてはわからないことが多い。

今風に喩えると、スカイツリーの展望台から地上にいる全長15㎝足らずの生物を探し当てて調べようというのであるから、生態がわからなかったのも無理からぬことである。また、水深500m前後となると、水温は1℃以下で、ヒトが10秒と手をつけていられない冷たい海である。低温下では、生理代謝作用が不活発になる。そのため、成長は極めて遅いことになる。しかし、その割に漁獲量が比較的多い、という不思議な海洋生物でもある。

深海生物を育む「日本海固有水」

アマエビが生息する日本海は、太平洋の縁海で、表面積（約101・3万㎢で、日本列島の約2.7倍）は全大洋の約0.3％（太平洋の約0.6％）、平均水深は約1752mと、面積の割に極めて深い。一方、外洋と繋がる4つの海峡の水深は、最大でも津軽海峡の140mと浅い。ちょうど洗面器の底のようになって、水深３００ｍよりも深い所は、外洋と直接繋がることはない。水温が1℃以下、塩分が34・0台で周年変化の少ない、いわゆる「日本海固有水」で占められている（全体積の約85％）。日本海固有水は、溶存酸素量が表層海水並みに多いことも特徴で、多くの深海生物を育むことができる。世界を見渡しても類を見ないこの海洋環境は、１９３０年代に我が国の海洋学者による丹念な観測データから発見された。今では、国際的な学術用語 Japan Sea Proper Water として通用する。この特異といってもよい海洋環境は、日本海産アマエビが、世界的に見て分布の最南端に位置することを可能としているほか、これから述べるさまざまな点で生態学的な特異性を見いだせる原因となっている。

アマエビ研究から知ったこと

本書では、素朴な疑問に答える形で論を進めていく。第1章でアマエビの生物学について基礎的知見を概説する。第2章では日本海とそこに棲む海洋生物のあらましを、筆者のささやかな研究生活で体験したことを交えて記述した。記述に当たっては、松尾芭蕉（１６４４～94年）が『おくのほそ道』で詠んだ句を折々で引用した。芭蕉が初めて見た日本海側で詠んだ句に興味があったからである。３００年以上も前の１６８９年、芭蕉は新暦で5月16日に東京深川を発ち、東北から日本海側を経て10月3日に岐阜県大垣に至るまで、全行程約２４００㎞の紀行文を残した。第3章では、筆者が研究した日本海産アマエビの生態学的特性を紹介し、他海域産との比較を通じて、その生態学的な特異性を述べた。第4章では、前章で述べた日本海産アマエビの生態学的特異性の由来を、日本海の形成史と関連づけて考察した。最後に第5章では、前章までに紹介した知見を踏まえて、日本海産アマエビの資源利用の方策や、今後の課題について述べた。

第1章　アマエビの生物学

1 アマエビのかたち

性転換するって本当？

「アマエビは美味しいんだけど、殻を取るのが面倒で…。」そんな声を聞いたことがあります。アマエビには19もの節があり、それぞれに触覚、餌をつかむ顎脚、歩くための歩脚などがついています。子持ちのアマエビも美味ですが、何とアマエビは小さい時はオス、大きくなるとメスになります。卵は孵化すると幼生になり7回の脱皮を経てやっと、エビの形をした稚エビになります。

アマエビは、標準和名がホッコクアカエビであることを既に述べた。分類学的には、節足動物門・甲殻綱・十脚目のタラバエビ科タラバエビ属の1種で、学名は ***Pandalus eous*** (Makarov,1935)である（**写真1—1**）。タラが漁獲される深い海

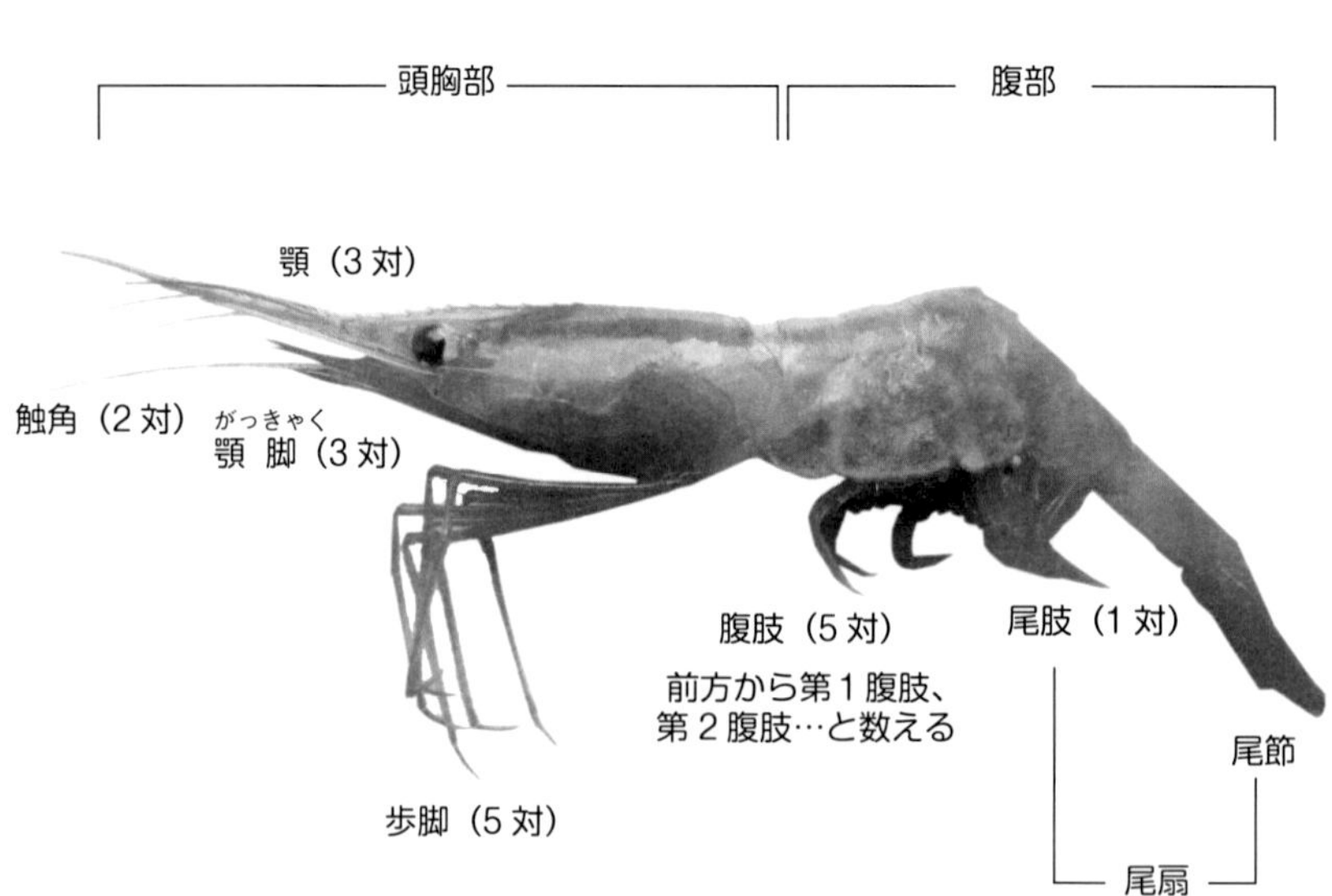

写真 1-1　日本海産アマエビ（幼生孵化前の抱卵メス）

（鱈場）に棲むことから、「タラバエビ」と総称されていた。それを、東京帝大の横屋猷博士が、1934年の日本水産学会報第6巻第1号で「ホッコクアカエビ」と命名した。英語名では、ノーザンシュリンプ、ピンクシュリンプ、ディープシーシュリンプが用いられている。

全体で19の体節構造

形態的には、節足動物の特徴として、外側が固いキチン質の外皮で覆われ、外敵や乾燥から体を守っている。しかし、脱皮をしなければ成長できないという、負の側面もある。成体は、全部で19の体節構造から成っており、それぞれに付属肢がつく。頭部（5節）に2対の触角と3対の顎、胸部（8節）に3対の顎脚と5対の歩脚、腹部（6節）に6対の腹肢と末端に尾節が加わる。第6節の腹肢は、変形して尾肢となり、尾節と合わせて尾の部分「尾扇」を形成する。頭部と胸部は、一緒になって一枚の甲羅に覆われることから、頭胸部と呼ばれている。

脱皮では、頭胸部と腹部の間から後ろに抜け出し、体の柔らかい間に水分を飲み込んで、体内の圧力を上げて一回り大きくなる。頭胸部の前縁は、眼柄を納める窪み（眼窩）になっている。眼窩後縁から背甲末端までの距離（頭胸甲長）を、大きさの基本として用いることが多い。また、頭胸部の先端には、頭胸部の長さの約1.5倍に伸びた額角があり、本種を特徴づけている。

以上が全体像であるが、それぞれに次のような役割がある。まず、第1触角は臭覚を、第2触角は長く発達して触覚に関係する。頭部の3対の顎と胸部の3対の顎脚は、口の左右にあって口器と呼ばれ、顎脚がつかまえた餌を口に運んで顎でかみ砕く。歩脚は、文字通り歩行するためのもので、「十脚目」の語源となっている。第2歩脚は、先端が鋏状になっており、外形が基本的には左右対称の構造をしている中で、注意深く見ると左脚だけが不釣り合いに長い。進化の過程で形成されたとはいえ、不思議なことである。

小さい時は精巣、大きくなると卵巣が発達

オスでは第5歩脚の付け根に精管が、メスでは第3歩脚の付け根に卵管が開口する。体内の生殖腺は、小さいときは精巣が成熟し、大きくなると精巣が縮小して卵巣が発達・成熟する。腹肢は、遊泳肢とも呼ばれ、平べったい形をして遊泳に用いられるほか、メスになると卵を抱える部分になる。第1・2腹肢の中ほどから先は、外肢と内肢に分かれ、内肢側には小さな突起がある。この突起は、成長して性的に成熟すると形を変えることから（第2次性徴）、オスとメスを見分ける決め手となる。本種は交尾器を有していないため、精子の受け渡しは、オスとメスが抱き合って、オスの第5歩脚の生殖孔から出された精包（精子の詰まった袋）をメスの第3歩脚の生殖孔の近くにくっつける。したがって、正確には交尾ではなく交接になる。尤も、英語では共にcopulationで、区別はない。このときに、第1・2腹肢の内肢側の小突起は、何等かの働きをしていると考えられるが、確かなことはわかっていない。

幼生が7回の脱皮を経て稚エビに

交尾・産卵後のメスは、肉眼で数えるには難しいほどの小さな受精卵を、孵化までの一定期間、腹肢に付着させて保護する（抱卵個体）。孵化幼生（ゾエアⅠ期：図1―1）は、全長6㎜ほどで、既に頭胸部と腹部を区別でき、浮遊生活を始める。ゾエア幼生は、脱皮ごとに腹部の分節と付属肢がはっきりしてくる。7回の脱皮を経ると、稚エビに変態して底棲（ていせい）生活を始める。稚エビ直前のゾエアⅦ期は、頭胸甲長で3.4～4.4㎜の大きさになる。

余談になるが、クルマエビの産卵生態は、数十万の受精卵を海中に放つ小卵多産型で、孵化幼

生は成体とは全く形の異なるノープリウス幼生である。アマエビは、クルマエビと比較すると、大卵少産型ということになる。いずれも、生息環境によって、最も効率的に子孫を残すために選択された戦略と考えられる。生物の世界は、実に多様で、一つの考えで説明し尽くせるものではないことがわかる。

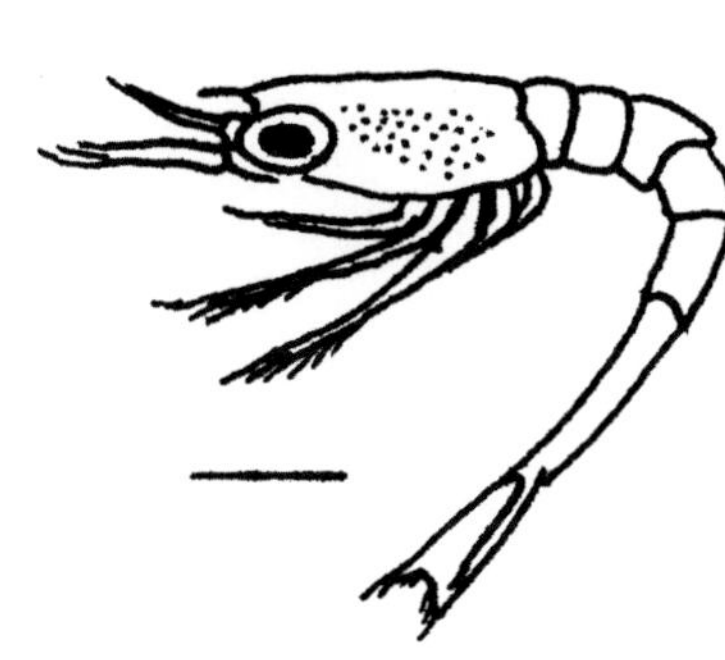

図 1-1　卵から孵化後のアマエビ浮遊幼生（ゾエアⅠ期：既に成体と同じ形で、7回の脱皮を経て稚エビになる。図中のスケールは 1㎜）

2 アマエビの分布と漁獲量
日本特産？それとも世界中で獲れる？

アマエビといえば石川県！　と言いたいところですが、実は北太平洋の冷水域に広く分布しています。ただ、日本での生産はほとんどが日本海側。尤も、現在では輸入が国産の約3倍にもなりますが、そのほとんどは実は別種と判明した北大西洋産だったということです。

日本ではほとんどが日本海産、輸入は約3倍

アマエビは、北太平洋の冷水域に広く分布する産業上の重要種である。ベーリング海、アラスカ湾からカナダのコロンビア沖、オホーツク海から日本海に至る海域で多く生産（漁獲）されている。

日本列島近海では、日本海側で島根県以北、太平洋側で宮城県以北に分布するが、日本海での生産がほとんどを占める。近年の漁獲量は、年に約３千ｔ（金額にして30億円余り）である。我が国のエビ類資源の生産量が、養殖を含めて２万ｔ弱にすぎないことから、アマエビは我が国有数のエビ類資源ということになる。

近年、国外から国内生産量の約３倍に匹敵する１万ｔ前後が輸入されているが、その多くをカナダ、グリーンランドなど、北大西洋産が占める。

輸入量は、１９８０年代に急増して１９９４年には４万ｔ近くに達した。その後は、３万ｔから１万ｔの間で推移している。**図1―2**に国内生産量、輸入量、国内の産地価格の推移を示した。それによると、国内の産地価格は、輸入量の増加に反比例して低下していることが、見て取れる。

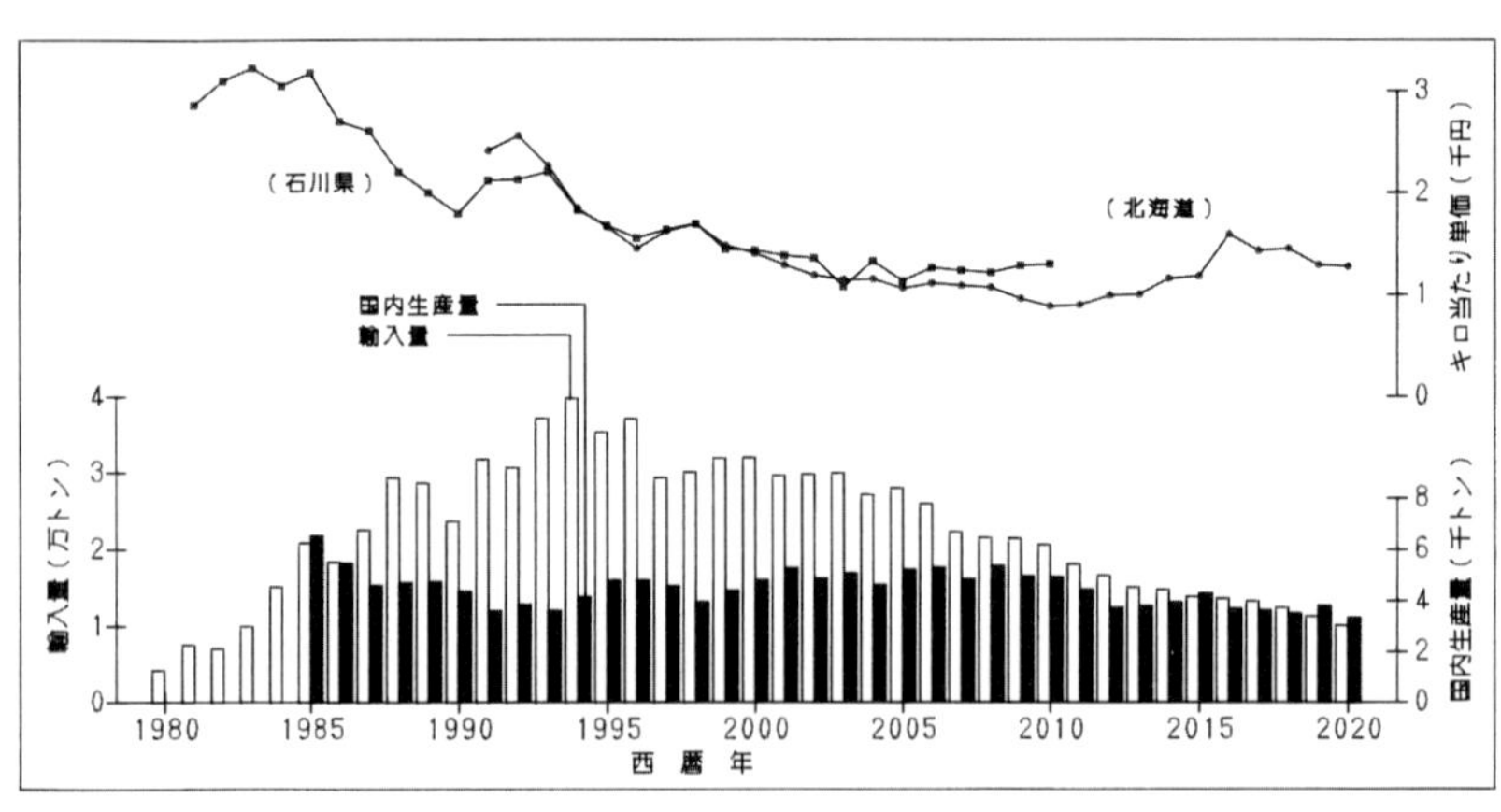

図1-2　アマエビの国内生産量、輸入量、国内産地価格（石川県・北海道）の推移（輸入量は1980年代に急増して1994年に4万t近くに達し、国内産地価格は輸入量に反比例するように低下。水産庁漁業資源評価資料、北海道水産現勢、農林水産省農林水産物品目別実績（輸入）、石川農林水産統計、聞き取りにより作成）

北太平洋産と北大西洋産は別種

　なお、北太平洋産は、バレンツ海から北海、西グリーンランドからカナダのメイン湾に至る海域に分布する北大西洋産（***Pandalus borealis*** (Kroyer,1838)）の亜種に、長いこと位置づけられていた。しかし、１９９２年にカナダのスクワイアズ（Squires）が著した論文によって、北太平洋産は、幼生が大型であること、成体の額角が明らかに長いこと、第３腹節上の隆起が尖っていること、および第２触角鱗片（しょっかくりんぺん）の幅が広いことなどから、独立した種と認定された。従来は、亜種とされていたものが、種のレベルに昇格したのである。甲殻類では、外形が似ていても、繁殖生態を調べてみたら別種だった、ということが今でもあるようだ。北太平洋産と北大西洋産は別種ということになり、先述した北太平洋産の学名は、後から与えられたものである。両種は、外見的にはほとんど区別がつかず、いずれも深海の冷水域に生息していることから、姿も生活様式も似通った近縁種という位置づけになる。

　なお、北大西洋産は、アマエビとは種が異なるが、我が国ではいずれもアマエビとして流通しているのが実態である。日本列島近海産とは別に、市場に多く出回るようになった北大西洋のノルウェー産サバのようなものである。そこで、北大西洋産については、ホンホッコクアカエビの和名を与えて区別するよう提唱する専門家もいるが、筆者には本末転倒のように思えてならない。理由は、第２章で触れる。

　本書では、日本海産アマエビの生態学的特性を明らかにするため、日本海産だけを見ていたのではわからない。そこで、随所で北太平洋の他海域産と北大西洋産との比較をおこなった。その際、混乱を避けるため、以下では北太平洋に分布する ***Pandalus eous*** を北太平洋産、北大西洋に分布する ***Pandalus borealis*** を北大西洋産と、区別して表記する。

3 アマエビ漁
深い海底の小さなエビ、どうやって獲る？

漁法は底びき網と籠漁業。昔は地元で食される程度で、流通・消費が盛んになったのは比較的新しい。漁船の大型化やＧＰＳの導入による乱獲で漁獲量は激減し、その後、漸増を続けるも、現在の日本の漁獲量は最盛期だった70年代の約３～４分の１となっています。近年は遠く大和堆（やまとたい）にも出漁しています。

１９６０年代から本格的な漁獲

日本海のアマエビ漁は、１９２０年代に動力を用いた底びき網漁業が導入されて以降、漁獲量の増加が顕著になった。更に、籠漁業が北海道の日本海側で１９５９年に開発され、続いて本州日本海側の新潟県（１９６２年～）、石川県（１９６８年～）でも本格的な漁が始まった。これらによって、日本海のアマエビ漁の生産基盤が整い、今では図１―３に示すように、本州沖、北海道沖、それと大和堆を漁場とする漁業が盛んにおこなわれるようになった。

古くは、『御手洗の歴史』（１９５５）によると、現在の石川県白山市の漁村で、明治15（１８８２）年当時に農商務省へ宛てた産高報告がある。「手繰網ヲ使用スル（中略）６名集リ、沖合13里ヨリ15里マデノ漁場ニ至リ浮標樽ヲ附ケタル１網ニ鎮石数個ヲ附ケ潮流ニ下シ廻リ、再ビ浮樽ヲ去リ換ルニ量目１貫目ノ石ヲ附ケ藁縄百尋ヲ足ス。而シテ船ニハ帆ヲ揚ゲ風ヲ孕マセ櫓ヲ扱ギ網ヲ曳クコト14～15丁ヨリ遠キハ、１里許リニシテ、船中ニ繰リ上ゲ捕フルナリ。１日間２度使用スルヲ常トス。」とあり、11月から４月までの間、一種の底びき網を使って、ズワイガニのほかにアマエビを

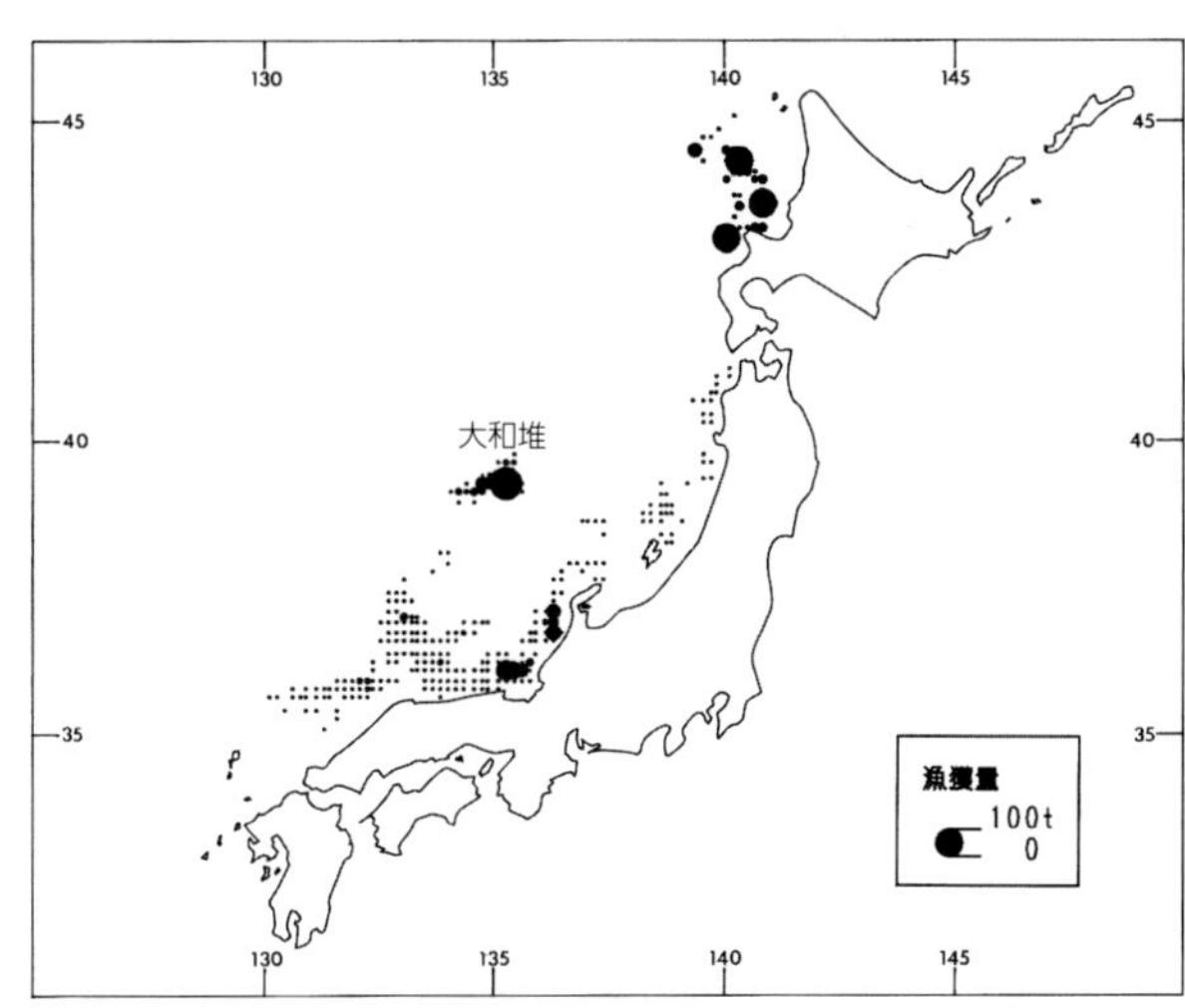

図 1-3　日本海のアマエビ漁場（本州沖、北海道沖、それに大和堆が主な漁場。日本海区水産研究所の統計資料と北海道立水産試験場の報告書により 1995 年時点で作成）

漁獲したことが窺われる。ズワイガニの産額が主で、アマエビの詳細については触れられていない。しかし、明治初期にアマエビが漁獲されていたことは明らかである。先述した江戸時代後期に、加賀藩の産物に挙げられていた「甘蝦」とも符合する。第３章で詳しく述べるが、幼生を孵化するため、浅海へ移動して来た抱卵個体を漁獲したと考えられる。１００年以上も前に、先人が、冬の日本海で、時化（しけ）の合間に小舟をあやつって命がけで操業したことは、想像に難くない。

昔は僅かの産額、「おやつがわり」

国外では、北大西洋産を対象にした漁業が、南ノルウェーおよびスウェーデンで１８８９年に開始された、という報告がある。日本海のアマエビ資源の開発が、世界的に見ても遅れをとっていないことがわかる。尤も、当時の産額は僅かで、『石川県水産の歩み』（１９６９）によると、

１９０７年のズワイガニと「タラバエビ」の販路調査では、「いずれも漁獲は多いが地元消費のため低廉であるので、東京方面に出荷してみたが輸送費が嵩み不利であった」とある。また、石川県内の湊町では、戦後多く水揚げされたものの、塩ゆでしておやつがわりに食べた、という程度のものであった。したがって、アマエビの漁業あるいは消費を巡って、目まぐるしい動きが台頭してきたのは、比較的近年になってからのことである。

日本独特の底びき網漁「かけ廻し」

日本海の底びき網漁業は、正式には機船底曳網漁業手繰第1種漁業である。総トン数15t以上で農林水産大臣許可を受けた沖合底曳網漁業と、15t未満で隻数制限のある法定知事許可を受けた小型底曳網漁業に分けられる。アマエビ漁は、主に9〜49tの漁船で操業されているが、トロール網漁業のように網を開くための開口板の使用が禁止された、我が国独特の漁法（かけ廻し）が用いられている。

その漁法とは、このようだ（図1—4）。漁船から浮樽、チェーン、網、チェーンの順に、各部がひし形の角の位置にくるようにロープを海に投げ入れ、最後は元に戻って浮樽を回収する。簡単に述べてしまったが、波や風があると浮樽の回収は困難を極める。ロープをプロペラに巻く危険があるからだ。したがって、操船して樽をう

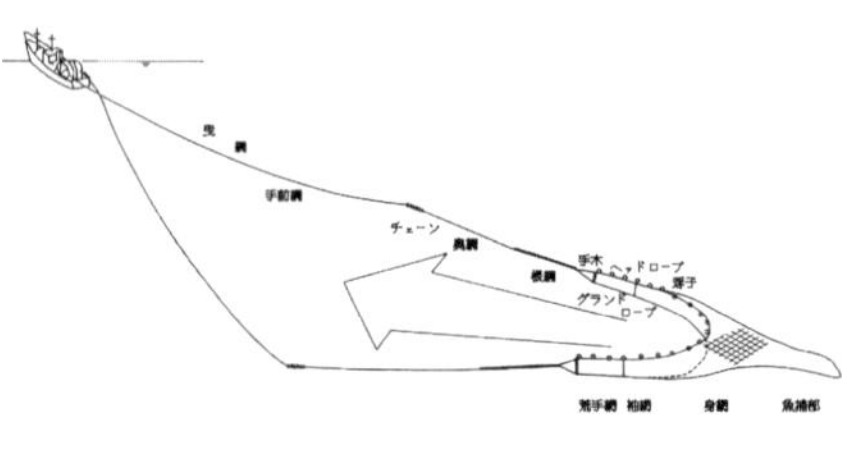

図 1-4　底びき網（かけ廻し）

は、相当の熟練を要する。ばしめたものだ。後は、kt（ノット knot の略、1１８５２mの速さで、1値）のゆっくりした速度かし、曳網によって両端第に中に寄ってくるため、と曳網は終了だ。最後に、プを巻いて網を船内に曳プの長さは、水深のおよ

そ3倍を要し、アマエビ漁場では1500m×2本ということになる。1操業に要する時間は、投網に約40分、曳網に約2時間、揚網に約30分といったところで、昼夜を問わず繰り返される。

日本海では、過度の漁獲圧を避けるため、効率的なトロール網漁業が禁止された。また、底びき網漁業では許可制を導入して、隻数を制限するとともに、漁船の大型化に際しては小型船の廃業トン数を見合いとしている。規制緩和が叫ばれる折ではあるが、水産資源を合理的に利用していくためには、止むを得ない措置だ。

北海道、新潟、石川で籠漁業

籠漁業は、当初、トヤマエビやバイ貝を漁獲していたが、徐々に深い海で操業するようになって、アマエビに辿り着いた。底びき網漁業よりも遅れて開発された後発漁業ということもあって、主要な漁場は北海道、新潟県、石川県に限られる。いずれも、知事許可漁業として、操業区域や操業期間など、さまざまな制限も受けている。本州側で総トン数3~20t、北海道では100tを超える漁船もある。北海道では、えび桁網（一種の底びき網）漁業が盛んであったが、ヒラメ・カレイ類資源への漁獲圧を軽減するため、道庁の漁業政策で1987年にえび籠漁業への転換が図られた。北海道西部は、日本海側屈指のアマエビ漁場で、日本海の漁獲量の半分近くを占める。

操業方法は、石川県西海地区の例で見ると、1連2000mほどのロープに籠400個を取りつけて、何連かを操業位置を変えて投籠する（図1―5）。道県によって、ロープの長さや籠数は異なる。籠の形や大きさも、経験から編み出されたものが多い。高さは60cmほどで、入り口が横にあったり上にあったりとさまざまである。餌はニシン、ス

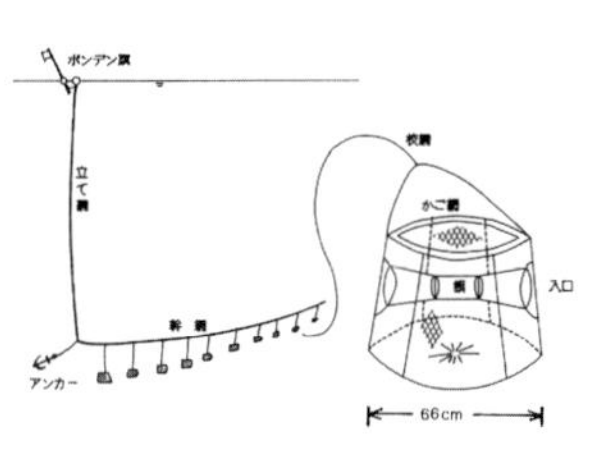

図1-5　籠漁業

ケトウダラ、サバなどが使われている。籠漁業は、その特性から、活エビの状態で漁獲できる他、網目を大きくして小さいエビの漁獲を避けられる、という利点がある。

80年代乱獲で漁獲量が減少、その後増加傾向

近年の我が国の漁獲量動向は、本州と北海道の日本海側を中心に、1991年の約3600tを底として増加傾向にあり、2010年には約4900tを記録した。尤も、最盛期の1970年代当時と比較すると、約4分の1から3分の1に過ぎず、著しく減少しているのが現状である。漁獲量の減少には、1977年の200海里漁業規制によって、ベーリング海からエビ・トロール網漁業の撤退を余儀なくされたことによる影響が大きい。しかし、本州日本海側だけを見ても、漁獲量は最盛期と比較すると減少している府県が多く、特に200海里漁業規制が定着した1980年代に著しい。（図1―6）

そこで、石川県の統計資料によって詳細を見てみる。図1―7に、漁獲量（沿岸と大和堆を区別）の経年変化と、底びき網漁船のトン数階層別隻数の推移を示した。1980年代の漁獲量の減少は、概ね先の本州日本海側と同様である。次に、トン数階層別隻数の推移を見ると、漁船の大型化が1980年代にピークに達したことがわかる。漁獲量の急激な減少は、漁船の大型化に符合するといってもよい。漁船の大型化は、漁獲能力の高い高馬力化に他ならない。更に、同時期の航海計器（特にGPS＝Global Positioning System、全球測位衛星システム）の目覚ましい発展は、漁獲能力を著しく向上させた。かつての操業方法は、「山だめ」といって、沖から見える山や建物の角度から海上の位置を割り出していた。しかし、GPSは、以前に好漁した漁場へ寸分たがわず導いてくれる。漁獲能力の向上は、一時的に漁獲量の増加をもたらした。しかし、その後の漁獲量の急激な

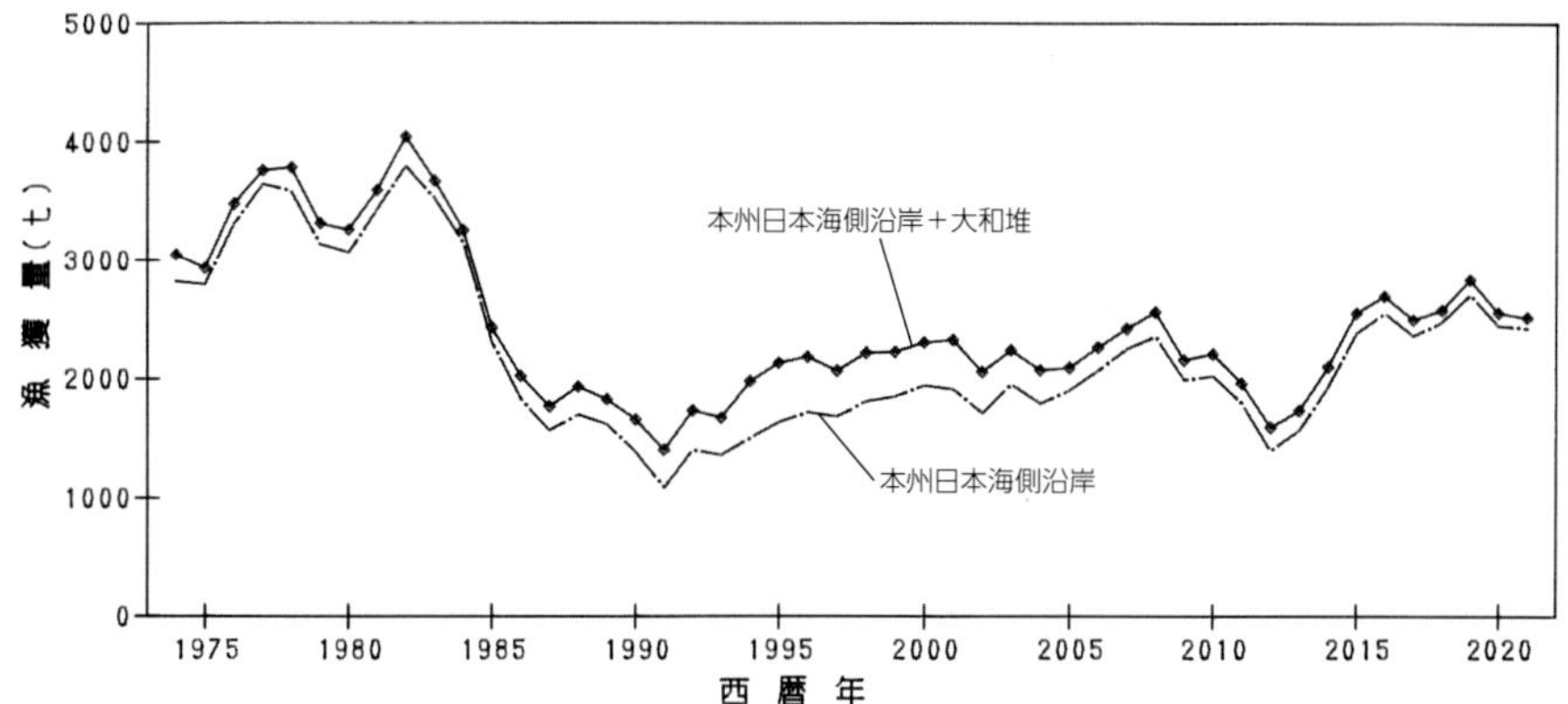

図 1-6　本州日本海側のアマエビ漁獲量の経年変化（1980 年代に急減、1991 年を底に増加しつつあるが最盛期には及ばず。この間、大和堆が重要な位置を占めるようになる。日本海区水産研究所の統計資料と聞き取りにより作成）

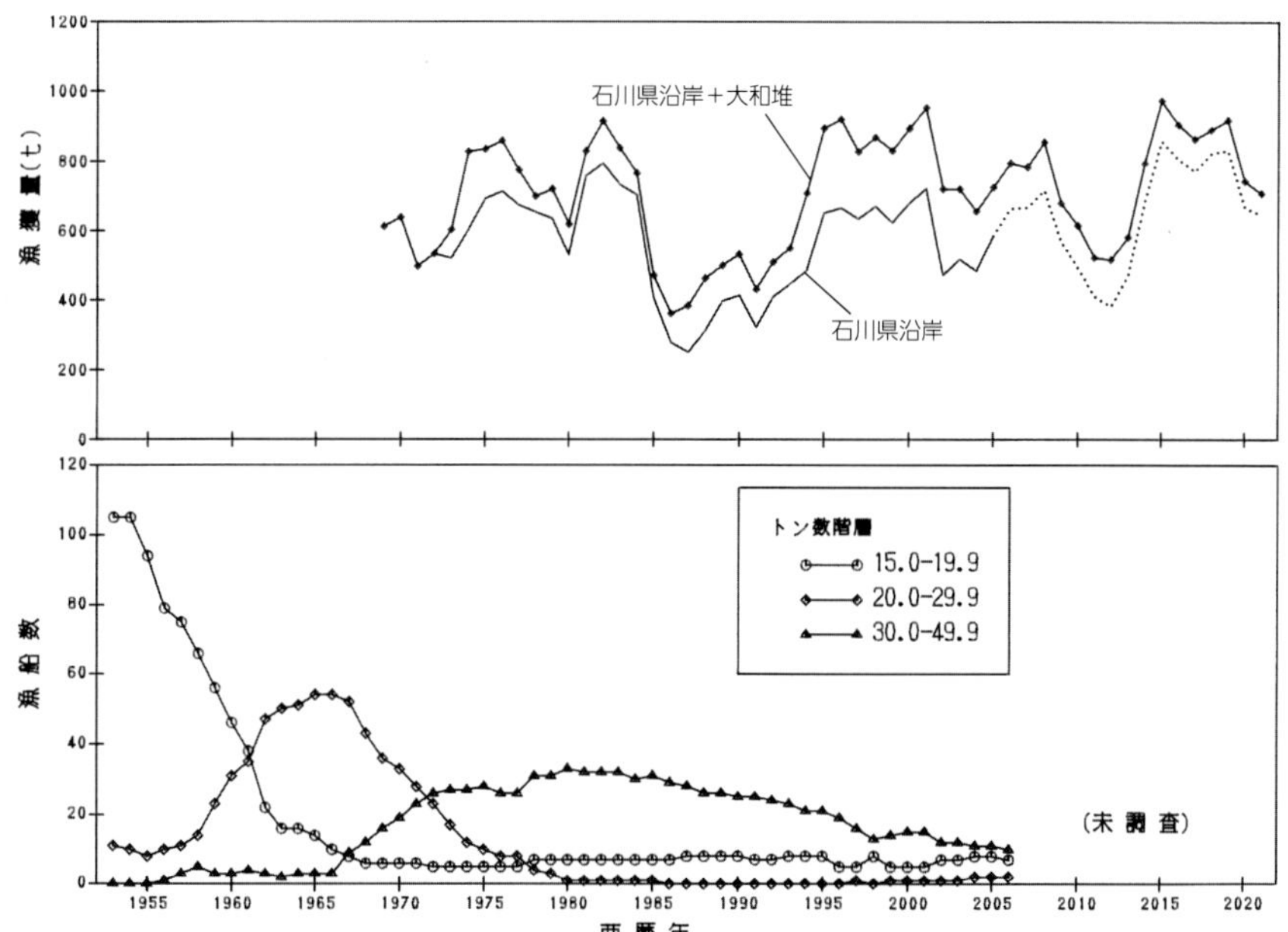

図 1-7　石川県のアマエビ漁獲量の経年変化（上図、2006 年以降の大和堆の漁獲量は推定値）と底びき網漁船のトン数階層別隻数の推移（下図）（1980 年代に漁船の大型化がピークに達した段階で漁獲量が急減したことが窺える。その後、漁獲量は徐々に増加しつつあるがその原因についてはさまざまな要因が考えられる。石川農林水産統計年報と聞き取りにより作成）

減少に繋がったと考えられる。乱獲である。近年の漁獲量は、底を打った後にゆるやかな増加に転じたが、石川県の増加のテンポは、本州日本海側に勝って推移した。この点についての立ち入った論議は、第5章にゆずることにする。

石川では漁獲量の8割が底びき網

日本海のアマエビ漁ということでは、大和堆に触れないわけにはいかない。大和堆は、1970年代に開発された漁場である。沿岸で底びき網漁業が禁漁となる7・8月を主に、沖合底曳網漁船が出漁するようになった。石川県金沢港からだと、片道約15時間の航海を要し、簡単に利用できる漁場ではない。しかし、図1―6にも示されているように、特に沿岸での漁獲量の不振が顕著となった1980年代の中頃以降、石川県・福井県などから出漁する漁船が増加した。多い年では、本州日本海側の漁獲量の約4分の1（1995年で497t）を占めるほどであった。最近は、沿岸の漁獲量の増加と漁業用燃油の高騰で、出漁機会は幾分減る傾向にある。しかし、今後も、本州日本海側の補完的漁場として、大和堆漁場の重要性が失われることはないと考えられる。

これらの結果、日本海のアマエビ漁は、本州日本海側で底びき網漁業が、北海道と本州日本海側の一部の県で籠漁業がおこなわれている。そして、漁獲量の半分強を籠漁業が占めている。なお、本州日本海側の底びき網漁業の漁獲量のうち、一部を大和堆産が占める。石川県の場合では、大和堆を除くと、漁獲量の8割前後を底びき網漁業が占めている。

かくして現在、我が国で生産されているアマエビは、北海道の太平洋側で僅かに漁獲されているものの、ほとんどが日本海産ということになる。日本海の特産種たる由縁である。

ところで、近年の乱獲による漁獲量の減少は、アマエビにとどまらず、ズワイガニ、アカガレイなどの底魚資源にも共通して認められている。我が国沿岸漁業の特徴であるとともに、最大の課題の一つでもある。このまま無秩序な開発が進めば、資源の枯渇もそう遠い先の話ではなくなってしまう。

そこで、水産資源としてのアマエビの生態学的特性を明らかにすることは、資源を絶やすことなく、持続的に利用していくうえで、極めて重要な課題になる。

４　アマエビの消費
日本人は無類のエビ好き

刺身・寿司ネタとして人気のアマエビ。近年、輸入量が増加し、エビ類全体の１割弱、約１万ｔにもなっています。一方で、国内市場の市価低迷や海外での乱獲が懸念されてもいます。

日本人はエビ好きの国民である。エビの需要を満たすため、国内生産に留まらず、経済成長とともに国外からの輸入量が急激に増加した。特にエビは、他の水産物に先立って、１９６１年から輸入自由化が図られた。これが、輸入量の増加を後押しした。１９９０年代のことになるが、コレステロールを多く含むエビ・イカなどの水産物が、脳卒中や心臓病の原因となる動脈硬化を引き起こす要因の一つとしてやり玉に挙がる騒ぎがあった。しかし、一緒に含まれるタウリンが、血液中のコレステロール濃度を低下させることがわかって、一時的に落ち込んだ消費の問題は解消された。

養殖クルマエビ類に次ぐ人気

２０２１年の我が国のエビ類輸入量（生鮮、冷蔵、冷凍）は、15・8万t、金額にしておよそ１７８３億円に達している。一時期と比較して減少しているものの、世界で有数のエビ類輸入国である。輸入量は、大半が東南アジアを中心とする養殖クルマエビ類で占められている。しかし、近年、にわかに注目を集めているのがアマエビである。その商業的価値は、クルマエビ類に次ぐといってもよい。アマエビは、漁獲量が比較的多く、しかも肉質がよいことから、刺身・寿司ネタとして人気を博している。１９８０年代に、国内の漁獲量が減少する一方、バブル景気で需要が拡大した。そのため、北太平洋産と北大西洋産を合わせたいわゆる「アカエビ」の輸入量が、先に述べた増加に繋がった。しかし、１９９７年以降、輸入量は国内の漁獲量の回復と景気の低迷もあって減少に転じており、２０２０年頃からは1万t前後（エビ類輸入量の約1割）で推移している。ただ、他にむき身にした加工品の輸入があるようだが、実態はよくわかっていない。

ＦＡＯ（国連食糧農業機関）統計によると、２０２０年の世界のエビ類漁獲量は約３２３万tで、そのうち25万t余りが「アカエビ」で占められている。商業的に利用されているエビとしては、世界でも屈指の資源である。したがって、今後も引き続き、国際的に活発な取引が予想される。

無秩序な開発輸入は問題

しかしながら、これまでの「アカエビ」輸入量の増加は、その陰で多くの問題を生みだしている。具体的には、国内の産地市場との競合によって、先述したように市価の低迷を招いており、アマエビ漁業そのものを脅かす存在となっている。しかも、日本の商社が介入した無秩序な開発輸入は、相手国の資源の乱獲問題まで引き起こしかねない。資源が枯渇すれば輸入で補えばよいというのでは、あまりにも無責任な考えだ。今日、改めて我が国沿岸の水産資源の有効利用の在り方に、目を向けなければならない理由である。

5 アマエビの仲間たち
今度、寿司ネタで確かめよう

北半球の冷たい深海に棲み性転換をするタラバエビ属。最も漁獲量が多いのはアマエビですが、日本海では大型のトヤマエビも。タラバエビ属ではありませんが、深海性で「幻のエビ」と異名を取るガスエビ、富山名産シラエビも地域の魅力を引き立てています。いずれも、刺身や寿司ネタとして人気ですが、それゆえ北太平洋でしか獲れないボタンエビを偽る輸入物も見受けられます。

節足動物門→甲殻綱→十脚目

海に棲む甲殻類（こうかくるい）の正式な分類群は、節足動物門・甲殻綱で、エビ・カニからフジツボまでさまざまな種類を含む。その数は、5万とも6万種ともいわれる大きな動物群である。そのうち、エビ類は、もう一つ下の分類群で、十脚目に含まれる。十脚目は更に、腹部が発達したエビなどの長尾類、腹部が退化して体の下に折りたたまれたカニなどの短尾類、腹部が右側にねじれて左右不相称のヤドカリなどの異尾類に分けられることもあるが、これらの境界がはっきりしているわけではない。タラバガニやハナサキガニは、見た目からはカニである。しかし、ひっくり返して腹部を見ると、ヤドカリの仲間であることがわかる。

受精卵を抱える抱卵亜目

そこで十脚目は、生態学的な特徴から、歩行亜目と遊泳亜目に分けられることもあったが、最近ではクルマエビなどのように受精卵を海中に放つ根鰓亜目と、アマエビなどのように受精卵を腹肢に付着させて孵化するまで保護する抱卵亜目に分けるのが一般的である。

これに従うと、抱卵亜目のもう一つ下位の分類群として、短尾下目・異尾下目・コエビ下目・イセエビ下目・ザリガニ下目などがある。アマエビは、コエビ下目の中のタラバエビ科に分けられるが、歩脚の形態的な差異などから、更にタラバエビ属・モロトゲアカエビ属・ジンケンエビ属・ミノエビ属などに分けられる。

タラバエビ属は北太平洋で17種、北大西洋で2種

アマエビを含むタラバエビ属の分類に関しては、千葉県立中央博物館の駒井（1999）と、スウェーデンのベルグストローム（Bergstrom,2000）の論文が、最も整理されていて参考になる。両者で種類数に若干の違いがあるが、全部で19種が挙げられている（表1―1）。いずれも、分布するのは北半球で、北太平洋で17種、北大西洋で2種の分布が認められ、太平洋と大西洋の共通種は存在しない。そのうち、日本列島近海で10種、日本海で

表 1-1　タラバエビ属のエビ類（北太平洋産が 17 種、北大西洋産が 2 種で、両海域の共通種は存在しない。このうち日本列島近海に 10 種、日本海に 6 種が分布。駒井 ,1999 と Bergstrom,2000 を参考にして作成）

学名	英名	日本名	分布位置
Pandalus montagui Leach, 1814	Pink shrimp	-	大西洋
borealis Kroyer, 1838	Northern shrimp	ホンホッコクアカエビ？	北大西洋
hypsinotus Brandt, 1851 **	Humpback shrimp	トヤマエビ	北太平洋
platyceros Brandt, 1851	Spot shrimp	アメリカホッカイエビ	アラスカ
danae Stimpson, 1857	Coonstripe shrimp	-	太平洋の北東部
goniurus Stimpson, 1860 **	Humpy shrimp	ベニスジエビ	ベーリング海、オホーツク海
gracilis Stimpson, 1860 **	-	コタラエビ	日本海
prensor Stimpson, 1860 **	-	スナエビ	太平洋の北西部
gurneyi Stimpson, 1871	-	-	カリフォルニア沖
jordani Rathbun, 1902	Ocean shrimp	-	アラスカ～カリフォルニア
latirostris Rathbun, 1902 **	Hokkai shrimp	ホッカイエビ	太平洋の北西部
stenolepis Rathbun, 1902	Rough patch shrimp	-	アリューシャン諸島～オレゴン
tridens Rathbun, 1902 *	Yellow-leg pandalid	タラバエビ	広尾、恵山沖
nipponensis Yokoya, 1933 *	Botan shrimp	ボタンエビ	日向沖
eous Makarov, 1935 **	Northern shrimp	ホッコクアカエビ	北太平洋
teraoi Kubo, 1937 *	-	テラオボタンエビ	愛知沖
chani Komai, 1999	-	-	台湾沖
curvatus Komai, 1999 *	-	-	日本列島の南部
formosanus Komai, 1999	-	-	台湾沖

*：日本列島近海に分布、**：うち日本海に分布

6種の分布が認められている。

冷水性と性転換、深海性

タラバエビ属のエビ類は、冷水性と性転換、それに深海性を特徴とする。ただ、ホッカイエビだけが、北海道と東北三陸地方を含む北太平洋北西部の浅海に分布しており、進化史上も興味深い。ホッカイエビは、北海シマエビの異名があるが、こちらの名前の方が通りがよいようだ。アマモ場を主な生息場としており、北海道のオホーツク海に面した野付（のつけ）湾で明治時代から続く打瀬網（うたせあみ）漁が有名である。この漁法は、機械動力を使わずに、帆を張って風を頼りに網を曳く、資源利用にかなった先人の知恵だ。今では、初夏の風物詩として、観光的価値も高い。

量はアマエビが断トツ、次いでトヤマエビ

日本列島近海に分布するタラバエビ属10種のうち、商業的に漁獲されているのは、アマエビ、トヤマエビ、ホッカイエビ、ボタンエビの4種に過ぎない。あとの6種は、分布が確認されている程度である。量的には、アマエビが最も多い。続いて、日本海を主産地とするトヤマエビと北海道周辺を主産地とするホッカイエビが多いものの、漁獲量はいずれもアマエビより一桁落ちて百t台に留まる。更に、北海道南部から土佐湾までの太平洋側に分布するボタンエビの順に多いが、その詳細は不明である。北太平洋を見渡して見ても、アマエビとトヤマエビが広い範囲で漁獲されており、漁獲量の80％以上がアマエビで占められるようだ。

回転寿司のボタンエビは本物？

ボタンエビは、トヤマエビと外見がよく似ていることから、店先などでは混同して扱われている場合もある。近年になって、アルゼンチンからの輸入量が急激に増加（2021年輸入実績：1・6万t）している「アカエビ」は、正式にはクルマエビに近いクダヒゲエビ科のエビである。しかし、回転寿司などでは、ボタンエビとされていることがある。エビ類は、頭胸甲を外してむき身にすると、専門家でも種の判別が難しい故の話である。特にボタンエビは、値段がよく、名前の通りもよいので、しばしば偽装表示のターゲットにされることがある。消費者としては、騙されないためにも、産地くらいは確かめたいものだ。そうすれば、日本海産のボタンエビ、ましてやアルゼンチン産のボタンエビ、という間違いは起こさずに済む。

全長20㎝にもなるトヤマエビ

日本海に分布するタラバエビ属のうち、商業的に漁獲されているのはアマエビとトヤマエビだけ

になる。トヤマエビは、アマエビよりも浅い所に分布し、富山湾で最初に調査された由縁でついた名前のようだ。加賀藩に伝来する「魚貝類写生図」（18世紀後半）は、富山湾に産する魚介類を写実的に描いた画であるが、その中に「コモチエビ」とあるのは本種のことである。全長20㎝近くに成長する。色鮮やかで、見栄えのする大型種である。

他の深海性のエビたち

同じ深海性のエビ類ということでは、日本海では他にタラバエビ科モロトゲアカエビ属のモロトゲアカエビ、エビジャコ科クロザコエビ属のクロザコエビとトゲクロザコエビ、オキエビ科シラエビ属のシラエビが比較的多く漁獲されている（**写真1―2**）。

この中で、モロトゲアカエビは、褐色の縦縞が走ることからシマエビとも呼ばれている。アマエビとは分類群（属）が異なるが、大きさや形がよく似ていることから、アマエビの名前で売られて

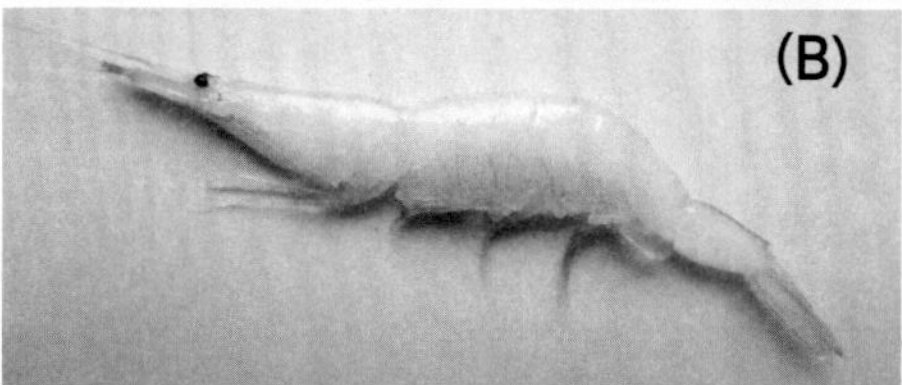

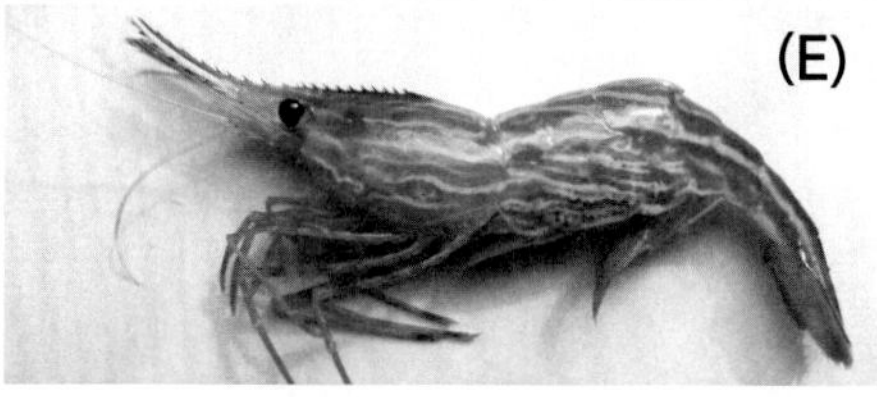

写真1-2　日本海で比較的多く漁獲される深海性エビ類（A）トゲクロザコエビ、（B）シラエビ、（C）クロザコエビ、（D）トヤマエビ、（E）モロトゲアカエビ

いることもある。アマエビより、幾分浅い所に分布して、量的にも劣る。

トゲクロザコエビは、アマエビに次ぐ漁獲量があり、詳細は不明だが数百tに達する。300m以深に多く、アマエビとは生息場の水深が似通っていることから、一緒に漁獲されることが多い。時には、一網当たりの漁獲量がアマエビを凌ぐこともある。

幻のエビ、高値のつくガスエビ

クロザコエビは、生息場の水深が250m前後で、300m以深に生息するトゲクロザコエビとは明確に棲み分けている。両種は、外見がよく似ていることから、ガスエビと総称して扱われることもあった。しかし、肉質の違いから（クロザコエビの方が、肉質がしまって美味）、最近では市場でも区別されるようになった。クロザコエビは、トゲクロザコエビよりも漁獲量が数倍劣るが、市場では高値で取引されている。「日本海の幻のエビ」という異名がある。鮮度落ちが早くて黒化しやすい。そのため、遠隔地の出荷には不向きで、産地でしか味わえない、ということをいっているようだ。煮付用などにも好まれている。

富山湾のシラエビ

シラエビは、漁獲対象になるほどの分布が認められるのは、我が国では富山湾だけである。全国的には、シロエビの名前の方が通りがよい。富山湾の急峻な海底谷で、曳き網によって操業されており、300～500tの漁獲量がある。一時は、食紅で染めた乾燥品が、分類的には全く異なる駿河湾産サクラエビの代用品として扱われることもあった。しかし、近年では、寿司ネタや加工用として、独自の利用が進んでいる。

大型で良い肉質、観光の目玉に

国の水産物漁獲統計では、イセエビとクルマエビ以外は「その他のエビ」にまとめられている。そのため、エビ類の種ごとの漁獲量の詳細は、アマエビもそうだが、つかみにくいのが実態である。そこで、日本海の深海性エビ類の近年の漁獲量の多寡は、推定になるが、アマエビを別格として、トゲクロザコエビ、シラエビ、クロザコエビ、トヤマエビ、モロトゲアカエビの順に多い、ということになるのではないだろうか。

いずれも、エビ類としては大型で、肉質がよいことから、刺身や寿司ネタとして人気がある。旅行雑誌などで、地元ならではの美味しい食べ物が多い所をアンケート調査することがある。すると、石川県が上位にランクされることが多いが、地元ならではの美味しい食べ物に、深海性エビ類は外せない。

深海性エビが美味しいのは、それなりの理由がある。ヒトは、食べた食物をブドウ糖やアミノ酸などに変えて吸収するための消化酵素を持っている。それと同じように、エビも消化酵素を持っているが、温度が低いと酵素の働きが弱くなる。そのため、深海の冷たい環境に生息するエビでは、体内に多くの消化酵素を持っている。結果、漁獲されて死亡した後でも消化酵素が働き、ついには自ら（みずか）の体を消化（自己消化）することになる。消化が進むと身がやわらかくなってとろみのある食感になり、イノシン酸などの旨味成分が増加して、美味しくなるというわけである。

6 アマエビの性転換
環境に合わせた繁殖戦略？

アマエビが生息する深海底は、オスとメスが出会うのが難しい。そこで、より多くの子供を残すためには、小さい時は精巣が、大きくなると卵巣が発達する雄性先熟性転換が進化したのです。

400種以上の魚類が性転換する

性転換はタラバエビ属の特徴だが、一生の間に性を変える生物は結構あり、魚類では400種を超える。身近なところではカキ、ホタテガイ、クロダイ、ホンソメワケベラ（掃除魚としても知られる）、映画「ファインディング・ニモ」で有名になったカクレクマノミなどが挙げられる。オスからメス（雄性先熟）あるいはメスからオス（雌性先熟）へ変わる現象を性転換といっている。尤も、性転換という語感には、性が突然変わるような印象を受けてしまう。実際には、徐々に変わっている。英語表記では、sex change や succession や transition が用いられている。正しくは、性変化とか性移行とすべきかもしれないが、本書では一般的に使われている性転換を用いることにする。

小さい時は精巣、大きくなると卵巣が発達

タラバエビ属では、専門的には「隣接的雌雄同体」あるいは「異時的雌雄同体」といって、オスとメスの生殖腺が隣接している。そして、小さいうちはオスの精巣部分が発達するが、大きくなるとオスの精巣部分が縮小してメスの卵巣部分が発達する。

性転換は、もともとはオスとメスが別々の個体である雌雄異体が、繁殖成功（生涯に残せる子供

の数）を高めるために進化したと、今では考えられている。かつては、生物の繁殖行動は種族維持のためという考えがあった。しかしこの考えは、「ライオンの子殺し」などが発見されて、見直されるようになった。ライオンのように、オスを頂点とするハーレムでは、オスどうしの争いで群れを乗っ取ったオスは、真っ先に子供をすべて殺す行動をとる。メスとの交尾の機会を高めて、自身の子供をより多く残すための行動と考えると理解できるようだ。つまり、生物の繁殖行動は、種にとっての利益ではなく、個体にとっての利益に基づいていることになる。１９６０~70年代のことで、20世紀の生物学上の大発見にも挙げられている。イギリスのドーキンス（Dawkins,1976）が著わした「利己的な遺伝子」などが、考えの普及に大きな役割を果たした。この考えによって、性転換についても理解が進んだ。

生物のさまざまな性転換

一般に、無脊椎動物の大多数がそうであるように、偶然に出会ったオスとメスがランダムに交配する種類では、小さいうちはオスとして、大きくなってからはメスとして卵を多く産んだ方が、自身の子供を多く残せる（雄性先熟）。しかし、すべてが雄性先熟とならないのは、性転換には体の器官をつくり替えるための時間とエネルギーを要するため、利益よりもコストの方が高くついてしまうことがあるためだ。

一方、ホンソメワケベラのように、オスを頂点とするハーレムをつくるような種類では、小さいうちはメスとして、大きくなってからはオスとして機能した方が、自身の子供を多く残せる（雌性先熟）。尤も、例外はつきもので、ベラの仲間（雌性先熟）には、性転換したオス（二次オス）の他、生まれながらのオス（一次オス）も繁殖に加わることが知られている。ストリーキングとかグループ産卵といわれる繁殖行動である。また、最近では、双方向や逆方向の性転換も見つかっている。しかし、いずれにしても、アメリカのゲスリン(Ghiselin,1969)らが提唱した「体長・有利性(SA)モデル」の考え方に基づくと、性転換が進化したさまざまなケースを説明できるようだ。

深海底ではオスとメスの出会いが難しい

それでは、アマエビではどうだろうか。アマエビは、深海底に生息しており、オスとメスの出会いが極めて難しい。そこで、生息環境にあった繁殖方法として、小さいうちはオス、大きくなってからはメスになって卵を多く産んだ方が、個体として得られる利益(繁殖成功)が大きく、雄性先熟性転換が進化したと考えられる。生涯で繁殖成功を最大化する性転換年齢は、簡単な数理モデルで計算できるが、日本海産アマエビの場合を見ても(第3章で詳述)、SAモデルがうまく当てはまるように思われる。

生物社会の性をめぐる構造は実にさまざまだが、個体としての利益を基準に考えると説明がつく場合が多いようだ。尤も、陸上で繁殖する哺乳類、鳥類、爬虫類のように生殖器官が複雑な生物では、性転換が進化しなかった。その理由は、性転換にかかるコストが大きすぎるために他ならない。

7 アマエビ研究の歴史
日本で急速に研究が進んだ理由

日本でアマエビが研究対象になったのはヨーロッパで北大西洋産の調査が始まってから半世紀後のこと。国内でも乱獲を危惧して資源管理型漁業に転換した80年代からは、急速に深海での生態調査が進みました。

1900年代から北大西洋で調査

日本海産を含めて北太平洋に分布するアマエビは、北大西洋産とは別種であることを先に述べた。北大西洋産は、1900年代からノルウェー、グリーンランド、イギリスなど、分布域を反映した国々で、その生態がよく調べられた。

1936年には、ドイツのジェーゲルステン(Jagersten)によって、生殖細胞が組織学的に調べられ、オスからメスへの性転換が明らかにされた。生態学的には、成長、繁殖、分布・移動、食性などが調べられ、生息場の環境と密接に関連することが、ノルウェー海域、グリーンランド西海域、北海などで示された。これらの研究は、今でも古典的な業績として引用されることが多い。

また、北大西洋産のトロール網による漁獲量は、近年では30万t近くに達する一大産業になっており、必然的に研究者も多い。更に、ヨーロッパでは、タラ（タイセイヨウダラ）が水産資源として重要種に位置づけられているが、北大西洋産とは生息場が重なることから、一緒に調べられる機会も多かった。タラは干しダラとして保存食に適しており、その人気は大航海時代以来のものだ。

日本海産の研究は60年代から

一方の北太平洋産は、北大西洋産に遅れてカナダのブリティッシュ・コロンビア海域、ベーリング海域などで生態学的な知見が蓄積された。研究開始が遅かったこともあって、北太平洋産が北大西洋産とは別種と位置づけられるまでには、19ページで紹介したスクワイアズによる1992年の報告を待たなければならなかった。

日本海産は、生態学的に注目されるようになったのは1960年代になってからである。北大西洋産に遅れること、半世紀余りといってもよい。研究が遅れた最大の理由は、日本海産の主な生息場の水深が500m前後と極めて深く、生態調査に困難をともなったためである。

80年代に資源管理型へ転換

しかし、調査が困難だからといって、調査をせずに済ませる時代ではなくなった。200海里漁業規制の時代（1977年〜）に前後して、漁獲技術が急速に進歩したことを先に述べたが、我が国沿岸の水産資源の乱獲が危惧されるようになったからである。そして、官民を挙げて叫ばれるようになったのが、1980年代に始まった資源管理型漁業への転換である。資源管理型漁業とは、資源量を一定の水準に維持するため、それに見合った適切な漁獲量、漁獲努力量、漁期、漁場などを設定することである。異例のことであるが、資源管理型漁業を推進するための国会決議が、1983年に参議院でおこなわれた。そこで、日本海のアマエビ資源についても、国の補助を受けた日本海側の水産試験場間の共同研究（1986年から5年間）が始まり、資源管理を目的とした精力的な研究がおこなわれた。

深海調査で急速に解明

生態調査には、海洋科学技術センター（現在の国立研究開発法人　海洋研究開発機構）の有人潜水調査船「しんかい2000」や水中ROV (Remotely operated vehicle、遠隔操作型の水中

ＴＶ）による直接観察手法の成果も参考にされた。深海に生息するが故に、立ち遅れていた生態学的特性の解明が、急速に進んだのである。これらの研究によって、日本海は、今では世界で最もアマエビの生態学的知見が蓄積された海域の一つとなっている。水産資源の危機が叫ばれて研究がおこなわれた結果、生態学的研究が大きく前進したのは、何とも皮肉なことである。

北欧中心に数多くの研究報告

タラバエビ属は、エビ類資源の中では、大型で肉質もよい種を多く含むことから、商業的な利用が世界で進んでいる。その結果、世界的にも人気が高く、この属（*Pandalus*）だけで国際的な学会が開かれるほどである。研究報告も、北欧を中心に数多く発表されている。30ページに名前を挙げたベルグストロームによる２０００年の研究成果もその一つで、タラバエビ属の分類のほか、生態学的な知見を網羅した総説といってもよい大著（全１８９ページ）である。しかし、日本海産アマエビの記述を見ると、古い文献引用に留まっているのが残念だ。近年の日本海産アマエビの研究成果に照らすと、全面的に書き直さなければならないほどだ。尤も、研究に従事した筆者らが、成果を英文で報告してこなかった反省はしなければならない。

第2章　日本海のあらまし

1 日本海の形成史〜陥没説と列開説〜

半世紀の論争経て軍配は？

日本海はどうして出来たか。沈んだ？ 裂けた？ 地磁気逆転の発見は日本人だったにもかかわらず、今では子供でも知るプレート・テクトニクス理論は、長らく日本の学会では受け入れられてこなかった。しかし研究の結果、日本列島は大陸から2つの島弧が観音開きに裂開した説が有力となった。

どちらの説にも問題が

筆者が石川県に着任した1973年当時、日本海時代の幕開けということが声高(こわだか)に叫ばれていた。その中で、日本海がどのようにして出来たのかも、関心の的となっていたようだ。金沢では関連したシンポジウムが開かれ、筆者も参加した記憶がある。安直にいうと、日本海の成因をめぐっては、陥没説と列開説(れっかい)というのがあって、どちらかというと前説の声が勝っていたように思う。

しかし、双方の説に問題があった。当時、日本海の海底の地質構造は、地震波を伝える速さによって、海洋性の玄武岩質（毎秒6.5〜7.0km）から成っていることがわかっていたからである。陥没したのであれば、大陸性の花崗岩質（毎秒5.4〜5.9km）でなければならない。一方、裂開説では、どのようにして開いたのか、原動力の説明が困難であった。

ウェゲナーの大陸移動説

ドイツ人で気象学を専門とするウェゲナー（Wegener）が、大陸移動説を学会で発表したのは1912年であった。およそ100年前ということに、驚きと感動を覚える。アフリカ大陸の西岸と南米大陸の東岸の形が、ほとんどぴたりと合うことに注目したのである。その他にも、地質の分布や氷河の痕跡、そして生物の進化をうまく説明するためには、大陸がもとは繋がっていなければならないと考えた。しかし、発表当時の評判はよくなかった。巨大な大陸を横に動かす原動力を、説明できなかったからである。

その後、火山岩が冷えて固まるときに形成される磁鉄鉱の磁場を測定する古地磁気学、放射性元素の壊変から形成年代を求める放射性年代測定法などが、著しく進歩した。そして、磁北極と磁南極の位置が地質時代とともに移動することがわかった。そこで、ヨーロッパ大陸と北アメリカ大陸で、時代の異なる岩石の古地磁気が調べられたが、磁北極の移動曲線が互いに異なることが問題として残った。ところが、両大陸を動かすことで、磁北極の移動曲線がみごとに一致することが確かめられた。大陸の移動を裏づける事実が、次々と明らかにされたことで、大陸移動説は復活したのである。

プレート・テクトニクス理論の誕生

更に、磁極の移動は、何十万年というスパンで北極と南極が逆転することがわかり、海洋底拡大説の立証にも役立った。すなわち、海底で長大な山脈を形成する中央海嶺を中心に、両側の地殻に印された地磁気の逆転が左右対称に分布した。そして、中央海嶺から遠ざかるほど、年代が古いことが確かめられたのである。

その結果、新しい海洋底が、中央海嶺から生まれて、大陸移動の原動力となっていることがわかった。プレート・テクトニクス理論の誕生である。第二次世界大戦後の、１９５０年代から60年代にかけてのことである。プレートは「岩板」、テクトニクスは「変動学」の意だ。プレートの厚さは、平均すると地殻と上部マントルを合わせて１００㎞ほどになるが、地球半径（６３５７㎞）の２％にも満たない。この薄皮のようなプレートが、地球科学で決定的に重要な役割を果たすことが明らかとなった。一方で、アメリカのアポロ11号が月面着陸に成功したのは、1969年7月である。地球のことは、不釣り合いなほどよくわかっていないことが多い。地球規模の観測は、多大な努力を必要とし、とりわけ海の上でのデータ収集に時間が掛かるということであろう。

地磁気の逆転を発見した日本人

プレート・テクトニクス理論の確立に至るまでには、古地磁気学の貢献が著しい。ここで、地磁気の逆転を世界で初めて明らかにしたのは、京都帝大の松山基範（もとのり）博士であることはあまり知られていない。兵庫県豊岡市の採石場（玄武洞）で、地磁気が現在とは正反対を向く時期のあったことを見つけた（1929年）。なかなか受け入れられなかったが、世紀の発見というのは、発表当時の評価が往々にして低いもののようだ。

この歴史的な地を見てみたいという思いに駆られて、2023年9月に玄武洞を訪れた。志賀直哉の「城の崎にて」で知られる温泉地からタクシーで15分ほど行った山麓にある。約160万年前の火山活動でできた立派な柱状節理（ちゅうじょうせつり）で、海水準の上昇期に海が内陸部に侵入して浸食されて姿を現わした。柱状節理は加工しやすく、地元で石垣や漬物石として

写真 2-1　兵庫県城崎温泉近くにある玄武洞（玄武岩の語源となった場所）

需要が高かったことから、巨大な洞窟（写真2―1）は採石場の跡ということで、その方にもっと驚いてしまった。特異な地形や地質を示すところは得てして交通の便が悪いものだ。宿へ戻る頃にはバスもタクシーも拾えずに途方に暮れていたところ、前を流れる円山川を渡船を使ってＪＲ玄武洞駅へ行くルートを発見して助かった。残暑の酷しい折で、５分足らずであったが川面を渡る涼風が爽快であった。

玄武洞は、福井県の東尋坊で見られるのと同じ柱状節理で、玄武岩の語源となった場所でもある。大量の玄武岩マグマが、ゆっくりと冷え固まって出来たと考えられる。最近、77万年前の地磁気の逆転を示す地層が、千葉県市原市（養老川沿いの崖に露出）に残されていることが話題になっている。地質学では典型的な地層が残された所の地名が、固有名詞として国際的に用いられることが多い。そこで、ここを模式地として、地質年代の区切りに採用する動きがある。地磁気の逆転は、日本人が重要な発見をしており、実現に至って欲しいものである。採用されると、77・4～12・9万年前の期間が、「チバニアン」と命名される。

２０２０年1月17日、国際地質科学連合は、「チバニアン」を正式決定した。正式には「新生代・第4紀・チバニアン期」で、更新世（表2―1参照）を4つに分けた3番目に古い時代。現在に至る地磁気逆転「松山―ブルン境界」、「氷期―間氷期―氷期」の気候変動、そして現生人類ホモ・サピエンスの誕生を含む地質年代ということになる。しかし、地磁気逆転が気候変動に及ぼした影響となると、明らかになっていないことが多い。チバニアンは、世界の教科書にも載ることになる。地質年代は、欧米の地名に由来することが多い。その中に、日本にちなんだ命名が入るのは覚え易い。

地球内部の流体が移動して磁場が出来る

最近の研究によれば、地球内部は中心部の核（鉄とニッケルから成る)、そのまわりのマントル(岩石から成る)、いちばん外側の地殻(岩石から成る)と、大きく3層に分かれる。そこで、核の外側部分(外核)が流体で出来ていることから、地球の自転によって(流体内の温度差という説も)、この流体も移動回転して発電作用が形成されるということらしい。こうして出来た磁場は、太陽風や宇宙線などから地球を守るバリアとなっている。太陽風は、磁場の薄い北極や南極を突き抜けると、上空の大気と衝突して発光する。この現象が、神秘的なオーロラの源である。太陽風は生物にとっては、細胞を破壊する危険な存在である。

地球に磁場が形成されたことが(27億年ほど前)、その後に生物が深海から浅海、そして陸上へ進出するきっかけになった、という説が有力だ。また、現代社会では、磁場が船舶や航空機の位置情報をはじめとして、多岐にわたって使われている。磁場が逆転すると、電子機器などへの影響は計り知れない。普段気をつけることもないが、地球に磁場があるということは、それほどに重要である。ちなみに、火星には磁場がない。そのため、生物が発見されるとすれば、地下ということになるようだ。

地磁気の重要性については、「チバニアン」誕生の中心メンバーとして活躍した茨城大学の菅沼悠介博士による『地磁気逆転と「チバニアン」』(2020,講談社)に詳しい。

欧米の研究を拒絶した日本の学会

ところで、1960年代当時の我が国では、地層の成り立ちを説明するのに、依然として垂直方向の運動を原因とする地向斜(ちこうしゃ)造山運動論が展開されていた。我が国の地質学会では、欧米の研究成果を受け入れることをよしとしない空気があったようである。1990年代になっても、大陸移動説を決定づけた地磁気方位の復元は信ぴょう性に欠ける、という記述を専門書に見ることができる。

日本海の形成が、裂開説になかなか至らなかった背景でもある。プレート・テクトニクス理論は、プレートから下のマントル対流に着目したプルーム・テクトニクスの考えを得て、今では地震や火山噴火などの地球科学現象を統一して説明できる理論として定着している。プルームは「煙」の意だ。我が国でプレート・テクトニクス理論がなかなか浸透しなかった経緯については、泊次郎著『プレートテクトニクスの拒絶と受容—戦後日本の地球科学史』（２００８，東京大学出版会）に詳しい。

裂開説と日本人研究者

そのような中で、随筆家としても有名な東京帝大の寺田寅彦博士は、ウェゲナーの大陸移動説に触発された一人であった。日本海の本州沖には、島が規則的に配置している。そこで、これらの島々が、陥没によってではなく、開いて取り残されたものだとする論文「日本海沿岸の島列に就いて」を１９２７年に発表した。当然のことながら、当時の学会の風潮から、顧みられることはなかったようだ。

東京大学の小林貞一（ていいち）博士は、裂開説の立場にはなかったが、日本列島とユーラシア大陸の沿海州の地質が似ていることを示す論文を１９５６年に発表した。更に、大阪大学の川井直人博士らは、古地磁気の測定データを整理して、裂開説を支持する「日本列島折れ曲がり説」を１９７１年に発表した。しかし、形成年代の特定には至らなかった。１９８０年代になって、地磁気学に放射年代測定法を取り入れた、精力的な現地調査がおこなわれた。その結果、日本列島の東北日本と西南日本の古い地層に閉じ込められた地磁気の方位が、現在とは全く異なることが改めて示された。この辺の経緯については、能田成（のうだすすむ）著『日本海はどう出来たか』（２００８，ナカニシヤ出版）に詳しい。

表 2-1　中生代以降の地質年表（日本海の誕生は約 2300 万年前に始まる新生代新第三紀以降、日本列島は約 1400 万年前に今の場所に来た）

地質年代			万年前	日本海の出来事	地球規模の出来事
新生代	第四紀	完新世		縄文大海進 日本海固有水の形成	
			1. 17	対馬暖流の本格的流入	
		更新世			ウルム氷期 リス氷期 ミンデル氷期 ギュンツ氷期
			77		
			200	対馬海峡の開通	
			258	東北日本弧の隆起	
	新第三紀	鮮新世			ベーリング海峡の開通
			530	無酸素海盆	
		中新世		原日本海 日本海の拡大	
			2300		
	古第三紀	漸新世			
			3400		インド亜大陸の北上
		始新世			
			5600		
		暁新世			
			6600		恐竜絶滅
中生代	白亜紀			ユーラシア大陸の縁辺で	
			14500	付加体の形成	
	ジュラ紀				
			20100		
	三畳紀				

大陸から分裂した日本列島

これらの研究を経て、日本海形成のあらましを要約すると次のようになる。まず、日本列島は、恐竜が繁栄していた中生代の終わりまで、ユーラシア大陸の東縁にあって、海山やサンゴ礁が次々につけ加わった。そして、地質年代では新生代新第三紀（表2―1）に、ユーラシア大陸から日本列島の前身が分裂を始めて東へ張り出した。そこに生まれたのが日本海である。

2つの島弧が観音開きに拡大

その際、全体として東北日本弧（北海道東部を除く）は国後島辺りを中心に反時計回り（約25度）、西南日本弧は対馬と五島列島の間を中心に時計回り（約45度）に回転して、日本海を拡大しながら現在の日本列島の位置に来た。そして、東北日本弧と西南日本弧の２つの島弧の間に出来た南北性の割れ目が、フォッサマグナである。東北日本弧は２１００万年前から１４００万年前、西南日本弧は１６００万年前から１４００万年前に、いずれも地質学的には驚くほどの短期間で回転が起きたようだ。尤も、東北日本弧と西南日本弧が観音開きに拡大した原因など、話はそれほど単純ではない。

恐竜時代、大陸東縁だった手取層群

富山県、石川県、福井県、岐阜県にまたがる手取層群は、我が国で恐竜の化石が出土する所として知られている。しかし、発見の端緒となったのは意外と新しい。１９７８年に、福井県の女子中学生が、白山市白峰村桑島で拾った化石によってであった。この化石はその後、１億４０００万年前の肉食恐竜の歯と鑑定され、「カガリュウ」と命名された。福井県勝山市には福井県立恐竜博物館、石川県白山市桑島には白山恐竜パーク白峰がある。恐竜は、６６００万年前に絶滅したとされているが、日本海の誕生よりもずっと前のことである。中生代白亜紀初期（１億５０００万年～１億１３００万年前）に、ユーラシア大陸の東の縁に出来た地溝帯に湖が出現し、その周辺に棲んでいた恐竜の遺骸が堆積した地層に閉じ込められ、化石となって、裂けて分かれた日本列島にもたらされたと考えられる。

日本海形成の基本的概念である陥没説と裂開説の対立は、半世紀余りを経て裂開説に凱歌があがった。しかし、烈開説も原動力という点では、まだ説得力に欠けていた。原動力の説明には、プレート・テクトニクス理論に基づく日本列島の形成と結びつけた考えを、待たなければならない。

2 日本列島の形成

日本列島はどのようにして出来たか

日本列島は、北陸を含む飛騨帯が元大陸で、その他はほとんどがプレートが沈み込む際に堆積物が陸側につけ加わった付加体。中央構造線のようにその地層が露出している所もあります。プレートの沈み込みは海溝をつくり、マグマは上昇して火山、島弧をつくりました。プレート同士の摩擦はマントル対流を生み、その上昇流が大陸プレートを引き伸ばし、日本海などの背弧海盆を生んだと考えられています。

日本列島の形成は、日本海の成り立ちを避けて通ることはできない。しかしながら、日本海の成因となると、どの文献を見ても歯切れが悪いのが現状である。その背景を見てみよう。

基盤の多くはプレートの沈み込みで陸側につけ加わった付加体

現在の日本列島は、4つのプレートの影響を受けている。そして、それぞれの収束部分が、巨大地震の巣となっていることは、2011年3月11日の東日本大震災の教訓もあって、よく知られるようになった。また、日本列島は、大陸起源の地質帯と付加体、そして後述する外来性の島弧から成る。しかし、基盤のほとんどは、中生代のジュラ紀から白亜紀に出来た付加体である。そのため、付加体で出来た島ともいわれている。

付加体は、陸側から海底にたまった堆積物と、海洋プレートに乗って運ばれて来た堆積物が、地球の内部へ沈み込む部分（海溝）で一緒になり、それが陸側へ年輪のように押しつけられたものである。

一方、隠岐諸島と石川・富山・岐阜県の一部（飛驒帯）は、ユーラシア大陸の要素と考えられている。北アルプスには、大陸起源の数億年前の岩石が、飛驒片麻岩（へんまがん）などとして残されている。

何億年も前の海中生物の殻が岩石や石灰岩に

付加体には、海中に浮遊する放散虫、有孔虫、珪藻（けいそう）などの殻が化石として残りやすく、地質年代を特定する鍵となる（示準化石）。放散虫は、時代によって多様に変化している。そこで、殻が塊となった岩石（チャート）からの抽出法が確立されると、堆積層の年代決定に多く用いられるようになった。セメントの原料となる石灰岩は、我が国では硫黄と並んで自給可能な数少ない鉱物資源の一つだ。何億年も前に熱帯の海で形成されたサンゴ礁が、海洋プレートに乗って運ばれて来たことを示す証拠である。石灰岩がマグマに熱せられて再結晶したのが、柱や床などに使われている大理石である。再結晶があまり進んでいないと、アンモナイトなどの化石を含むことがある。北陸新幹線の開業で賑わう「金沢駅もてなしドーム地下広場」など、注意すると身近で化石を見つけるこ

写真 2-2　大理石に残る化石（北陸新幹線開業で賑わう「金沢駅もてなしドーム地下広場」で見つけた化石、張り紙は筆者によるものではありません）

とができる（写真2―2）。

九州、四国、紀伊を横切る中央構造線

九州から房総半島にかけて、全長が1000㎞以上に及ぶ中央構造線というのを、中学の地理で習った記憶がある。当時は、詳細を知る由もないが、今頃になってその意味をかみしめている。中央構造線とは、それを境に南側と北側では、地質が全く異なるということである。南側（外帯：中央構造線から南へ三波川帯、秩父帯、四万十帯）は、はるか南の方から移動して来てつけ加わったという説もある。かつて、ユーラシア大陸側には、海洋性のイザナギプレートが沈み込んで、陸側に付加体を形成していた。そして、中央構造線の南に相当する部分（外帯）が裂けて、プレートに乗って北東方向に移動し、中央構造線の北側（内帯：領家帯）に新たにつけ加わった、というわけである。日本列島が、ユーラシア大陸の一部だった7000万年前頃（中生代白亜紀後期）のことである。

異なる地質が長大な距離を接する

中央構造線は、四国から紀伊半島の間を人工衛星画像から明瞭に見ることができる。しかし、両端に当たる九州と関東平野が、規模の割に不明瞭である。そこで、この説に異議を唱える向きもある。尤も、この説に代わる、わかりやすくてユニークな説が登場していない、というのが現状であろう。外帯は、北北西に移動する太平洋プレートの影響を受けて、内帯から見て左にずれる動きであった。しかし、後述するように、日本海の拡大が終わった後、フィリピン海プレートが北西のユーラシアプレートの下に沈み込むようになると、今度は右にずれる動きに変わった。中央構造線には、巨大な横ずれ活断層が関わっていることは間違いない。しかし、三波川帯と領家帯という、

全く異なる地質が長大な距離を接している。その理由が、今も問題として残っているようだ。

三波川帯が露出した長瀞

昔の地層は、堆積物に覆われてなかなか見ることができない。しかし、稀に露出していることがある。いわゆる露頭である。三波川帯は、中央構造線より南側の付加体（四万十帯？）が地下深い所で変成作用を受け、その後に隆起した高圧変成岩である。それを、埼玉県にある国の名勝・天然記念物に指定された長瀞（ながとろ）で見ることができる。長瀞は、「地球の窓」とも形容される世界的に知られた露頭である。荒川の上流に位置する渓谷で、青や緑の見事な岩畳（いわだたみ）がある。東京にも近く、筆者が都内の小学校に通っていた頃は、遠足の定番であった。美しい岩畳の上で、お昼の弁当を食べた経験を持つヒトは多い。

ナウマン象の化石の発見で名前を残す東京帝大

写真 2-3　長瀞の埼玉県立博物館前に設置された「日本地質学発祥の地」の石碑

初代地質学教室教授のナウマン（Naumann）は、明治政府が西洋の知識を吸収するために雇用した学者の一人である。日本の近代化に欠かせなかった、地質学の発展に貢献した。1875年（明治8年）に、ドイツから弱冠20歳で来日して、10年ほどの滞在中に各地を踏査した。そして、日本で最初の本格的な地質図をつくり上げたことでも知られており、1878年に長瀞を訪れている。長瀞は、地質学の研究が盛んにおこなわれた所で、埼玉県立自然の博物館が立地する敷地内には、「日本地質学発祥の地」の石碑がある（写真2―3）。

長野・大鹿村に中央構造線の南北が接した露頭

また、長野県南部で、南アルプスの西側に位置する大鹿村（おおしかむら）も興味深い所だ。中央構造線の北側（領家帯）と南側（三波川帯）が接した露頭を、見ることができる。北川露頭と安康（あんこう）露頭などで、国の天然記念物に指定されている。7000万年も前

写真 2-4　長野県大鹿村の山間部にある村営の中央構造線博物館。背後は大崩落の跡を残す大西山。

に、はるか南からやって来た地層が接しているとすれば感動ものである。近くに、村営の中央構造線博物館がある（写真2―4）。

大鹿村には、大鹿村三六災害という痛ましい歴史がある。中央構造線博物館から目を転ずると、大西山の異様な姿に圧倒されてしまう。これこそ、１９６１（昭和36）年6月29日、天竜川支流の小渋川上流で起きた山崩れによる大災害の傷跡であった。連日の雨で、およそ幅５００メートル、高さ４５０メートルに亘って山塊が落下し、山津波となった土砂が一瞬にして42人もの命を奪った。大西山の大崩落の跡は、当時のすさまじい災害を物語って余りある。

山間部にある大鹿村は、人口１０００人余りで、村民の間で３００年以上にわたって継承される大鹿歌舞伎で知られる所である。かねてから行ってみたいと思っていたが、２０１８年5月に実現した。ＪＲ飯田線の伊那大島駅で下車して、バス時間が合わなかったのでタクシーを飛ばしたが、片道７０００円の料金を払っても惜しくない絶景が待っていた。ただ、山中では南アルプスを貫くリニア中央新幹線（品川―名古屋間で２０２７年に開業予定）のトンネル工事（全長25㎞）がつち音を響かせていた。これには驚いた。

２０１６年4月の熊本地震（Ｍ7.3）は、中央構造線の延長に相当する所で起きた。活断層が連動して動き、大きな災害に繋がった。更に西には、日本海と同じ背弧海盆（沖縄トラフ）が今まさに拡大を続けている。これらとの関連も、気になるところだ。

日本海溝と南海トラフで海洋プレートが沈み込む

イザナギプレートが消滅して、その後に出来たのが海洋性の太平洋プレートとフィリピン海プレートである（図2―1）。玄武岩質（3.0ｇ／㎤）で重い海洋プレートは、花崗岩質（2.7ｇ／㎤）で軽い大陸プレートの下に沈み込んで海溝を形成する。太平洋プレートが、大陸性の北米プレート（北米プレートとは分けて、オホーツクプレートとする考えもある）の下に沈み込んでいるのが水深8千m級の日本海溝（最深部８０５０ｍ）、フィリピン海プレートが大陸性のユーラシアプレートの下に沈み込んでいるのが水深4千m級の南海トラフ（最深部４８００ｍ）である。海洋プレートは、出来てからの時間が長いほど、海水に冷やされて密度を増して重くなるため、沈み込む傾斜が深くなる。そこで、水深6千mよりも深い所が、海溝と定義されている。尤も、南海トラフは、駿河湾に注ぐ天竜川や富士川などから供給される堆積物が覆っており、その厚さは約2千mに達している。したがって、堆積層を除くと、海溝に匹敵する。富士山からの流出物が、南海トラフを埋めているような印象を受ける。しかし、富士山を源流とする川は、実は流れていない。富士川の源流も、長野県と山梨県の県境にある鋸岳（のこぎりだけ）ということのようである。

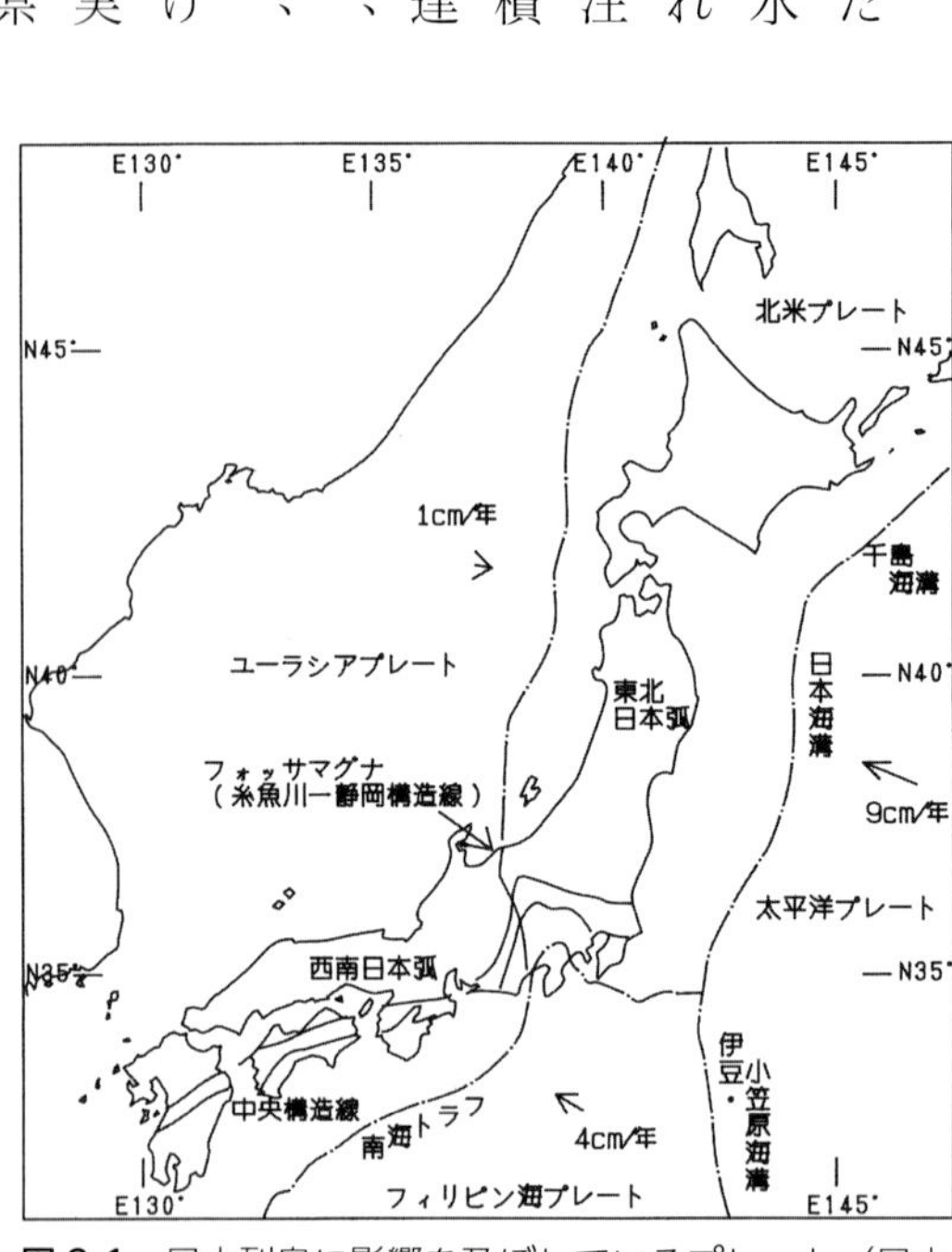

図 2-1　日本列島に影響を及ぼしているプレート（日本海の東縁で相次いで地震が発生したことから、ユーラシアプレートと接する北米プレートの存在がにわかに注目されることになったが、プレートの境界を示す地形ははっきりしていない）

海洋プレートが生むマグマが火山・島弧を形成

最近の研究によれば、海溝に沈み込んだ海洋プレートは、水分を多く含んでいる関係で、一定の深さ（およそ１１０㎞と１７０㎞）に達すると地殻（平均的な厚さは30～50㎞）の下のマントルの融点を下げて、溶けやすい成分が大量のマグマとなる。このマグマの一部は、地表まで上昇して火山噴火を起こす。残ったマグマは、地中で固まって花崗岩質となるが、密度が比較的低いため、浮力が働いて地殻を盛り上げ、遂には山脈となる。これらが進行して、火山をともなった島弧が形成される。島弧と海溝との間（前弧）には火山が出来ず、火山が形成される所との境を火山フロントと呼んでいる。その結果、火山フロントは、海溝にほぼ平行して形成される。その位置は、海洋プレートの沈み込む角度によって異なる。そして、プレートの沈み込みによって、島弧を乗せたプレートが引き伸ばされると、背後（背弧）に窪地が形成される。この背弧海盆に相当するのが、日本海である（図2—2）。

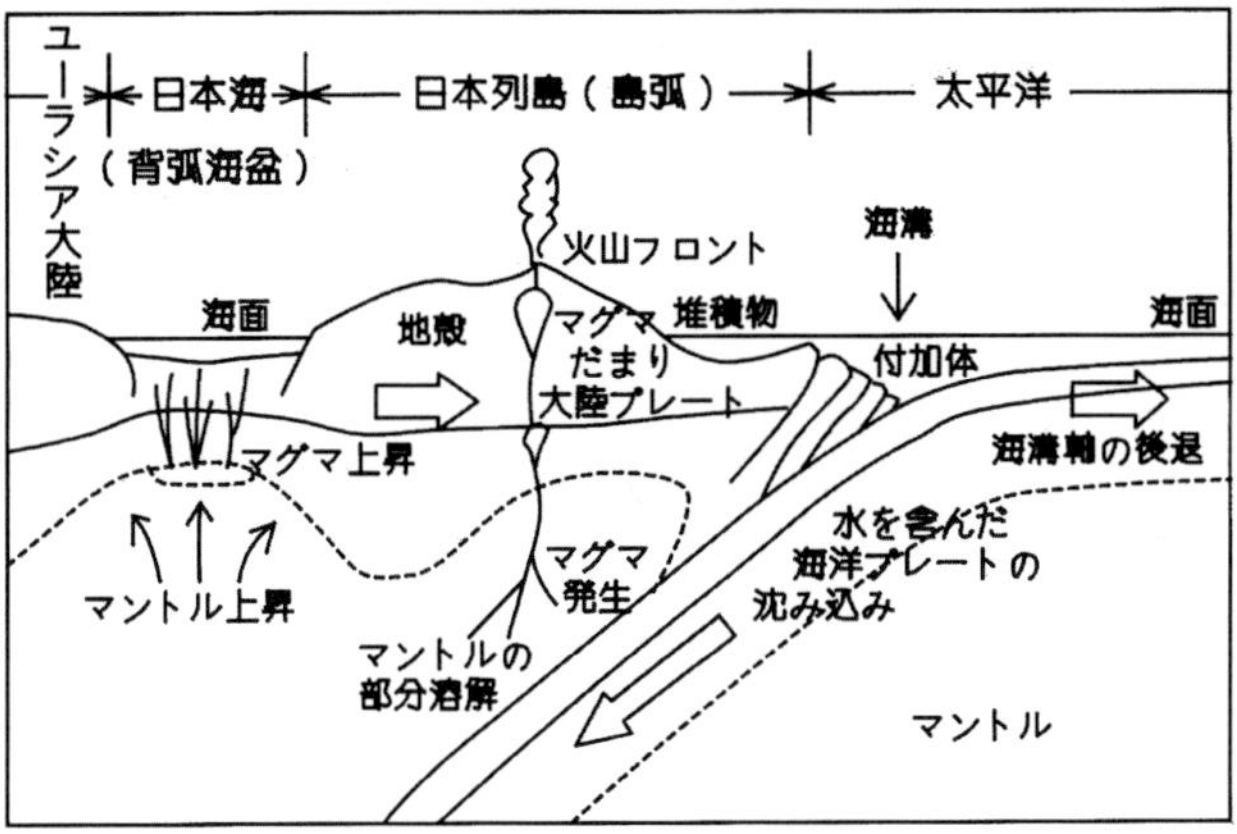

図 2-2　プレート断面（水を含む海洋プレートが沈み込んで一定の深さに達するとマントルの融点を下げてマグマが上昇し、島弧と火山フロントを形成。島弧の背後に出来たのが背弧海盆）

島弧の背後に出来る窪地・背弧海盆

太平洋の西側には、島弧が弓状に連なっている。いずれも、海溝と一緒に形成されていることから「島弧—海溝系」といわれ、背弧海盆をともなっているのが特徴である。北から順に、太平洋プレートが沈み込む千島海溝（最深部９５５０ｍ）と千島弧（千島列島）の背後に千島海盆（最深部３６５８ｍ）、日本海溝と東北日本弧（那須・鳥海火山帯）の背後に日本海（最深部３７４２ｍ）という具合である。更に、フィリピン海プレートが沈み込む南海トラフと西南日本弧（白山火山帯）の背後に日本海、琉球海溝（最深部７５０７ｍ）と琉球弧（琉球列島）の背後に沖縄トラフ（最深部２０００ｍ）と並ぶ。それぞれの背弧海盆の水深は、数千ｍに達する。

足摺岬や屋島にも火山活動の痕跡

西南日本弧の白山火山帯は、鳥取県の大山（だいせん）（標高１７２９ｍ）などを含み、東端は石川県と岐阜県の境にある白山（標高２７０２ｍ）に達する。尤も、東北日本弧のような明瞭な火山フロントではない。しかし、西南日本弧では、日本海が拡大を終えた後の約１４００万年前に、激しい火山活動が起きている。その痕跡が、太平洋側の高知県足摺（あしずり）岬、香川県屋島、紀伊半島南部（「古座川（こざがわ）の一枚岩」や「那智（なち）の滝（落差１３３ｍ）」）などの広い範囲に残っている。これらは、フィリピン海プレートが出来てからの年数が若くて高温のため、通常よりも海溝に近い所に出来た火山と考えられている。ちなみに、現在の海溝（トラフ）から火山フロントまでの距離は、東北日本弧で約３００㎞、西南日本弧で約４００㎞である。太平洋プレートは、フィリピン海プレートと比べて、沈み込む角度が深いことを示している。

フィリピン海プレートの下に沈み込む太平洋プレート

太平洋側では、太平洋プレートが沈み込む伊豆・小笠原海溝（最深部９７８０ｍ）と富士火山帯に連なる伊豆・小笠原弧の背後に四国海盆（水深４０００ｍ級）を形成している。太平洋プレートが、同じ海洋性のフィリピン海プレートの下に沈み込むのは、出来てからの年数が古くて重いためである。なお、海洋プレートどうしの衝突によって出来た伊豆・小笠原弧は、海洋性の重い地殻と考えられそうだが、実は軽い地殻である。不思議に思えるが、前述した火山フロントの形成過程（熱・圧力などによる変成作用）を考えると、少しは理解できる。

海溝と島弧の背後には、背弧海盆が規則的に配置されていることから、背弧海盆の成因には共通するモデルがあってもよいと思われる。これまでのところ、島弧の形成まではほぼ統一した見解が得られているようだ。しかし、背弧海盆の形成となると、まだわかっていないことが多く、定説はない。

太平洋の海底山脈から来る太平洋プレート

太平洋プレートの起源は、日本列島からはるか南東で、南北に連なる海底山脈・太平洋中央海膨が東西方向に供給し続けるマグマである。海膨（かいぼう）は、プレートの拡大速度が早く、山脈の両側の傾斜がなめらかな場合。海嶺は、プレートの拡大速度が遅く、山脈の両側の傾斜が急で起伏に富む場合（例えば大西洋中央海嶺）と、区別されている。

太平洋中央海膨から西側に供給されたマグマから成るのが、太平洋プレートである。太平洋プレートは、中央海膨から離れて行く間に密度を増しながら、年９㎝ほどのスピードで日本列島の東に達する。そして、北米プレートの下に沈み込んで日本海溝を形成しているのは、前述した通りである。この場合のプレートの動く原動力は、プレートより下のマントル対流によって説明されるが、マントル対流には海膨でマグマを押し出す力とプレートの自重が影響する。その貢献度は、プレートの自重の方が大きくて、9割に達するという説もある。日本海溝の場合、東太平洋海膨で生まれて2億年近くを経た、地球上では最大級の太平洋プレートが押し寄せている。したがって、地球は誕生してから約46億年になるが、2億年前よりも古い海洋プレートは地球上に存在しない、ということになる。

マントル対流で大陸プレートが引き伸ばされ海盆に

日本海は、北西太平洋に数多く分布する背弧海盆の一つであるが、その成因に関しては諸説ある。その中で、次のような考えが有力だ。

太平洋や大西洋の中央海嶺（海膨）と同様に、背弧海盆は拡大の中心を持った拡大系である。そこで、背弧海盆は、沈み込む海洋プレートとその上の大陸プレートとの間でマントルの対流が生じ、その上昇流によって大陸プレートが引き伸ばされて形成された。しかし、マントル上昇の規模が小さかったため、大きな海にはなれずに拡大が終了した、ということのようだ。海溝軸が固定して動かない「スラブ投錨（とうびょう）説」と、「海溝後退説」の2つの考えがある。「スラブ」とは、海溝に沈み込むプレートのことである。その他、海洋プレートの動きとは独立して、マントルの上昇が始まって形成された、という考えもある。

大地が引き裂かれるアフリカの大地溝帯

アフリカ大陸の東部には、南北に細長い、総延長が日本列島に匹敵する全長約3000km、落差1500m以上の大地溝帯がある。世界で2番目に深いタンガニーカ湖は、この大地溝帯に沿って並ぶ湖の一つである。この大きな割れ目は、約600万年前から東西方向に裂けつつある。やがて、ペルシャ半島の東に位置する紅海のような狭い湾が形成され、いずれはアフリカ大陸を二分するといわれている。太平洋プレートをつくる中央海膨のようなものである。この場合、地球規模のマントル対流によって大地が引き裂かれたことを示す、細長い窪地が形成される。

また、地下深くのマントルからマグマがまとまって上昇したのであれば（ホットスポット火山）、ハワイ諸島のような海底火山の痕跡が出来る。しかし、日本海では、これまでに中央海膨に相当する拡大軸も、大規模なマントル上昇に繋がるような海底火山も、見つかっていない。

今も拡大を続けている沖縄トラフ

その点、沖縄トラフは、今まさに拡大を続けている背弧海盆で、観測値もあって参考になる。具体的には、フィリピン海プレートが、年４㎝ほどのスピードで北西方向にユーラシアプレートの下に沈み込んでいる。それが琉球海溝だ。そして、琉球列島とその背後に沖縄トラフを形成している。ここでは、島弧に相当する琉球列島が、反対側の南へ移動を続けている。すなわち、フィリピン海プレートの自重で海溝軸が後退し、琉球列島は南の方へ引っ張られていることになる。その関係で、背後の地殻が割れ、それを埋めるように深部からマグマが上昇して新しい海底が生まれる。これが、沖縄トラフの拡大に繋がっているようだ。

「海溝後退説」を支持する事例である。沖縄トラフは、約２００万年前から拡大を続けており、琉球列島はユーラシア大陸から離れつつある、ということになる。沖縄トラフは日本海、琉球列島は日本列島に例えることができよう。筆者としては、「海溝後退説」に肩入れした書きぶりとなった。

約１４００万年前に拡大を終えた日本海

現在、日本列島は、太平洋プレートとユーラシアプレートに挟まれて、日本海の拡大期とは逆に東西方向から圧縮を受けている。しかし、２０１１年の東日本大震災では、東北日本弧が最大で５ｍ余りも東へ引っ張られ、日本海溝の近くではそれ以上に東にずれたという観測データもある。日本海は、僅かに拡大したのではないかと想像したくなるが、飛躍しすぎであろうか。

日本海は、約１４００万年前に拡大を終えているが、地溝帯の形成に始まって約２００万年を経た姿が今の沖縄トラフ、約５００万年を経た姿が今の日本海、そして約１０００万年を経た姿が今の四国海盆ということになる。尤も、太平洋プレートは、今も活動を続けており、日本海が拡大を停止した理由は定かではない。四国海盆のように、東西方向の拡大を停止した後に、フィリピン海プレートに乗って北上（北↓北西）に転じた例もある。「海溝後退説」にしたがっていうならば、現在の太平洋側の日本海溝と南海トラフは、向きの異なるスラブが支え合って、海溝（トラフ）軸の後退が妨げられている。その結果、日本海の拡大が停止した、ということのようだ。

日本海が拡大をほぼ終えたころ、琉球列島は大陸の一部であった

南西諸島の主体をなす琉球列島（南西諸島は他に大東諸島と尖閣諸島を含む）は九州南端から台湾北東まで約１２００㎞に亘って点在する島々からなる。日本海が拡大をほぼ終えた１４００万年前頃、琉球列島は大陸の一部であったが、約１０００万年前から引き離されて列状に並ぶ島を形成し、大陸との間にできたのが東シナ海である。東シナ海は、大半を１６０ｍ以浅の大陸棚が占め、大陸棚と琉球列島の間を水深１０００〜２０００ｍの沖縄トラフが横たわる。

琉球列島は、徳之島のように大陸成分（花崗岩）からなる島が隆起した分裂・隆起列に加えて、大陸分裂後に薩摩硫黄島・諏訪之瀬島・悪石島などの火山列（火山フロント）が西側に形成された。火山フロントの西側に位置する沖縄トラフは、ちょうど東北日本弧と日本海に対応していると考

えることができる。大陸から完全に離れて現在のような島の配置になったのは約40万年前ということだが、隆起と氷期の海水準の低下でその後も大陸と九州とは一部の島との間に陸橋を形成して生物の行き来があったと考えられている。更に、屋久島（１９９３年世界自然遺産登録）と奄美大島との間にはトカラギャップ、沖縄島と宮古島との間にはケラマギャップという深みがある。いずれも水深１０００ｍを超えることから、島の生物分布に大きな影響を及ぼしたと考えられるが、形成（沈降又は陥没）の時期については今だに判然としていない。

２０２１年、「奄美大島、徳之島、沖縄島北部および西表島」が世界自然遺産に登録された。同じく世界自然遺産の小笠原諸島(２０１１年登録)と比較してもはるかに固有種（約８００種）が多く、大陸を起源とする島と海洋島との違いである。

琉球列島では、大陸で滅びてしまった生物が生き延びて固有種を形成しているが、これらの生物がいつ頃どのようにして島に渡って来たのか興味は尽きない。断片的になるが、その幾つかを見ておきたい。

・大陸から琉球列島へ渡って生態系の頂点に位置づけられる毒蛇ハブは、トカラギャップより北には分布しない。

・奄美大島にのみ生息するアマミノクロウサギは、敵が少なくて耳は短く、鋭いツメと丈夫な足が発達している。化石としてはあるが世界で生き残る唯一の種である。唯一の敵といってもいいハブから子を守るため、子育てを土の中でおこなうという変わり種である。

・沖縄島のヤンバルクイナは、飛べない鳥として有名だが、発見されたのは１９８１年であった。自然に生息している新種の鳥が発見されたのは１００年ぶりのことで当時話題になった。大陸から離れて肉食の哺乳類がいなかったため、飛ぶのを止めたということだが、一番の天敵ハブから身を守るために夜は樹上で生活するようになったということである。しかし現在の一番の天敵は、ヒトとヒトが持ち込んだ動物であることは間違いない。

・沖縄島北部のヤンバルの森は狭い土地に多様な生物が環境に適応しながら独自の進化を遂げた結果、この森にしかいない固有種を形成している。海水準の上昇によっても水没することはなかったと考えられ、カエルでみると10種が生息する。そのうち4種は冬、6種は夏に繁殖しており、狭い土地の中でお互い棲み場を分け合って多様性が実現している。冬に繁殖期を迎えるオキナワイシカワガエルは日本で最も美しいカエルとの評価もある。夜行性のカエルが派手となっていることに意味はなさそうだが、それはヒトの考え過ぎか。この緯度（北緯27度）で一年中うるおっている森というのは珍しく、黒潮の影響が大きいようだ。

・西表島にだけ生息するイリオモテヤマネコは、島が大陸から離れた後、20万年前以降の海水準の低下による陸橋形成によって、大陸（台湾）に分布するベンガルヤマネコが渡って来て派生した種と考えられている。大陸のベンガルヤマネコはネズミを主食とする。海水準の上昇によって狭い西表島で孤立したイリオモテヤマネコは、生き延びるためにカエルや魚なども食べるようになって独自の進化を遂げたようだ。対馬のツシマヤマネコも大陸に分布するベンガルヤマネコがもう少し新しい10万年前以降に朝鮮半島を経て渡って来て派生した種（亜種のアムールヤマネコの一集団との考えも）と考えられている。陸橋形成によって朝鮮半島から対馬に来て、九州や本州まで来なかった理由は悩ましい謎である。

日本海拡大期の火山活動がグリーンタフを形成

日本海の拡大期（新第三紀中新世）には、海底の割れ目から玄武岩質のマグマが大量に噴き出し、海底などでは激しい火成活動が起こった。この時の火山灰で、特徴的に緑色に変質したものをグリーンタフ（緑色凝灰岩）と総称している。日本海側を中心に、日本列島各地に想像を超える堆積物を残しており、厚さが１０００ｍを超える所もある。建築石材として需要が高い栃木県の大谷石もその一つだ。ただ、これだけ大量の火山噴出物が大気に放出されたとなると、地球規模の環境変動や生物の大量絶滅を引き起こしたと考えられるが、そこまではわかっていない。

「石山の　石より白し　秋の風」は、芭蕉が小松市の那谷寺を訪れたときに詠んだ句である。那谷寺は、グリーンタフとほぼ同時代に出来た流紋岩質凝灰岩が、長年の風化によって出来た「奇岩遊仙峡」で知られる所だ。石の白さを、秋の気配と重ねたものだが、石山の対象を滋賀県近江の石山寺とする説もある。清々しさとは裏腹に含みの多い句で、現代人を困らせている。

日本海が深海になったワケは？

ところで、日本海が現在のような深海になった理由も、大きな謎である。想像をたくましくすると、拡大と海底の火成活動が終わって、大量に流出したマグマが海水に冷やされ、縮んで密度が高くなって沈降した。あるいは、大量に流出したマグマの後に空洞が出来て海底の地盤が沈下した、とも考えられる。後述する日本海盆、大和海盆、対馬海盆の３つの大きな海盆は、巨大なカルデラのようなもので、先述した陥没説の部分復活だ。陥没説も、あながち荒唐無稽の説とはいえないように、筆者には思えてきた。

能登の珪藻土は何の痕跡か

日本海は、約２０００万年前の拡大当初、淡水湖の時代を経て対馬暖流が流れ込むようになる。そうすると、亜熱帯化して、今の北海道近くまでの海岸地帯はマングローブ林が広がり、熱帯性の巻貝（ビカリアなど）が生息した。しかし、拡大が終わった約１４００万年前になると、日本列島の南側は朝鮮半島とほとんど陸続きとなり、東北日本弧は多島海の様相を呈した。現在の地形とは、全く異なっていたようだ。この北へ開いた巨大な入り江は、原日本海と呼ばれている。原日本海の時代は、１０００万年前頃まで続き、寒流の影響を受けてプランクトンが大増殖した。その痕跡として残ったのが、能登半島の珪藻土や新潟県の石油鉱床である。また、有機物が大量に生産された結果、溶存酸素量の低下を招き、遂には溶存酸素量の消費の方が勝って無酸素海盆化した。このような時代が、５００万年前頃まで続いたようである。そして、対馬海峡が開いて、東北日本弧が現在のような陸地となるのは、更に後の新生代第四紀（更新世）になってからである。

3 背弧海盆
日本海に熱水噴出孔はあるのか？

拡大中の背弧海盆の海底には、熱水噴出孔が現われます。そこでは地球上の生命誕生を思わせる、硫化水素などの有毒物を栄養源にする生物が見つかっています。日本海にもかつては熱水噴出孔や熱水鉱床がありました。拡大を終えた今では秋田などに黒鉱鉱床が残ります。

背弧海盆に熱水噴出孔

背弧海盆（はいこかいぼん）では、拡大によって割れた海底を埋めるように地下深くからマグマが上昇して、海洋性地殻を形成する。その際、海底深くに含まれる海水を暖めて、熱水噴出孔が現われる。熱水噴出孔は、中央海嶺、海底火山、海溝に出来ることが多い。背弧海盆の熱水噴出孔は、海溝の形成と一連のものであり、先の「島弧—海溝系」の一つと考えられる。

熱水噴出孔に棲む異質生物・チューブワーム

20世紀の生物学上の大発見の一つに、１９５３年のアメリカのワトソン（Watson）とイギリスのクリック（Crick）による遺伝子の二重らせん構造の発見が挙げられる。

実は、これに匹敵する大発見が、深海の熱水噴出孔であった。このニュースは、世界の科学者を興奮させた。アメリカの潜水調査船アルビン号が、１９７７年にガラパゴス諸島近くの水深１７００ｍの地点で、熱水噴出孔の周辺に生物群集を発見したのである。発見されたチューブワーム（ハオリムシ）に代表される生物には、口も消化管も肛門もなかった。その代わり、体内にバクテリアを共生させて、熱水噴出孔から出てくる有毒なメタンや硫化水素を栄養源にしていることがわかった。硫化水素を吸うと、普通は血液中のヘモグロビンが酸素よりも先に結合して窒息してしまう。しかし、硫化水素と結合しやすいタンパク質を特別に持っていて、窒息することがないようだ。光合成を源とする食物連鎖とは、全く異なる別世界が実在したのである。この化学合成によって生き長らえる生物は、地球上の生命誕生を想起させ、にわかに注目を浴びることになった。チューブワームは、発見当初、全く新しい動物門とする考えがあった。しかし、１９９０年代になって、分子生物学的な研究により、ゴカイやイソメの仲間ということで決着がついた。

沖縄トラフに多くの熱水噴出孔

日本列島周辺で熱水噴出孔が見つかるのは、もっぱら「島弧—海溝系」だ。中でも沖縄トラフで、多くの熱水噴出孔が見つかっており、チューブワームやシロウリガイなどの化学合成生物群集も次々と確認されている。尤も、シロウリガイは、バクテリアに完全に依存しているわけではない。退化的ながら、有機物を食べる器官があるようだ。沖縄トラフといえば、今まさに拡大を続けている背弧海盆に他ならない。一方、日本海では、熱水噴出孔も化学合成生物群集も見つかっていない。

日本海溝の湧水にシロウリガイ

化学合成生物群集が見られるのは、熱水噴出孔に限らない。海水を大量に含んだプレートが沈み込む海溝の近くでも、メタンや硫化水素を含んだ湧水があり、化学合成生物群集が見つかっている。日本海溝のシロウリガイが好例だ。発見された水深は、6千mを超え、世界最深である。身近な所では、静岡県初島沖（相模湾）の水深1150m地点を中心に広く分布する「初島（はつしま）沖シロウリガイ群集」が挙げられる。

また、深海に沈んだクジラなどの大型の生物の遺骸にも、熱水や湧水系とは異なる化学合成生物群集が見つかっている。これらの化学合成生物群集は、遺骸を点々と伝って分布を広げている、という説もある。日本海の東縁（水深3100m付近）では、ユーラシアプレートが北米プレートの下に沈み込んでいる関係で、周辺に微生物が密集したバクテリア・マットが見つかっている。そこで、メタンや硫化水素を含んだ湧水現象がある、と考えられている。しかし、化学合成生物群集の発見までには至っていない。日本海では、外洋と繋がる浅い海峡が邪魔しているのかもしれない。

沖縄トラフには熱水鉱床も

背弧海盆の熱水噴出孔では、熱水に溶け込みやすい元素が一気に冷やされて、レアメタル、金、銀、銅、亜鉛などの有用金属が豊富な熱水鉱床を形成している。その一部は、海溝で沈み込んだ堆積物が濾し取られてマグマとともに上昇したもので、循環系をつくって地表に戻っている、という説まであるようだ。熱水鉱床は、沖縄トラフで今まさに海底に形成されている。

一方、日本海では、これに相当する鉱物（見かけが黒いことから黒鉱）が、東北日本弧の日本海側の厚い堆積層に埋もれて存在する。秋田県北部には、花岡鉱山に代表される黒鉱の鉱床がある。この黒鉱の発見は、日本の近代化に欠かせないものになった、といってもよい。秋田県男鹿半島や新潟県東山油田の地層からは、シロウリガイ類の化石も見つかっている。かつては、日本海の海底でも、活発な熱水噴出活動があったことを彷彿させる。

4　無名の海峡形成
2つの島弧の間はどう変化したか

観音開きになった2つの島弧の間に出来た「巨大なくぼみ」は深い海峡でしたが、隆起などで陸地に。プレートの影響で東北日本弧も西南日本弧も隆起し、西南日本弧の側には3千m級の日本アルプスが形成されました。

巨大な窪地「フォッサマグナ」

約1500万年前をピークに、観音開きに拡大した東北日本弧と西南日本弧に話を戻す。当時、現在の日本列島の原型が出来あがったとはいえ、東北日本弧と西南日本弧の間には中央構造線と並ぶ大きな窪地が形成された。フォッサマグナである。フォッサマグナは、ラテン語で「巨大なくぼみ」の意で、命名者は先述したナウマン博士である。新潟県糸魚川市には、フォッサマグナ・ミュージアム（**写真2―5**）があって参考になる。フォッサマグナの西端は糸魚川―静岡構造線として有名であるが、東端は柏崎―千葉構造線と新発田―小出構造線という説が有力である。東の境界がはっきりしないのは、東北日本弧が西南日本弧よりも太平洋側へ遠く移動したことや、陥没が原因として挙げられている。

写真 2-5 北陸新幹線糸魚川駅から山を登った所にあるその名も「フォッサマグナミュージアム」

かつては水深6000mの海峡

フォッサマグナ地域は、かつては海が入り込み、日本海と太平洋は繋がって、現在の津軽海峡のようであったと推測される。次第に深くなって、遂には水深6000mに達する深海が形成されたようだ。

しかし、約1300万年前に長野盆地東側を含む一帯が隆起(中央隆起帯)を開始して陸地となったため、フォッサマグナの海は北部と南部に分断された。そして、現在の長野県を含む北部は日本海に面した大きな湾（長野湾）へと姿を変えた。北部の海底は、沈降を続ける一方、まわりの山々の隆起が始まって陸地から大量の土砂が運ばれるようになり、厚さ6000mの堆積層が形成された。そして、長野湾の海が、次第に北方へ退いて、現在のような陸地になったのは160万年前頃と推定されている。

当時の地層からは、トド、サメ、クジラなどの大型の海洋生物の骨や、冷たい海に生息する貝類の化石が多く見つかっている。当時は、原日本海が支配する冷たい海であったことを裏づけている。このへんの歴史については、長野市立博物館（写真２―６）が参考になる情報を提供してくれる。

写真 2-6　上杉謙信と武田信玄が争った川中島の古戦場に近い長野市立博物館、北部フォッサマグナの地史を学べる

東西からプレートに押されて東北日本弧が隆起

更新世（２５８万年前から1万年前の間）になると、多島海の様相を呈していた東北日本弧は、東西方向からプレートに押されて隆起し、陸地となった。原因は、フィリピン海プレートが、ユーラシアプレートの下で太平洋プレートに衝突した。その結果、それ以上は北へ進めなくなって、北西へ動きが変わったためと考えられている。

中央構造線の南が西へ横ずれを起こし、それで出来たシワが瀬戸内海の中国地方に交互に並ぶ瀬戸（盛り上がった部分）と灘（窪んだ部分）ということである。更に具体的な横ずれの証拠が四国の吉野川にある。吉野川は徳島県を中央構造線に沿って東に流れて紀伊水道に注ぐ川であるが、かつては南から北に直進して瀬戸内海に注いでいた。大きな横ずれと讃岐山脈の隆起によって流れの向きを東に変えたようだ。丁度、徳島県三好市（高校野球の名門池田高校のあるところ）あたりで現在の吉野川は不自然に直角に曲がって東進している。また、吉野川と同じ岩石がおよそ25km東側の土器川（中央構造線の北、香川県を流れて瀬戸内海に注ぐ）にも見られる。かつてはこの2つの河川が繋がっていたが、300万年間で25kmの横ずれを起こして切り離されたことを示している。

尤も300万年前、中国地方と四国は地続きで、瀬戸内海が今のような海になったのは横ずれと同時に起きた地盤沈下によって太平洋の海水が紀伊水道を通って流入するようになってからだ。およそ150万年前のことである。更に、瀬戸内海の水深は最大でも105mと浅いことから、第四紀の海水準の下降期には再び地続きになったと考えられる。

西南日本弧も隆起、日本アルプスに

更に、ユーラシアプレートと太平洋プレートの東西圧縮が強まったことで、西南日本弧の側に目覚ましい地形の隆起をもたらした。それが、3千m級の北アルプス（飛騨山脈）と中央アルプス（木曽山脈）、南アルプス（赤石山脈）で、地質学的には200万年足らずのことである。尤も、北アルプスには乗鞍岳や焼岳などの活火山が存在するが、中央アルプスと南アルプスに火山はない。

北アルプスは火山列

北アルプスでは、槍ヶ岳や穂高を含む巨大なカルデラ跡も見つかるなど、火山活動のなごりが至る所に残っている。北アルプスの隆起の正体は、フィリピン海プレートがユーラシアプレートの下に沈み込むことによって出来た火山列、という説が有力になっている。戦後最大の火山災害とされる2014年9月27日の木曽御嶽山（おんたけさん）の噴火は、その火山に相当するようだ。これらの火山の寿命は、数十万年程度と考えられている。一時期、死火山とか休火山という区分があったが、定義が曖昧なため使われなくなった。

北アが海に落ち込む親不知

北アルプスは、北端が高さ２００～４００ｍの断崖で日本海に落ち込んでいる。そして、延長15kmにわたって、親不知（おやしらず）と呼ばれる通行の難所をつくっている。今では、北陸新幹線のトンネルが通って5分余りで過ぎてしまう。かつては、文字通り親子の情も断つ命がけの行程であった。芭蕉は、新暦で8月末に打ち寄せる波の合間をぬって崖下を通ったと考えられ、親不知を越した新潟と富山の県境に位置する市振（いちぶり）の関で宿をとっている。

「一家（ひとつや）に　遊女もねたり　萩と月」と、艶っぽい句を詠んだ。遊女と泊まり合わせたのは創作という説もあるが、ホッとした情景が目に浮かぶ。

5　北部フォッサマグナの形成
新潟など日本海側の地震の原因は？

日本海の東縁では10～20年おきに大きな地震が発生しています。これはユーラシアプレートが北米プレートの下に沈み込んでいるためと考えられています。奥尻島でわかったように、日本海でも大きな津波が発生する危険があります。

大量の土砂に埋められた北部フォッサマグナ

北部フォッサマグナは、北アルプスなどの周囲の山々から運ばれて来た大量の土砂によって埋められた。北陸新幹線に乗ると、長野駅から糸魚川駅にかけて、左右に大きな山を擁した沖積平野を実感できる。旅情豊かな千曲川が流れ、日本の原風景を彷彿させる作品が生まれた。唱歌「故郷」を作詞した高野辰之は長野県中野市出身、人形作家の高橋まゆみは長野県飯山市出身である。千曲川は、北部フォッサマグナを北上して日本最大の河川・信濃川（全長367km）へ繋がり、新潟平野を潤して日本海へ注ぐ。

新潟～秋田の日本海側の沈降

新潟県から秋田県男鹿の日本海側（新発田―小出構造線から北）の沈降は、すさまじかったようだ。深くなった海は今、厚い堆積物に覆われている。この新第三紀中新世の地層には、石油鉱床が含まれ、我が国では数少ない石油・天然ガスの産出地になっている。

海を埋めた主なものには、地震などによって発生した混濁流が挙げられる。まず、沈みやすい砂の層が出来、その上に泥がゆっくりたまって砂岩と泥岩の互層が何組にもわたって積み重ねられた。その厚さは、6000mに達している。砂岩泥岩互層は、圧縮を受けると褶曲（しゅうきょく）によって背斜が完成し、地下で圧力を受けた石油は砂岩層を上昇してくるが、泥岩層があるとそれ以上は上に逃げられない。更に、たまった石油の上には、天然ガスが集まってくる。1870年代から開発が始まって、埋蔵量もある程度見込まれている。しかし、本格的に産油するとなると、巨額の費用が掛かるようだ。

天城山～焼山の富士火山帯

フォッサマグナには、富士火山帯の火山列が南から天城山、箱根、富士山、八ヶ岳、黒姫山、妙高山、焼山と並ぶ。最北端の焼山（やけやま）（標高2400m）は、3000年ほど前の縄文時代に誕生した若い火山だ。100～300年毎に噴火を繰り返している。鎌倉時代の噴火では、火砕流が日本海まで達したといわれており、日本海側では最も危険な火山の一つに挙げられる。

日本海の東縁に沿う地震

更に、日本海の東縁に沿うように、１９６４年に新潟地震（Ｍ7.5）、１９８３年に日本海中部地震（Ｍ7.7）、１９９３年に北海道南西沖地震（Ｍ7.8）、２００７年に新潟県中越沖地震（Ｍ6.8）が起きた。日本海の東縁では、10～20年の周期で大きな地震が発生していることになる。日本海の東縁からフォッサマグナの西端にかけては、ユーラシアプレートが北米プレートの下に年1㎝ほどのスピードで沈み込んでいると考えられており、その存在がにわかに注目されるようになった。沈み込みの開始時期は、約１８０万年前と地質年代としては比較的新しい。そのため、プレートの境界を示す地形が、日本海のどこを通っているのか、はっきりしていない。

日本海でも発生する大きな津波

日本海中部地震では、最大で14ｍの津波が発生した。更に、北海道南西沖地震では、奥尻島（おくしりとう）の藻内地区で最大30ｍの高さまで津波が遡上して、多くの犠牲者がでた。日本海側でも、地震の発生の仕方や地形によっては、大きな津波になることが再認識された。

歴史上の津波では、豊臣秀吉の時代に日本の中部で起きた天正地震（１５８６年）で、村を壊滅するほどの大津波が若狭湾を襲ったようだ。若狭湾は、現在では原子力発電所が多く立地しており、気になるところである。日本海では、冬の大時化（おおしけ）で5～6ｍの波が岸壁を洗うことも珍しくない。そのため、慣れっこになっているので、注意が必要だ。普通の波であれば、波長が短いのですぐに引いていく。しかし、津波は波長が長いので陸の奥まで侵入してくる違いがある。

歴史上の地震ということでは、終戦直後の

1948年に多くの犠牲者がでた福井地震（M7.1）を忘れてはならない。津波こそ発生しなかったが、過去に活動歴のなかった直下型地震で、大地震がどこで発生するかわからない怖さを、改めて知らしめた。

芭蕉が訪れた象潟は地震で隆起

芭蕉は、山形県酒田から夏の最中、進路を北に取って、「おくのほそ道」最北の地となる象潟（きさかた）を訪れた。わざわざ足を延ばしたのは、敬慕する平安時代の歌人、西行法師（1118〜90年）ゆかりの地で、憧れがあったためとされている。象潟は、約2500年前に鳥海山（ちょうかいさん）が山体崩壊を起こして日本海側にできた流れ山の跡である。日本海の波の浸食を受けて海水が侵入し、大小の丘は100以上の島を形成、その後に砂州が発達して潟湖（せきこ）となった。松島と並び称される景勝地・歌枕の地である。それを芭蕉は、

「象潟や 雨に西施（せいし）が ねぶの花」と、憂いの美女に例えた。西施は中国の四大美人の一人と称される女性、「ねぶ」とは夕方になると葉が閉じるネムノキ（合歓木）である。

その象潟は、芭蕉が訪れた115年後（1804年）の象潟地震で、地盤が2m余りも隆起した。その結果、潟は一夜にして消えてしまったという。今は、当時の面影を残すのみで、芭蕉が知ったら、さぞかし驚いたことであろう。

芭蕉の旅立ちから203年を経た1893年（明治26年）、俳句革新に心血を注いだ正岡子規（1867〜1902年）は、26歳のときに芭蕉を追慕して東北旅行を敢行し、紀行『はて知らずの記』を書いた。象潟も訪れているが、地殻変動で往時の景勝を見ることができず、紀行文中には何の記述もしなかった。子規の門弟でもある寺田寅彦博士が1928年にこの地を訪れている。そこで詠んだ句は「象潟は陸になりけり冬田哉」。物理学者らしい視点で師を偲んだ。

象潟地震の約3年前からは、近くの鳥海山で噴火が続いていた。鳥海山（標高２２３６ｍ）は、東北では福島県南会津の燧ヶ岳(標高２３５６ｍ)に次ぐ高い山で、別名は出羽富士といわれる単独峰。太平洋プレートの沈み込みによって出来た火山である（鳥海火山帯）。最近では１９７４年に小規模噴火があった。象潟地震の2年前には、大日本沿海輿地全図（伊能図）を残した伊能忠敬が、周辺を偶然にも測量していた。これが、貴重な記録となって残っている。

　鳥海山は積雪が40ｍを超えるところもあり、水の恵みをもたらしてくれる山である。しかし、その豊かな雪解け水は、水温が低く、稲の生育には不向きであった。それを克服したのが秋田県象潟町などに残る「温水路」である。１９２７年から30年を掛けた大工事で、水路の幅を広く、水深を浅くして階段状の段差を配すことで、田んぼに注ぐ水の温度を上げることに成功し、豊かな穀倉地帯になった。まさに先人の知恵とたゆまぬ努力が成し遂げた偉業である。

6 南部フォッサマグナの形成

伊豆半島は日本のインドか？

フィリピン海プレートの北上により、伊豆半島などが南部フォッサマグナに突入。中央構造線を捻じ曲げて相模湾と駿河湾を形成し、今も南アルプスを押し上げています。それはインド亜大陸がアジア大陸と衝突してヒマラヤをつくった小型版といえます。

丹沢や伊豆半島が南部フォッサマグナに突入

八ヶ岳から南の南部フォッサマグナでも、大事件が起きていた。先に触れた、フィリピン海プレートの北上によってである。太平洋プレートがフィリピン海プレートの下に沈み込むことによって形成された伊豆・小笠原弧の巨摩山地、御坂山地、丹沢山地、伊豆半島が次々と南部フォッサマグナに突入して来たのである。

巨摩山地は約1200万年前、御坂山地は約900万年前、丹沢山地は約500万年前、伊豆半島は約150万年前のことと考えられている。そして、将来は伊豆大島も衝突することが予想されている。伊豆半島は、衝突して来た火山島の中では地質年代が比較的新しいため、植物などに今も固有種が残されている。

プレートが北上して中央構造線を捻じ曲げる

海洋性のフィリピン海プレートは、本来なら大陸性のユーラシアプレートの下に沈み込む。しかし、火山噴火によって出来た伊豆・小笠原弧は、軽い地殻で出来ているため、沈み込むことができず、衝突して地殻の上部が剥ぎ取られて山々をつくったようだ。

伊豆・小笠原弧を乗せたフィリピン海プレート

の北上によって、九州から関東までを貫く中央構造線はハの字状に捻じ曲げられ、伊豆半島を挟んだ東西には相模湾と駿河湾という深海の湾が形成された。更に、西南日本弧の側には、３千ｍ級の南アルプスの隆起に繋がった。南アルプス（赤石山脈）の地層の大部分は、先述した付加体（四万十帯）で出来ており、かつては海であった。山脈北部に露出する赤いチャートが、赤石の名前の由来になっている。

ハの字状に曲げられた中央構造線と本州の中央部を横切るフォッサマグナの西端（糸魚川―静岡構造線）が交わるあたりで断層の横ずれが発生、それによってできたシワの部分が長野県の諏訪湖ということらしい（およそ１２０万年前）。

フィリピン海プレートは、現在も年４㎝ほどのスピードで北西に向かって移動しており、南部フォッサマグナを押し続けている。この結果、南アルプスは、日本で最も隆起の速度が速く、年に５㎜ほどになる。このままであれば、１００万年で5千m級の山になっていてもおかしくない。しかし、３千ｍ級の標高を保っているのは、風雨で削られるためだ。南アルプスの風雨で削られた大量の土砂が、南海トラフの堆積物の主な供給源ということになる。

フォッサマグナ中央部の火山

フォッサマグナの中央部には、北から八ヶ岳、富士山、箱根山、天城山などが並ぶ。これらの火山は、フォッサマグナが落ち込んだ時に、地下深くに形成された地殻の割れ目に沿ってマグマが上昇して出来たと考えられている。富士山の活動が始まったのは、八ヶ岳や箱根山よりも遅れて10万年前頃と比較的新しい。富士山は、４つの火山が爆発して出来た山体構造で、今のように美しい姿になったのは1万１０００年前頃とされている。

北海道では、千島弧の一つである北海道東部が、太平洋プレートに引きずられて東北日本弧に衝突し、約1300万年前に隆起が始まって出来たのが2千m級の日高山脈である。2018年9月6日の北海道胆振東部地震（M6.7）は、このような東西の圧縮場で発生したようだ。

日本でもインド亜大陸と同様の衝突が

約4300万年前、南アフリカから分かれたインド亜大陸が、北上してアジア大陸と衝突を開始した。その結果、ヒマラヤ山脈とチベット高原が出来たのは有名な話である。岩石に残された地磁気の方向が、有力な証拠となった。現在も、インド亜大陸は年7～10㎝のスピードで北上を続け、ヒマラヤ山脈は年に5㎜ほど高くなっているようだ。

これと同じイベントが、日本列島の各所で起きていることに驚きを禁じ得ない。インド亜大陸ほどの大きな衝突は、アジア大陸の縁にも間接的に歪みを起こし、地溝帯をつくって、日本海の形成のもとになったという説もある。

同じ頃、北太平洋では太平洋プレートの移動方向が北北西から西に変わったことを示す屈曲点が、ハワイ諸島と天皇海山群の配列方向に見つかっている。向きを変えた年代は、最近になって約5100万年前に修正されたが、インド亜大陸の衝突と太平洋プレートの移動方向の変化との間に、関連性を指摘する説もあるようだ。

ハワイ諸島は海溝に沈み込むか

プレート・テクトニクス理論によって、今のハワイ諸島がいずれ日本列島に衝突するのではないか、と考えるヒトがいる。ハワイ諸島は、プレートより下のマントルを起源とするマグマが上昇して出来た海底火山で（ホットスポット火山）、玄武岩質の重い地殻で出来ている。したがって、大陸プレートとは衝突せずに海溝に沈み込む、というのが今の考えである。重い地殻で出来た海山が、今まさに大陸プレートの下に沈み込む様子が、襟裳岬沖、鹿島沖、室戸岬沖などに見られるようだ。

２０１３年11月に噴火の始まった西之島は、太平洋プレートがフィリピン海プレートに沈み込むことによって出来た伊豆・小笠原弧の一つで、大陸地殻の組成である安山岩マグマを噴出しているようだ。西之島は、大陸地殻の形成や生物進化の解明に繋がる実験場として注目されている。太陽系の惑星の中で、大陸（花崗岩）が存在するのは地球だけである。その成因は、地球科学上の第一級の研究テーマだそうだ。

７ 東西の境が残るフォッサマグナ 文化も大きく分かれる

硬水・軟水の違いから、出汁の差、うどんの汁、ブリとサケなど、フォッサマグナを境に、東と西では文化にも大きな違いが見られます。地形が文化の多様性を育んだといっても過言ではありません。

西は軟水で昆布出汁、東は硬水で鰹出汁

水に関しては、一概にはいえないが、東の硬水、西の軟水が挙げられる。水の硬度は、主としてカルシウムとマグネシウムの含まれる量で決まり、世界保健機構（ＷＨＯ）で基準が定められている。1ℓ当たりの含有量が、１２０㎎以上を硬水、それ以下を軟水としている。硬水は、ミネラルを多く含むことから、ミネラルウォーターとして利用

されている。尤も、うまみ成分の抽出を阻害してしまうため、料理向きではない。これに対して、軟水は、昆布出汁を引き出すのに適している。硬水の関東では、昆布出汁が出にくい。そのために、風味の強い鰹節を使うようになったようだ。確かに、金沢から東京の実家に行くと、これを実感する。

醤油文化もしかりである。関東は濃口、関西は薄口が一般的だ。駅の立ち食いで、「うどん」を注文するとよくわかるが、関東では汁でどんぶりの底が見えないが、関西では見えるのである。この違いは、ビジネスにもしっかりと生かされている。カップ麺をつくる某メーカーでは、同じ商品でも、東と西で使い分けている。ちなみに、筆者の住む石川県で購入すると、小さく西を示す（W）の文字が記されている。

西のブリ文化圏と東のサケ文化圏

魚では、西のブリ文化圏と東のサケ文化圏。西文化圏の富山湾で獲れた越中ブリは、江戸時代から塩漬けされて飛騨高山を経由して飛騨ブリに名前を変えて信州松本などへも運ばれた。この物流ルートは「ぶり街道」と呼ばれ、内陸にもブリの食文化をもたらした。高山市公設地方卸売市場では、毎年12月24日に「塩ブリ市」が開催されて、伝統が大切に引き継がれている。

信州松本では、12月31日のハレの日に食べる「年取り魚」には、もっぱらブリが用いられてきた。江戸時代、積雪期には牛が使えないため、歩荷(ぼっか)が加工した塩ブリ5〜6本を篭に入れて背負い（50〜60kg）、10日以上も掛けて野麦峠（標高1672m）などを越えて運んだ。そのため、ブリ1本が米1俵に相当する値（浜値の4倍）で売られていた。年取り魚にブリを買うことが、男の甲斐性になっていたようだ。

ブリは更に、伊那谷や木曽谷を経て信州南の飯田にも運ばれた。これらの地域では、ブリの尾を神棚に供える風習が今でも残っており、ブリ文化圏を強く感じさせる。松本平や善行寺平は、信濃川水系の千曲川・犀川が流れて、かつてはサケが多く遡上した。「年取り魚」に、サケよりブリが好まれたのは、京・大阪の上方文化の影響があったようだ。

ブリ文化圏でも、ハマチは北陸地方では天然の年魚を指すが、関西地方へ行くと養殖ブリである。北陸地方では、歳末ともなると、嫁の実家がりっぱなブリを夫の実家へ届ける風習がある。しかし、西へ行くとその反対に、夫の実家が嫁の実家へブリを贈る風習がある。「けっこうな嫁ぶり」、ということらしい。

淡水魚では、西は琵琶湖をはじめとして種類数が豊富なのに対して、東は種類数が乏しい。海へ下る種類や、人為的な影響で分布を広げた種類を除くと、この傾向は更に顕著となる。

電力周波数も猫の尻尾も

その他、電力周波数では、東の50 Hzに対して、西の60 Hzというのもある。明治時代に、東ではドイツから、西ではアメリカから発電機を輸入したために東西で違いが出来た。このため、東日本大震災で、電力融通に支障をきたしたことは記憶に新しい。

東西文化の差は、消えつつあるが、それでも違いを記せば一冊の本になる。おかべたかし・文、山出高士・写真による『くらべる東西』（２０１６，東京書籍）を読んで、自分の住んでいる土地と比べてみると興味深い。野良猫の尻尾が東西で異なるそうだが、理由は見てのお楽しみである。

8 海底地形

海にも山や平原がある?

日本海は面積の割に極めて深く、中央に大和海嶺がそびえています。その北の日本海盆は大平原、南東の大和海盆と南西の対馬海盆は起伏に富んでいます。堆積層は厚く、1000mを超えます。富山深海長谷は600kmの長大な海底谷で、深い富山湾は珍しい海洋生物を産します。

これまでは、日本海を一つの器として見てきた。次に、日本海の海底地形がどうなっているのか、探ってみる。近年になって、水中ROV(遠隔操作型の水中TV)や潜水艇で海底を直接見ることができるようになった。しかし、全体からするとごく僅かである。月や火星の表面と比べてみても、高低差の情報があまりに少ない。日本海に限らないが、海の海底地形は火星表面よりも遠い世界といってもよいくらいだ。

極めて深い日本海、平均水深1752m

それでも、日本海の海底地形は、今では海上保安庁水路部が発行する地形図によって、かなり詳しく読み取れるようになった(図2—3)。日本海は、平均水深が1752mであり、表面積(約101・3万km²)の割に極めて深い。一見して、北と南では海底地形の様相が、全く異なることがわかる。中央部には、水深が最も浅い所で、234mの大和堆を含む海底の高まり、大和海嶺(やまとかいれい)がそびえ立つ。

大和海嶺を境に、北側には水深3千m級の日本海盆(最深部3742m)、南東側には水深2千m級の大和海盆(最深部2970m)、そして南西側には水深2千m級の対馬海盆(最深部2600m)が広がる。大和海盆と対馬海盆の間を縫うようにして、隠岐諸島を乗せた隠岐堆が張り出し、先の大和海嶺へと繋がる。

大和堆は海底山脈

こうして見ると、大和堆は、高さ2700m余りの海底山脈ということになる。大和碓が発見されたのは、1923―24年と意外と新しい。

1921年に、水産講習所の海洋調査船「天鷗丸（てんおうまる）」が電動測深儀を新装備して、海図で水深2000～3000mとされていた日本海中央部に500mより浅い場所を見つけた。そして、海軍水路部の測量艦「大和」が、再調査して大和堆と命名された。後々の調査で、500m以浅の面積（約2718㎢）は東京都よりも広く、1000m以浅の面積（約7900㎢）は静岡県に匹敵することがわかった。

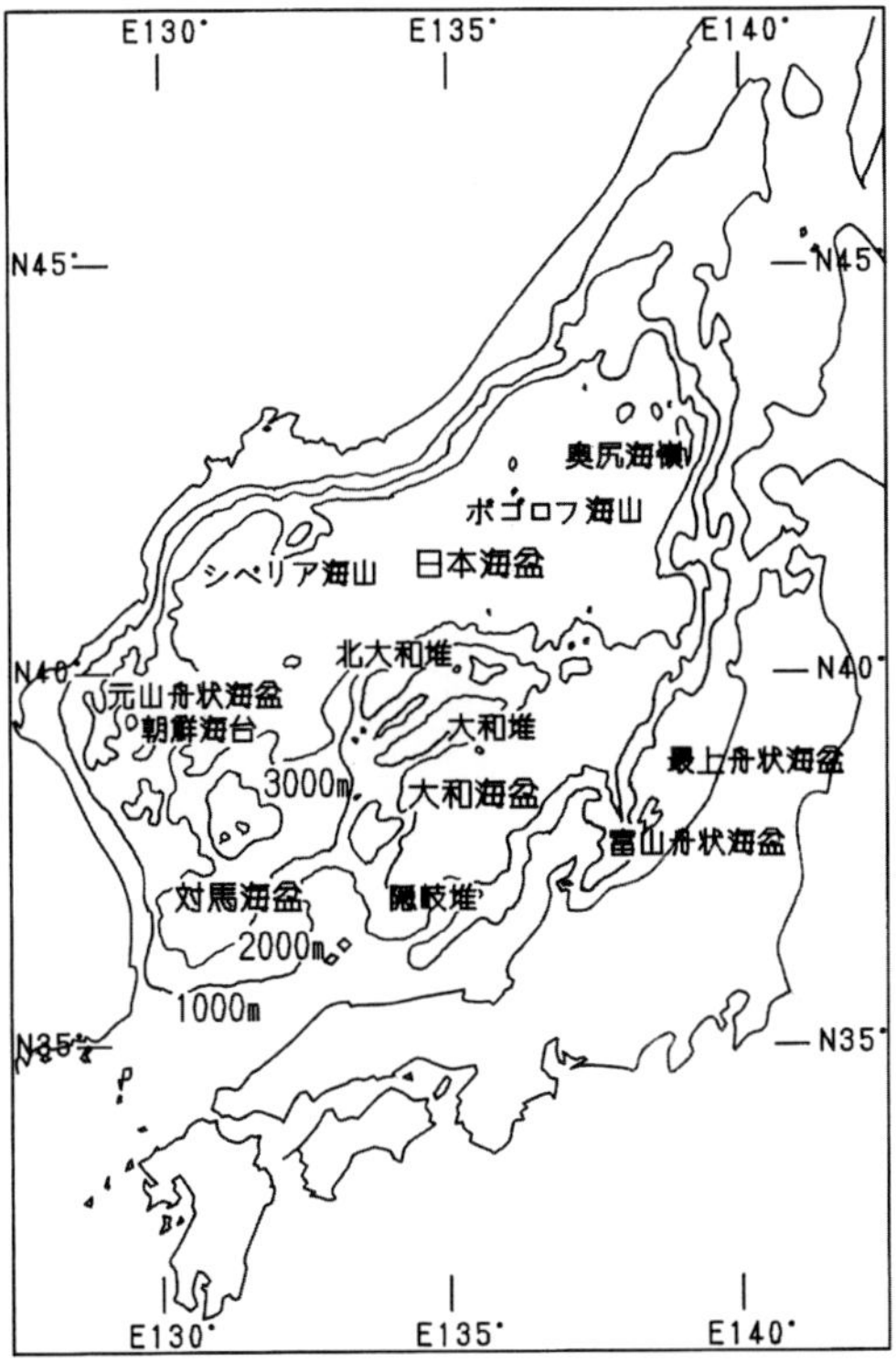

北の大平原・日本海盆、南の大和・対馬海盆

日本海盆は、日本海の約3分の1を占める海底大平原であるが、玄武岩質の海底面を2千m超の堆積層が覆っている。したがって、本来は5千m級の深海である。水深3000mまで一挙に落ち

図 2-3　日本海の海底地形（北は日本海盆が広がり、南は大和海盆、大和海嶺、隠岐碓、対馬海盆などが連なって、背弧海盆としては複雑な海底地形を示す）

込んで、周辺は崖のような地形になっている。そのため、北海道奥尻島から西の僅か約20㎞余りで、水深3500mに達する。なだらかな海底平原の中で、北にポゴロフ海山、南のナホトカ沖にシベリア海山が屹立(きつりつ)する。いずれも、大陸型の地殻の断片とされ、海底火山ではない。

一方、南側の大和海盆と対馬海盆は、日本海盆と比べると面積は小さく、起伏に富んでいる。これらの海盆にも堆積層が覆っているが、厚さは約1千mと日本海盆の半分ほどである。したがって、本来は3千m級の深海である。

急速に堆積する日本海

太平洋プレートでは、沖合に分布する浮遊生物(放散虫、有孔虫、珪藻など)の遺骸や火山灰が主な堆積物として残るが、1億年余りをかけても堆積層の厚さは500m止まりである。しかし、日本海のように陸地に囲まれた海や、南海トラフのように陸と海底谷で繋がっている海では、数千万年で厚い堆積層に覆われる。ちなみに、1万年当たりの堆積速度にすると、太平洋プレートでは5㎝に満たないが、日本海盆では1mに達する(日本海の形成史を約2000万年、堆積層のいちばん厚い所を2000mとして推定)。

日本海盆の堆積層が厚いのは、ユーラシア大陸北東部を流れる大河・アムール川(世界第8位の全長4368㎞、中国名は黒竜江)が、かつては日本海に注いでいたことも影響したと考えられる。間宮海峡には、日本海へ向かう海底谷(かいていこく)が刻まれており、アムール川の河跡とされている。しかし、アムール川は、リス氷期に注水路であったキジ・カジ両湖が隆起して、オホーツク海側へ流れを変えたようだ。

大和堆はかつて島か大陸の一部

大和堆は、頂上付近が数段の平坦面になっている。これは、海食作用によって出来る海岸段丘の跡と考えられる。また、アマエビの有数の漁場となっているが、底びき網を曳くと、角の取れた数十㎝大の石（円礫）が網に入ってくる（写真２―７）。これだけの深海底で、丸い石が出来るとは考えられない。かつては、大和堆が島か大陸の一部であったことを示す証拠である。

写真 2-7　大和堆から揚がった円礫（角がとれて、かつては陸にあって川や海の波の作用で削られた跡と考えられる）

また、大和海嶺は、地形的に北西側の北大和堆、南東側の大和堆、北東側の拓洋堆の３つの部分に分けられる。このうち、大和堆と北大和堆（水深が最も浅い所で３９７ｍ）の間には、水深２１００ｍの地溝状の落ち込みがある（北大和舟状海盆）。この落ち込みは、日本海が拡大するときに引き裂かれた割れ目の痕跡、とみることができる。隠岐堆や朝鮮海台を含めて、日本海の北緯40度以南には、古い大陸地殻が残っている所が多いようだ。

約６００㎞の「富山深海長谷」

日本海盆および大和海盆と日本列島の間は、起伏に富んだ複雑な海底地形である。南北に、奥尻海嶺から佐渡海嶺まで繋がって日本海の東縁を形成し、日本列島との間には小さな海盆が点在する。

対馬海盆と日本列島および朝鮮半島との間も同様で、舟状海盆や海嶺や海台が並ぶ。

富山湾沖の富山舟状海盆は、陸から沖に向かって幾筋も刻まれた深い谷が合流する窪地である。そこで、特に一本にまとまった大きな海底谷が「富山深海長谷（ちょうこく）」である。「富山深海長谷」は、富山湾から大和海盆を通って日本海盆まで、総延長距離が約600kmに達する長大なものである。ここへは、北アルプスから神通川、常願寺川、黒部川などを経て大量の土石が供給されている。海底に形成された険しい谷は、土石流が海底の斜面を削った跡（混濁乱泥流：タービダイト）と考えられている。

黒部川は、扇状地でさまざまな流路に分かれる暴れ川で、「黒部四十八が瀬」「いろは川」などと呼ばれて、北陸道では親不知に匹敵する難所であった。水流が多く、高低差もあることから、上流では大正時代から水力電源開発がおこなわれてきた。その一つが、観光名所にもなっている黒部ダムであるが、開発には多くの人的犠牲が払われたことも忘れてはならない。

富山湾のシラエビ、ホタルイカ、そして…

富山湾は、太平洋側の相模湾、駿河湾と並ぶ深い湾である。海底谷がある所は、藍色に変わることから「藍甕（あいがめ）」と呼ばれている。藍甕は、深海性のシラエビが群生する所である。シラエビが年間400t余りも水揚げされているが、これだけまとまって獲れるのは世界的にも珍しい。

ホタルイカは、産卵期（春）になると藍甕を通って浅瀬に向かい、魚津沖などに敷設された定置網で漁獲される。網が絞られるにつれて、神秘的な青い光が放たれ、幻想的な世界へと誘う。定置網の難を逃れても、海岸に打ち上げられることがある。「ホタルイカの身投げ」といって、富山湾の東側一帯に見られる春の風物詩である。世界でもここだけで見られる現象だ。「ホタルイカ群遊海面」として、国の特別天然記念物に指定されている。魚津の埋没林と蜃気楼を合わせて、「富山湾の三大奇観」と呼ばれている。

ここに、新しく加わったのがオオグチボヤである。2000年のことになるが、有人潜水調査船「しんかい2000」が、富山湾の水深700〜900mで群生しているのを偶然に発見した。オオグチボヤは、入水口が大きく口を開けて笑った姿に見えることから話題になった。これほどの群生は、我が国では富山湾にしか見つかっていない。

芭蕉が詠んだ「有磯海」

芭蕉は、「黒部四十八が瀬」を渡って、新暦で8月28日に那古の浦（富山県射水市）に着くが、「わせの香や　分入右（わけいる）は　有磯海（ありそうみ）」を詠んで、加賀の国へと先を急いだ。「おくのほそ道」では、越中で入集された唯一の句である。「有磯」は、平安時代から富山湾を指して使った言葉で、万葉集にも詠まれている。しかし、歌枕の地として知られる雨晴（あまはらし）海岸を想った、という説もある。訪れるのを断念した、という経緯もあるようだ。有磯海という地名は実在しないが、北陸自動車道で「有磯海サービスエリア」に名前を留めている。実在しない地名を、道路の名称に使うのは稀のようだ。富山湾は、日本海の中でも不思議が満ちている。

9 海底地質調査

日本海の海底地形が複雑な理由

1970年代からようやく海底掘削による調査が始まりました。日本海の海底地形が、背弧海盆としては世界的にも稀なほど複雑なのは、太平洋側の海洋プレートの動きの変化が影響していると考えられますが、依然として日本海の成因には未解決な部分が多く残されています。

ここまで日本海像が見えてくると、海底を掘って試料を採取し、岩層の種類、微化石、地磁気、放射年代測定などによって、いつ頃どのようにして形成され、当時の環境はどうであったか、知りたくなるのは当然だ。しかし、海底の掘削は極めて難しい。日本海で海底掘削がおこなわれたのは、1970年代になってからのことである。

本格的な海底掘削は1973年から

最初の海底掘削は、旧ソビエト連邦（1991年12月に崩壊してロシア連邦が成立）の観測船ビチャージ号によるもので、1973年の報告がある。それによると、日本海盆の水深3640mの地点で、掘削の深さは4.2mであった。1977年と79年には、東京大学海洋研究所の白鳳丸が、隠岐海嶺で水深1115mの海底から9.6m、水深935mの海底から2・35mの掘削に成功した。採取したコア（柱状試料）の深さは、いずれも10mに満たない。それでも、最終氷期以降の貴重な情報が得られた。

本格的な海底ボーリング調査となると、1973年にアメリカの深海掘削船「グロマー・チャレンジャー号」によって、日本海盆の縁に相当する水深900mの3地点で、初めて500m

に及ぶ掘削が成功した。この調査によって、堆積層の下は海洋性の玄武岩層であることが確かめられた。１９７８年には、大和海盆と対馬海盆でも海底ボーリング調査がおこなわれ、堆積層の下は海洋性の玄武岩層と大陸性の花崗岩層が入り交じることがわかった。その後の調査で、玄武岩の年代は北から南へ若くなっていることもわかった。

過去6万年の日本海像が判明

深さ10ｍ程度のコアについては、これまでに日本海の各所から採取された。そして、海底土に含まれる火山灰や珪藻・有孔虫の分析によって、過去6万年余りの日本海像がかなりわかってきた。

採取したコアからは、有史以来最大の噴火とされる白頭山（北朝鮮・中国の国境にあって標高２７４４ｍ）の火山灰層（西暦９４６年）、日本列島で起きた最後の巨大噴火とされる鬼界アカホヤの火山灰層（約７３００年前）も見つかっている。これらは、年代決定の動かぬ証拠である。

海底ボーリング調査は、海底油田の掘削技術によって、長足の進歩を遂げた。地球物理学では、掘削が海洋地殻（平均的な厚さは６㎞と大陸地殻と比べて薄い）とマントル層の境界「モホロビチッチ不連続面（モホ面）」を貫いて、マントル物質を取り出すことを目標としているようだ。しかし、日本海盆の真ん中で掘削するとなると、莫大な費用と高度の技術が必要になり、達成は容易でない。

日本海の海底地形は複雑

背弧海盆の形成は、「島弧―海溝系」の海溝軸の後退によって背後の地殻が割れ、そこを埋めるように深部からマグマが上昇して新しい海底が生まれて拡大に繋がった、と考えるのが有力な説に思われる。そこで次に、それぞれの背弧海盆の特徴を概観してみると、沖縄トラフ、四国海盆、千島海盆の海底地形はいずれも平坦である。これに対して、日本海の海底地形は、世界的にも稀なほど複雑である。日本海では、日本海盆が背弧海盆の特徴をよく現わしている。しかし、大和海盆や対馬海盆は、引き伸ばされて薄くなった大陸地殻が海底地殻と混じり合って出来た、と考えられそうだ。

日本海では大陸から分裂する際に活発な火山活動があった。しかし、火山そのものは堆積物に厚く覆われてほとんど確認することができない。隠岐諸島は数少ない火山島の跡である。本州に近い島前の3つの島（西ノ島、中ノ島、知夫里島（ちぶりじま））は、かつては一つの大きな島であった。約600万年前の火山噴火で海面下に没し、その後の隆起によって現われた外輪山。その内側はカルデラの跡（最大水深60m）で、地中海（ギリシャ）の世界的な観光地サントリーニ島と同じ地形である。本州との間の隠岐海峡は浅いため（水深70～80m）、海水準の下降期には半島を形成したと考えられる。

フィリピン海プレートの動きが変化

ところで、フィリピン海プレートは、2500万年前には現在よりもかなり西にあって、東端は沖縄近くにあった。太平洋プレートの沈み込みによって、地殻が割れて東西方向に拡大して出来たのが四国海盆で、伊豆・小笠原弧が現在の位置まで移動して来たのは1500万年前頃とされている。日本海が、拡大をほぼ終えて、日本列島が現在の位置に来た頃だ。フィリピン海プレートはその後、先述したように東西方向の拡大を終えると北に向きを転じ、更に北西に動きを変えた。いずれも、太平洋プレートの影響を受けたと考えられる。これらの変化が、東北日本弧と西南日本弧が観音開きした日本海の拡大、日本海の複雑な海底地形の形成、そして日本海の拡大停止に繋がったとも考えられる。日本海の成因の解明が、一筋縄ではいかないことを示している。

これまでの海底地質調査をもってしても、依然として日本海の成因をめぐっては、未解決のことが多く残されていることがわかる。日本列島の形成に関する解説書の多くが、日本海の成因の詳細に立ち入るのを、ためらう理由かもしれない。これからも、日本海の成因については、さまざまな説が出てきそうだ。新しい地質学上の発見によって、これまでの定説がくつがえるかもしれない。簡単には、成因のベールを剥がしてくれないのが日本海である。

10 更新世の日本海 ～氷期と間氷期の繰り返し～
氷期に日本海は湖だった？

日本列島が形成され始めたのは、恐竜絶滅よりもずっと後の、約2300万年前に始まる新生代新第三紀。約258万年前からの更新世の地殻変動、浸食、氷期・間氷期の繰り返しを経て、列島と日本海は現在の姿に近づいてきました。

地質年代は、生物が爆発的に増えた以降（約5億4200万年前以降）、生物化石に基づいて古生代、中生代、新生代に区分されている。そして、古生代と中生代の境（約2億5200万年前）には、史上最大の生物の大量絶滅が起こった。その原因として、大陸移動と大規模な火山活動による環境変動が指摘されている。また、中生代と新生代の境（約６６００万年前）には、恐竜が絶滅した。その原因として、巨大隕石の衝突が関与した環境変動という説はよく知られているところである。

更新世の地殻変動と浸食

さて、日本海と日本列島の形成はというと、地質年代で新生代の古第三紀、新第三紀、第四紀のうち、約２３００万年前に始まる新生代新第三紀に当たる（50ページ表2―1参照）。この時期に、日本列島の骨格部分がほぼ完成したと考えられている。恐竜絶滅よりもずっと後の時代である。更に、現在の姿になるまでには、第四紀（更新世）の火山噴火、衝突、隆起などの地殻変動と浸食を受けたようだ。更新世は、氷期と間氷期の気候変動が顕著になった時代でもある。約１８１万年前から１万年前までの間とする文献があるが、更新世の始期は更に77万年遡って、約２５８万年前とするのが最新の説である。

更新世の後半に４つの大きな氷期

更新世は、中期よりも後の80万年前頃から特に顕著となったギュンツ、ミンデル、リス、ウルムの４つの大きな氷期を特徴としている。氷期には、蒸発した水分が陸上に氷床として固定されるため海水準の低下が起こる。これに対して、間氷期には、融解水が海に還元されるため海水準の上昇が起こる。中でも、最後のウルム氷期（約２万年前をピークとする約1～6万年前の間：最終氷期）の寒冷化が一段と厳しくて、日本列島では現在よりも気温が10℃ほども低く、海水準が最大１２０～１４０ｍも低下したと考えられている。現在の東京湾や瀬戸内海は、陸地となっていた。

南極大陸と北極圏に位置するグリーンランドには、降り積もった雪が圧縮されて氷床が発達している。平均的な厚さは、南極大陸で２４５６ｍ、グリーンランドで１５１５ｍに達し、その重さのために陸地が大きく沈降している。

ちなみに、南極大陸の標高は、マイナス１６０ｍ。氷床が融けると、大陸は６００〜８００ｍ隆起して、海水準は今よりも70〜90ｍ上昇する、という報告もある。採取した氷床コアの解析から、最終氷期を含む過去2万年にわたる気温変化が、両極でほとんど同じに刻まれていることがわかって、全球的な現象であることが証明された。

海水準の変動で外洋と繋がったり閉じたり

日本海では、更新世の時代に入ると、汎世界的な温暖化によって海水準が上昇した。そして、２００万年前頃には、対馬海峡が開いて対馬暖流が流入するようになった。しかし、それ以降は、氷期と間氷期に同期した海水準の変動が繰り返された。中でも、氷期の海水準の低下によって、日本海が外洋と繋がっていたか、あるいは閉じていたかということが、生物の生き死に影響する重要な研究テーマとして残った。

現生人類の日本列島への進出は、３〜４万年前とされているが、そのルートには諸説あって、解明には至っていない。また、日本列島には、５種のゾウの化石が発見されている。そのうち、ナウマンゾウの化石は日本列島各地で見つかっているが、マンモスの化石は本州以南では見つかっていない。これらのゾウが、どのようなルートで日本列島に進出して来たのか、興味は尽きない。

長い間には、地殻変動もあるので、今となっては日本海が氷期に外洋と繋がっていたか閉じていたか、確定するのは難しい。ロシア沿海州のアムール湾は、冬になると凍って車で湾を横断できるようになって、便利なこともあるそうだ。氷期であれば、海峡が陸続きになっていなくても、渡れる可能性がある。事態を一層複雑化している。

現在、日本海が直接あるいは間接に太平洋と繋がるのは、対馬、津軽、宗谷、間宮の４つの海峡である。そこで、現在の水深を参考に、日本海が氷期に外洋と繫がっていたか閉じていたか、考えてみる。最終氷期には、少なくとも宗谷海峡と間宮海峡は陸橋を形成したと考えて間違いないが、津軽海峡と対馬海峡が問題である。

11 氷河期の津軽海峡と対馬海峡
2つの海峡は開いていた？

津軽海峡は氷期も開いていましたが、対馬海峡では、氷期に海水流入量が少なくなって日本海は淡水化し、間氷期には対馬暖流の流入量が増えたと考えられます。海底の黒と白の縞状の地層がそれを裏づけています。

津軽海峡は、海底トンネルを掘るための詳細な調査がおこなわれている。それによると、田山海釜（水深344m）と須田海釜（水深284m）があり、その間は水深140mの鞍になっている。本州津軽半島と北海道を結ぶ青函トンネル（全長53・85㎞）は、鞍部よりも下100mを貫いている。この鞍部を通るため、最短距離より4.3㎞も長くなったそうだ。海釜は、流れの速い川で小石が川床に孔をあける甌穴（おうけつ）のようなもので、浅い海底がえぐられた痕跡である。

氷期も閉じなかった？津軽海峡

こうして見ると、津軽海峡は、最終氷期にあっても完全に閉じることはなく、外洋（親潮系水）と海水交換があった可能性が高い。2万年前から1万年前の間に、親潮系水が日本海へ流入したことを示唆するデータが、海底堆積物に含まれる有孔虫の分析によっても得られている。鳥類と陸上の哺乳類の生物相が、津軽海峡を境に大きく異なることも（ブラキストン線）、陸続きにならなかったことを示す証拠の一つに挙げられる。

海底トンネルは、1988年に開通したが、日本海難史上最大の惨事「洞爺丸（とうやまる）事故（1954年9月26日の台風で青函連絡船が沈没）」がきっかけで、急速に具体化した。事故の記憶を、風化させてはならない。

対馬海峡には東水道と西水道

もう一方の対馬海峡は、対馬を挟んで東水道と西水道に分けられる。1905年5月27・28日、東郷平八郎を大将とする日本海軍の連合艦隊が、ロシアのバルチック艦隊を撃破した海である。日本海海戦として知られるが、欧米では場所に因んで対馬沖海戦と呼ばれているようだ。

バルチック艦隊といえば、絵画で煙突からもうもうと排出される黒煙が印象深い。これは当時、ロシアとは対立関係にあったイギリスから燃焼効率の良いウェールズ炭を購入できなかったからである。また、イギリスの管理下にあったスエズ運河（1869年完成）の通行を拒否されて、南アフリカ喜望峰の経由を余儀なくされ、開戦前に将兵は疲弊してしまっていたなど、何かとイギリスの支援があった。ロシアは、国の東西で不凍港を求めて南下政策を強め、評判がすこぶる悪かった。東洋の小国・日本がバルチック艦隊を撃破したニュースは、圧政に泣かされていたヨーロッパの小国にとってはよほど痛快に思われたようだ。ロシアの領土への野心が、現在に至っても少しも変わっていないことに、愕然とさせられる。フィンランドの東郷平八郎元帥の肖像ラベルを貼ったビールが、日本艦隊を賞賛したものという伝説がある。そうあって欲しいと思ったが、著名な元帥の肖像ラベルを貼ったシリーズの一つに過ぎないということだ。

東水道は水深120m程度の平坦な海底であるが、西水道は対馬北西に対馬舟状海盆（最深部228m）が位置して東水道よりも深い。既往の報告によると、平均水深は東水道で50（?）から120mまで、西水道で95から140mまでと、データにはかなりのバラツキがある。仮に、最終氷期の対馬海峡の水深が現在とほとんど変わっていなかったとすれば、当時の海峡が閉じていたかどうか、判断するにはぎりぎりのところである。

最終氷期の後（後氷期）に対馬暖流の流入量が増加

しかし、対馬海峡の西に位置する黄海は、現在でも平均水深が44mと浅い。したがって、最終氷期に、黄海は少なくとも陸化したと考えられる。その結果、黄河（世界第6位の全長5464km）は、河口が対馬海峡近くまで来て、淡水を供給したと考えても間違いない。更に、東シナ海もほとんどが200m以浅であることから、ユーラシア大陸東部を流れる長江（世界第3位の全長6300km、揚子江と呼ばれることもあるが、これは河口周辺の呼称）からの淡水供給も多くなったと推測される。

すなわち対馬海峡は、最終氷期に開いていたとしてもごく浅い海峡形成によって、日本海への海水の流入量も少なく、海水の塩分も低かったと考えられる。一方、後氷期になると、海水準の上昇によって対馬海峡は十分に開いた。そして、黄河の河口も後退した。その結果、日本海へは塩分の高い対馬暖流の流入量が増加した、と考えられるのである。

「対馬海峡は閉じていた」とする説

生物学上の興味深い事実がある。南方系のイシサンゴの一種（ムツサンゴ）の、日本列島沿岸における分布である。一般的にサンゴは、高い水温と強い光を必要として、日本列島では九州・四国以北での発達はあまり見られない。ところが本種は、現在、太平洋側の駿河湾と相模湾、津軽海峡、そして本州日本海側の東北と北陸地方に分布する。北陸地方から西の本州日本海側には分布していないのである。低温に耐える力が強いとはいえ、氷期に日本海へ入って来たとは考えにくい。そこで、最終氷期以前の間氷期に、対馬海峡ではなく津軽海峡を通って日本海へ分布を広げ、最終氷期に耐寒性を強めた個体が生き残って現在に至ったものと推測されている。

また、日本海の現生魚類では、オホーツク海起源の種分化（トクビレ科やタウエガジ科）が認められるものの、南方系の種分化が認められない。すなわち対馬海峡は、最終氷期前の間氷期（リス―ウルム間氷期）にあっても閉じていたことを支持する説まである。ユニークな考えであるが、序章で紹介した西村三郎著『日本海の成立』からの受け売りである。だが、およそ12万年前のリス―ウルム間氷期は、気温が少なくとも現在より高く、海水準も現在より5～10ｍ高くなったと推測されている（下末吉海進）。よって、リス―ウルム間氷期にあっても、対馬海峡が閉じていたという説には、筆者としては賛成しかねる。

トノサマガエルは大陸から渡ってきた？

２０１６年に、広島大学の研究チームによる興味深い報告があった。遺伝子解析によって、日本列島に生息するトノサマガエルは、中国と朝鮮半島で別々に生息していた集団が100万年前以降、日本列島へ進出する際に交雑し、祖先となった可能性が高い、というのである。日本列島への進出は、海水準の低下によって中国・朝鮮半島・日本列島が陸続きとなった氷期ということになる。

カエルの卵は、ゼラチン質で包まれているため、硬い殻に包まれたヘビやトカゲと違って、塩水や乾燥には耐えられない。したがって、偶然であっても、海を運ばれて日本列島へ来ることは絶対に考えられない。研究チームがカエルを研究材料として選んだ理由は不明であるが、対馬海峡が氷期に陸続きとなったことを裏づける、有力な証拠を突きつけた。カエルの話といって、あなどれない。

少なくとも、最終氷期に対馬海峡は閉じて陸橋で繋がっていた、とする有力な説が出てきた。しかし、仮に陸橋が成立していなかったとしても、次のような考えが導き出せる。すなわち、最終氷期において、日本海は、北の津軽海峡から外洋水の流入を受けていたとしても、南の対馬海峡や周囲の陸域からの淡水流入量が勝って、次第に淡水化したということだ。

氷期は淡水化で酸素欠乏、生物死滅、黒い堆積物

氷期では、海水の激しい冷却と蒸発した水分が陸上に氷床として固定され、表層海水の塩分が上昇する。そのため、表層海水の密度が増加して上下の海水交換が活発化する、というのが一般的な考えであろう。ところが、日本海では、先に述べた理由で、表層海水の塩分が低下（淡水化）して上下の海水交換が不活発となり、底層から次第に貧酸素化して還元的環境(硫化水素などが充満し、酸素の欠乏した状態）となった。還元的環境が出現すると、海洋生物の多くは死滅し、陸上由来の有機物や浮遊生物（放散虫、有孔虫、珪藻など）の遺骸の分解が遅れて、有機炭素を含んだ黒い堆積物を残した、と考えられる。

間氷期には白い堆積物で、黒白の縞状地層に

一方、間氷期では、塩分の高い対馬暖流が流入するようになると、表層で密度を増した海水が沈む。そして、底層は、次第に酸化的環境（酸素の豊富な状態）に変わり、有機物の分解が進んで殻などの石灰質からなる白い堆積物を残した、と考えられる。

先述した海底ボーリング調査で、採掘された更新世の地層は、黒と白の地層が交互に現われる縞状構造が特徴であった。その結果、日本海の海底は、氷期に還元的、間氷期に酸化的な環境であったことが裏づけられた。従来の解釈とは全く異なる。この重要な事実が明らかになったのは１９７０年代で、つい最近のことになる。

15万年前まで正確な水月湖の年縞

縞状構造といえば、福井県の三方五湖は国の名勝にも指定されているが、その中で最も大きい水月湖（面積４・15㎢）が今、世界的に注目されている。

水月湖では、春から秋にかけて有機物（プランクトンの死骸など）による暗い層と、晩秋から冬にかけて湖水から析出する鉱物質などによる明るい層が、対となって1年で堆積する。そして、１年ごとの出来事を詳細に記録した縞模様が、幾年にもわたって形成されてきた。年縞である。ボーリング・コアの採取から、1年で平均0.7㎜の厚さで堆積し、およそ15万年前まで遡れることがわかったのである。

長年にわたって年縞が形成されるには、様々な条件がクリアされなければならない。①直接流れ込む大きな河川がなくて堆積物が静かに溜まる、②山々に囲まれて波が起こらない、③水深が34ｍと深く湖底近くは無酸素で生物がいない、④少しずつ沈降して水深が深いまま堆積物が湖底に溜まり続ける、などである。これらの条件が奇跡的に

揃って、世界的にも珍しい年縞が形成された。

「世界標準のものさし」として採用

通常、5万年前までの年代測定には、放射性炭素（C14法：半減期5730年）が使われることが多い。しかし、誤差が含まれるため、較正（こうせい）が必要になる。その際の「世界標準のものさし」として、水月湖の年縞を採用することが、2012年7月にパリのユネスコ本部で開催された世界放射性炭素会議総会で認められたのである。水月湖の年縞によって、過去5万年間の気候変化、植生、火山噴火、黄砂、洪水、地震などの履歴を、年単位で復元できるようになった。水月湖では、更に10万年も遡ることが可能とされている。気候の寒冷化や温暖化についても、今後の詳しい解析が期待される。

福井県年縞博物館（**写真2—8**）が2018年9月に開館した。2023年9月に訪れた。JR三方駅から徒歩30分ほどのところで、老体にはきつかった。しかし、70歳以上は入館料無料（一般500円）と知って、疲れが一挙に吹き飛んだ。全長45m（約7万年分）の年縞を展示する「世界一細長い博物館」である。外観もさることながら世界に誇れる施設である。筆者が訪れた時、交通の便が悪いのにもかかわらず、外国から多くの見学者が訪れていた。恐らく外国人は、その価値を日本人よりも先に見いだしているのに違いない。帰り際、解説書を購入（1500円）して併設された見晴らしの良い喫茶店でコーヒー（500円）を飲んだ。博物館にしてみれば、損して徳を得たということであろう。

既に年縞堆積物の花粉分析によって、後述するミランコビッチ・サイクル（氷期と間氷期が交代する原因の一つ）の正しさを証明する一方、最近の地球温暖化が同サイクルを逸脱するほど異常であることが明らかとなっている。一連の経過については、立命館大学の中川毅博士による『人類と気候の10万年史』（2017，講談社）に詳しい。

年縞のように、過去の地層を調べることの重要性は、東日本大震災によって再認識された。ボーリング・コアの採取によって、津波堆積物から東日本大震災級の大津波が、一定の間隔で繰り返し起きていることがわかってきたのである。水月湖の年縞を併用することで、大津波が発生した年代を高い精度で推定できれば、近い将来の津波発生時期のリスク評価にも活用できる可能性がある。まさに、「過去を調べることは未来を予測する鍵になる」である。

写真 2-8　福井県年縞博物館（福井県若狭町）

12 日本海形成の足跡
能登名産の珪藻土はどこから来た

氷期の日本海が酸欠だったというのは底層のみで、表層には酸素が十分あったと考えられます。七輪の材料となる能登名産の珪藻土は、１４００万年前頃の海で栄えた珪藻の殻が堆積したもの。有名な見附島も珪藻土から出来ています。

「氷期の日本海は死の海」を検証する

序章で触れた「日本海は過去に酸欠状態になって海洋生物が死滅し、生物の多様性は高くない」というくだんの著書は、更新世の氷期に出現した還元的環境を根拠にしたものであろう。

しかし、日本海の氷期における還元的環境の出現は、底層に限ったことで、生物が全く棲めなかったということではない。先に触れたタウエガジ科とトクビレ科の魚は、大陸棚を主な生息場として、日本海で種分化したと考えられている。一般には馴染みの薄い魚だが、試験船の底びき網調査でもたまに掛かってくる。タウエガジ科のナガヅカは、語源がよくわからないが、地元では「サンジ」と呼ばれて食用にされることもある。しかし、卵巣には毒があるので注意が必要だ。トクビレ科の魚は、食用にされることはないが、奇怪な姿からお城のシャチホコのモデルという説もある。新しい種が生まれるには、数十万年が必要とされている。少なくとも、日本海で氷期を生き延びた海洋生物がいたと考えてもよさそうだ。また、氷期の海底の堆積物からは、中層域に生息していたと考えられる有孔虫が見つかっている。

黒海も表層海水には十分な酸素

ヨーロッパとアジアの間に、黒海がある。黒海は、大西洋・地中海に繋がる縁海の一つである。クリミア半島を擁し、2022年2月のロシアによるウクライナへの軍事侵攻によって目の離せない地となった。面積は日本海の半分弱、平均水深1253m（最深部2212m）と、日本海のミニチュア版である。閉鎖性の強い海で、周囲から流入する淡水によって表層海水の塩分は低く、上下の海水交換が少ない。そのため、深層水は、酸素が欠乏して硫化水素を発生する還元的環境である。これが名前の由来になった、という説もある。しかし、表層海水の方は、酸素を十分に含むため、アンチョビーをはじめとして年間25～30万tの漁獲量があるそうだ。世界では、硫化水素を栄養源とする生態系も見つかっている。したがって、氷期の日本海が死の海だった、と簡単に結論を出してしまうのは早計である。

能登町の珪化木公園

石川県能登町の不動寺に、珪化木（けいかぼく）公園がある。珪化木は、植物の木質部の細胞間隙が二酸化ケイ

写真 2-9　石川県能登町の珪化木公園内で山中にむき出しになった珪化木（約2000万年前の原生林、日本では現存しないクルミ科の落葉広葉樹とされている）

素（SiO_2）に置き換わったものとして知られている。公園では、約2000万年前の原生林が、化石化して山中にむき出しになっている（写真2－9）。まさに、日本海の形成とともに時を刻んできた。地球史を、1年に置き換えた地球カレンダーというのがある。公園では、小さな山をカレンダーに見立てて、登りながら地球史を学ぶことができる。面白い発想である。しかし、交通の便がよくないため、あまり知られていないのが残念だ。

新生代新第三紀に増えた珪藻

能登半島は、新生代新第三紀（2300万年前から258万年前の間）の1400万年前頃、先述した原日本海の時代に寒流の影響を受けて珪藻の生産力が高まり、その殻が堆積して出来た珪藻土の産地である。珪藻土でつくられた七輪は、かつてはどこの家庭にもある必需品であった。珪藻の殻には小孔が多数開いており、蒸し焼きして粉砕した粉末が、輪島塗の下塗りに用いられる「地の粉」である。漆を吸収するため、丈夫な塗り物に仕上がる。また、ダイナマイトを発明したノー

写真 2-10　能登半島先端の平床台地（約12万年前の海進による海食作用で出来た平坦地が20～40mに隆起したと考えられる海岸段丘が続く）

ベルが、ニトログリセリンを吸収させることに用いて、安定性を高めたことでも知られている。最近では、濾材(ろざい)としての需要が高まっている。

能登半島先端に位置する珠洲市の平床(ひらとこ)台地は、海抜20〜40ｍに隆起した海岸段丘である。リス－ウルム間氷期（約12万年前）に、日本列島で起きた最大規模の下末吉海進による海食作用で出来た平坦地とされている（**写真2―10**）。

周辺には、もっと海抜の高いところでも海岸段丘がみられる。奥能登は、日本海が拡大を終えた１４００万年前頃になると南からフィリピン海プレートに押されて隆起するようになり、海岸段丘が発達したと考えられる。隆起で亀裂が発生し、海岸線に平行して陸と海に幾重にも断層を形成した。曽々木海岸もその一つで、能登の親不知ともいわれる。１９６１年に八世(はせ)之洞門、１９６３年に曽々木トンネルが完成して珠洲市と輪島市がようやく道路で結ばれた。洞門とは聞き慣れない言葉だが、落石から道路を守るための屋根で、片側は外（海）が見える。珠洲市の禄剛埼灯台（**写真2―11**）は、能登半島の最先端といってもいいところで、激しい波の浸食によってできた海食崖の

写真 2-11　禄剛埼灯台（標高４０ｍ）と眼下に広がる波食台

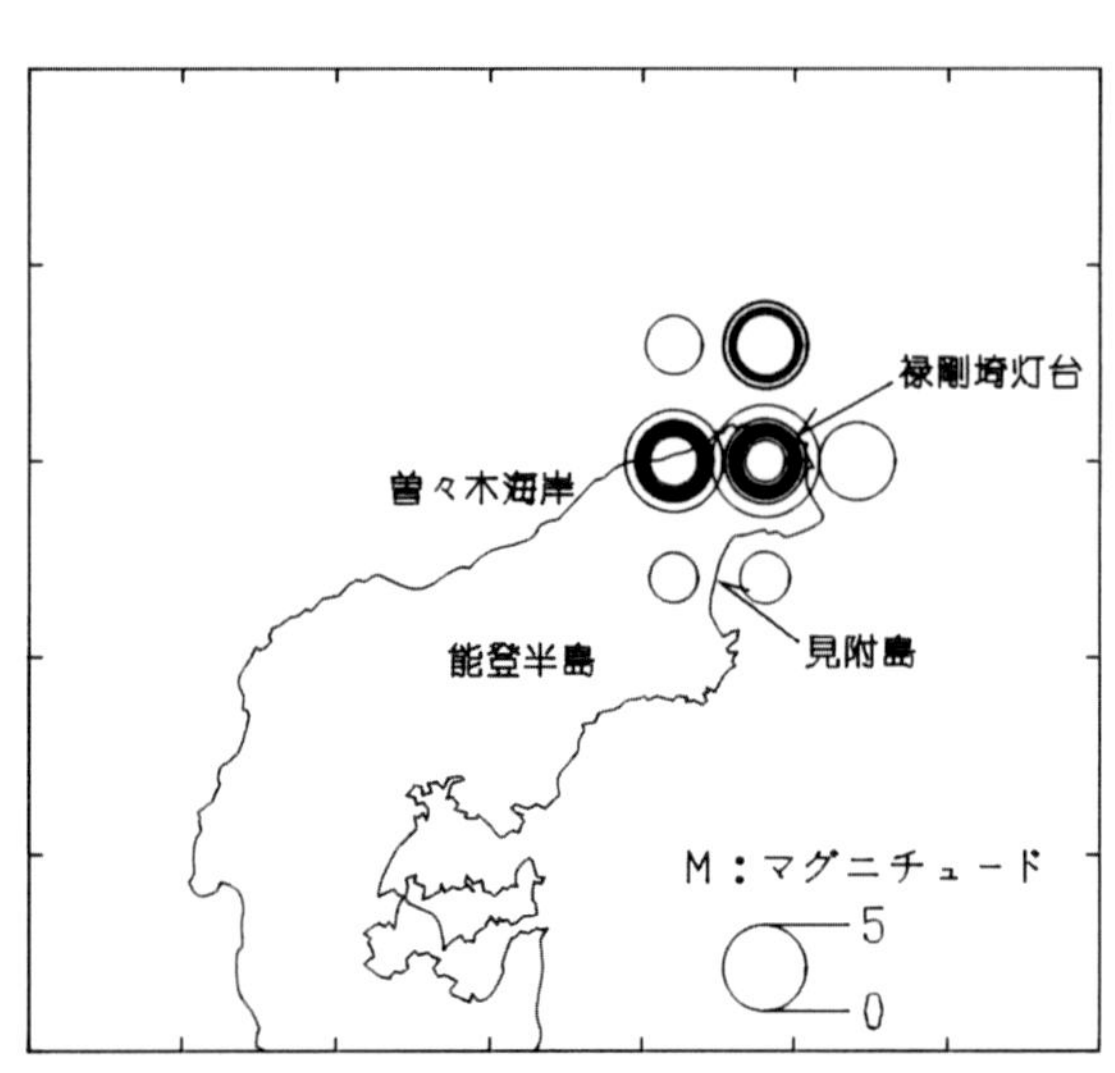

図 2-4　能登半島で 2023 年５月中に震度２以上を記録（49 回）した地震の発生域（NHK ニュース防災を参考、地震の規模を M：マグニチュードで表示、M が１増えるとエネルギーは約 30 倍になることに注意）

上（標高約40ｍ）に立っている。海面近くには崖をとりまくように広がる岩棚（波食台）が印象的。晴天なら１８０度以上の日本海の眺望が素晴らしい。北前船の時代から海上交易の要衝で、背後の山伏山に建てられた灯明台が前身とのこと。

奥能登は２０２０年頃から群発地震が発生しており、２０２３年5月5日に最大震度6強（M6.5）を記録した（図2―4）。原因として太平洋プレートの沈み込みによって地下深くから流体（水）が浮き上がることで断層を滑らせ、地表近くでひずみが高まって地震が発生しているということのようだ。既存の活断層を動かすと、再び大きな地震に繋がる恐れもある。

先述したように約３００万年前、北上するフィリピン海プレートがユーラシアプレートの下で太平洋プレートに衝突し、向きを北西に変えた。更に、ユーラシアプレートと太平洋プレートの間で東西圧縮が強まっており、これら一連の大きな地殻変動が今回の地震にも影響している可能性が考えられる。

最大震度を記録した午後2時42分、筆者は海岸近くを散歩していた。小山を登りかけたところに突然、ドドドッ…という振動に襲われたのと同時に、ザザザッ…という木々が擦れ合う音に包まれ、一瞬何が起こったのか分からなかった。山が崩れるのではと思い、咄嗟に海岸へ逃げた。そこへ例の耳を劈く金属音とともに大音量で「大地震です」と連呼する緊急地震速報が流れて、ようやく地震を理解できた。屋外では地震に遭ってもにわかに理解できない、ということが今回の経験を通じて分かった。最近は防災無線があるので便利になったが、震源に近かったせいで地震の後になったのは止むを得ないことであった。次に頭を過ぎったのは、津波と家のことだが、こちらの方は助かった、と思えた。と言うのも後で家を調べたところ、柱のいたるところに亀裂が見つかったのである。生涯で初めて地震保険を受給することになり、これまでに払った保険金を上回るお金が戻ってきた。内心ニンマリしてしまったが、次に来る災害発生に備えなければならない、ということだろう。

珪藻土で出来た見附島

半島東の飯田湾に突出した見附島は、急崖に囲まれた比高30ｍほどの珪藻土を含む泥岩（珪藻泥岩）から出来た島（周囲４００ｍ）で、軍艦島の異名で知られる景勝地である（**写真２—12**）。弘法

写真 2-12　能登半島飯田湾内で特異な形をした見附島（別名は「軍艦島」、新第三紀の約 1400 万年前に珪藻の殻が堆積して出来た珪藻土からなる小島）

伝説が残る島で、弘法大師・空海が佐渡から渡ってきた際に見つけた、というものである。

しかし、伝説はそれに留まらない。空海は、唐の長安で密教の教えを受けた恵果（けいか）から授かった法具を日本に向かって投げて、有縁の地を占った。飛行した三鈷杵（さんこしょ）が、高野山の松の木に掛かって、密教道場が開かれたのはよく知られた伝説である。今でも、松の木の子孫が「三鈷の松」として大切に保存されている。実は、日本に向かって投げられた法具は3つ（三鈷）あって、もう一つ（独鈷杵）は佐渡島の小比叡山の柳の木、あと一つ（五鈷杵）は見附島から半島寄りの山中の桜の木に掛かったというもので、こちらの方はあまり知られていない。見附島から人里離れた山奥に、真言宗のお寺（法住寺、**写真2―13**）が、ひっそりと風格ある佇まいを今に残している。

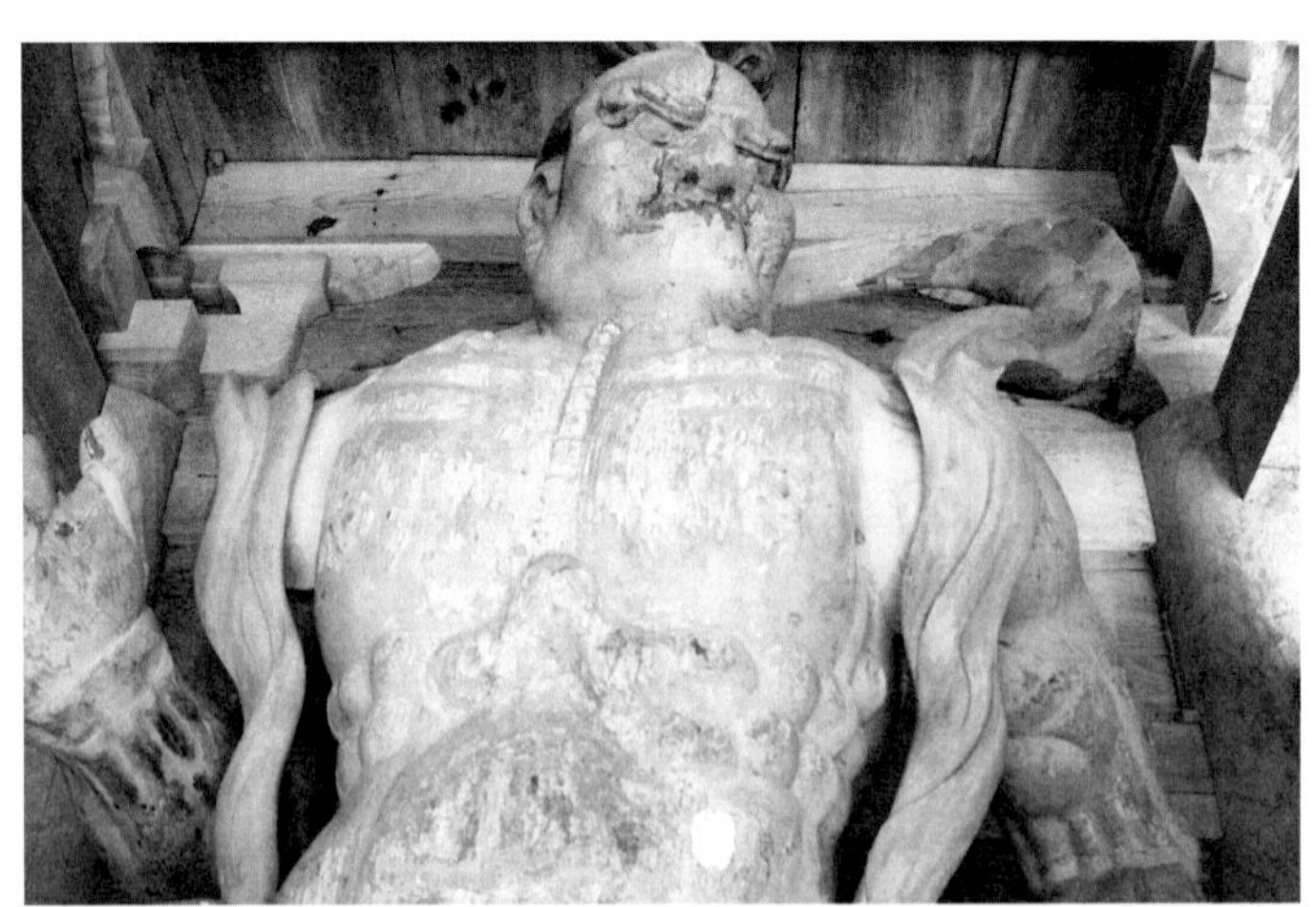

写真 2-13　能登半島の山中にひっそりと佇む古刹（空海伝説が残る法住寺山門の金剛力士像）

13 完新世（後氷期）の日本海
日本海に深海魚が豊富なワケ

形状がよく似た黒海の深海には生物が少ないのに対し、日本海は豊富。その理由は、ロシア沿海州沖の寒い海で密度を増した海水が下に沈み、深海に豊富な酸素を供給するから。アカガレイやゲンゲは、オホーツク海から南下し、ごく新しく深海に適応した魚です。

熱塩循環で形成される「日本海固有水」

日本海では、更新世の４期にわたる大きな氷期を通じて、海退と海進が繰り返された。現在のように、対馬暖流が安定して流れるようになったのは、後氷期になってからである。地史的には、僅か1万年ほどのことである（地質年代では新生代第四紀の完新世）。氷河期が終わって約1万年、という文献を目にすることがある。正しくは氷期が終わって約1万年であって、現在は氷河時代の間氷期に区分されている。今でも、南極やグリーンランドなどに､厚い氷床が存在するためである。我が国では、最近になって、北アルプスで相次いで氷河が見つかっている。雪渓の下の厚い氷が流れていることが確認されて（年に最大で数ｍ）、氷河と認定された。

対馬暖流は、塩分の高い海水を日本海に供給する。すると、冬季にロシア沿海州沖で凍った海水から塩が抜け落ち、塩分を増した表面海水は、密度が高くなって沈降する熱塩循環が始まる。熱塩循環は、専門用語だが、この後もしばしば登場するので覚えておくと便利だ。熱塩循環によって、洗面器の底のような日本海では、３００ｍ以深で、水温1℃以下、塩分34・０台を特徴とする「日本海固有水」が形成された。熱塩循環では、水温とともに塩分が重要な役割を果たしているのは周知のことだ。

実用塩分と絶対塩分

ここで、読者の中には塩分に単位がないことにお気づきと思う。従来は、海水1kg中に塩分が何g含まれているかを千分率（パーミル：‰）で表していた（絶対塩分）。確かに、測定値に単位がつかないのは妙である。筆者も、フィールド調査の結果報告で、分析化学の権威とされる地元大学のK教授から叱責を受けた思い出がある。既に、1982年に実用塩分表示とすることが、国際的に取り決められたことなので仕方がない。塩化カリウムの標準液の電気伝導率と、測定する海水の電気伝導率の比を求めたもので、単位はない。それまでの化学的な定量方法では、正確さに欠けるために改められた。しかし、実用塩分と絶対塩分の差は非常に小さく、通常はどちらを使ってもほとんど問題はない。実用塩分表示の普及に、力が入らなかった理由の一つかもしれない。そうこうしている間に、再び絶対塩分を用いることが2009年の国際会議で勧告された。測定精度が向上したためである。かくも海水の塩分の取り扱いが変わるのは、海水にはいろいろな成分が混じっていて測定が難しいからだ。それも、熱塩循環の数値解析には、正確な測定値が欠かせないからに他ならない。

表層海水が沈み込んで深海に酸素を供給

日本海固有水が、現在のような特徴を有するようになったのは、8000年前頃と推定されている。根拠の一つに、海底堆積物の分析によって、対馬暖流の指標種となる珪藻の連続的な堆積が、8000年前以降であることが挙げられている。寒流から対馬暖流へ入れ替わりが起こった、ということだ。表層海水の沈降は、豊富な酸素を深海に供給する。そして、深層での生物の生存を保証することになる。一方、水温１℃以下というのは、生物の生息を妨げる要因でもある。簡単に移り棲める世界ではない。

新しく深海に適応した水っぽい魚たち

世界的には、沿岸から徐々に時間をかけて深海へ適応した魚がいる。これらの魚は、発光器を備えたり、目が小さかったり、異常に大きな口をしていたりして、一次的深海魚（ソコダラ類、ハダカイワシ類、チョウチンアンコウなど）といわれている。大きな口は、餌を効率的に取るための進化とされている。

ところが、日本海では、これら一次的深海魚を全く欠いてしまっている。その代わり、本来は沿岸性で、新しく深海に適応したと考えられる魚がいる。これらの魚は、低温や高圧に対する適応が進んだ結果、体の含水率が高くて水っぽかったり、寒天状をしていたりして、二次的深海魚（アカガレイ、ゲンゲ類、カジカ類、ビクニン類など）といわれている。そのほとんどは、オホーツク海の比較的浅い所を起源に南下して来た魚である。一部に亜種のレベルで分化したと考えられる魚も見られるが、地史的にはごく新しく深海に適応した魚、と考えられている。適応した時期については、もう少し情報を加えて、第４章で検討することとしたい。

14 最終氷期前後の海洋生物の移動

黄海に冷水性の魚が棲むワケ

黄海には冷水性のニシンやマダラが分布しています。最終氷期がピークを過ぎて対馬海峡が開いた当初に、東シナ海まで南下し、後に黄海に北上したと推測されます。台湾のマス、日本のイワナも、氷期に南下して河川の上流で生き残ったと考えられます。

黄海に棲む冷水性のニシンは日本海を経たか

黄海には、冷水性のニシン、マダラ、ドブカスベ、ムシャギンポが分布するが、いずれも日本海とオホーツク海に共通して生息する魚である。更に、ソウハチ、ババガレイ、アブラツノザメなど、日本海と共通する冷水性の魚が分布する。

これら冷水性の魚が、太平洋側の黒潮を突破して黄海に達したとは到底考えられない。日本海を経て、ということになる。この際に、問題となるのが対馬海峡である。現在、対馬海峡を恒常的に暖流が北上している。したがって、これら冷水性の魚が、現在、日本海から黄海に回遊するのは不可能といってもよい。そこで次に問題になるのが、更新世の氷河期である。最終氷期(ウルム氷期)に、対馬海峡は先述したように閉じていた可能性が高い。しかし、これら冷水性の魚は、氷河期に関連して分布海域を南に拡大したと考えられる。そこで、ウルム氷期は無理であっても、その前のリス氷期までに対馬海峡を越えて南下することができなかったか、検討してみる。

分布の拡大は最終氷期の終わりごろか

冷水性の魚が、リス氷期までに東シナ海まで分布海域を広げたと仮定する。そこで次に、リス―

ウルム間氷期に対馬暖流が勢力を増すと、冷水性の魚は、北上して黄海を避難場所として生き延びることは可能であったろう。しかし、ウルム氷期になると、今度は黄海のほとんどが陸化して塩分も低くなり、一掃されてしまったと考えられる。また、リス氷期は13万年以上も前になるが、少なくとも黄海産のニシンやマダラに、形態的な変異はほとんど認められていない。したがって、これら冷水性の魚が、日本海から対馬海峡を越えて黄海に分布するようになったのは、地史的にはごく新しいと考えざるを得ない。時期的には、ウルム氷期がピークを過ぎて、対馬海峡が開いた当初に、ニシンやマダラなどの一定の集団が東シナ海まで南下した。そして、その後の温暖化とともに、黄海へ北上して生き延びたのではないだろうか。

ウルム氷期がピークを過ぎて、気候が温暖化に転じたとはいえ、寒冷化の揺り戻しの時代が何度もあったようだ（1万2900～1万1500年前に起きた「ヤンガードライアイス期」が有名）。そうした際に、冷水性の魚が、対馬海峡を越えて南下するチャンスはあったはずである。石川県に就職して以来の疑問の一つが、少し解けたように思われる。

黄海は、面積にして日本海の40％ほどである。1980年のことになるが、試験船で黄海の中央部をスルメイカ資源の調査をしながら北緯38度まで北上した。水深は80ｍに届かず、浅い海を実感した。氷期には、一帯が陸化するなど、激しい環境変動を受けたことが想像される。

台湾に冷水性のマス、氷期に南下か

かつて、亜熱帯地方の台湾で、冷水性のマスが分布していることが話題になった。このマスは、1936年に、東京帝大の大島正満博士によってサクラマスであることが報告された。サクラマスは遡河性の魚であり、どの時代とは示していないが、氷期に南下して台湾の河川で遡上した一群が、気候の温暖化によって上流域に陸封されて生き残ったとされた。その後、台湾産のマスは、脊椎骨数に違いが認められたものの、環境変化によって起こり得る程度の差であることから、サクラマスの亜種に位置づけられている（サラマオマス）。先述したニシンやマダラなどと、同じケースを辿ったのではないかと、推測される。

日本列島に生息するイワナ、ヤマメ、アマゴも、氷期に南下して、河川の上流で生き残ったと考えられる。しかし、こちらの方は、変異が大きくて、いつの時代のことと特定するのは今のところ難しそうだ。

15 対馬暖流の本格的な流入
地球温暖化でアマエビはどうなる？

対馬暖流の流入で日本海側は温暖となり、縄文文化は1万年以上も栄えた。最近の地球温暖化で、ノルウェー沖の海水の沈み込みがなくなると、メキシコ湾流が弱まって欧州は寒冷化する。そのミニ版が日本海でも起こると、深海に棲むアマエビを死に追いやる。

後氷期になって、日本海へ本格的に流入するようになった対馬暖流は、地球が自転する影響で日本列島の日本海側を洗うように北上し、温暖で湿潤な気候をもたらした。北半球では、進行方向に向かって右側に振れるコリオリの力によってである。

対馬暖流の効果で青森にもサザエ

暖海性のサザエは、太平洋側では房総半島近くが北限である。しかし、日本海側では、津軽海峡付近までが分布海域となっている。対馬暖流の効果といってもよい、好例である。サザエは、食用としても広く知られているが、実は日本産のサザエに最近まで学名がついていなかった。これまで使われていた学名は、中国産の別種に当てられたもので、１８４８年に英国の貝類学者が誤記載したのが、そのまま使われてきたためらしい。事実上、日本産のサザエは新種として２０１７年に学名が与えられた。嘘のような、本当の話である。

サザエの話題をもう一つ。誤記載の原因にもなったようだが、日本産のサザエには、殻から突き出た棘（とげ）が長いのと、短いのがある。一時は、別種と考えられていたが、現在は同じ種ということで決着がついている。瀬戸内海のような内湾で育ったサザエの棘は短い、というのがよくある話だが、一律にはいえないようだ。遺伝的なもの、という指摘がある。

能登にも漂着するヤシの実

日本の代表的な歌曲「名も知らぬ遠き島より流れ寄る椰子の実ひとつ…」は、島崎藤村が民俗学者の柳田國男から愛知県伊良湖岬（いらご）に滞在した折の体験を聞いて歌詞にしたものである。太平洋側の黒潮は、日本列島の南岸に沿って流れ、房総半島沖で東に流れ去る。こうしてみると、椰子の実（ココヤシ）は、日本列島の太平洋側よりも日本海側の方が流れ着く可能性が高い、というものだ。実際、能登半島でも、漂着した椰子の実を何度も見つけたことがある。しかし、根を張ることはない。

東北のブナの森も対馬暖流の効果

世界自然遺産の白神（しらかみ）山地は、東北の山に特徴的なブナの森だが、北海道渡島（おしま）半島にも見られる。これも、対馬暖流の効果であろう。木へんに無でブナと読ませ、経済価値のない木とみなされる時代もあった。戦後の国の拡大造林政策で、ブナは次々と伐採され、スギやヒノキへの転換がおこなわれた。その結果、国民病といってもよいスギ花粉症を引き起こすことになったのは、周知の通りである。

スギは、我が国の固有種で、北海道南部から屋久島まで分布し、各地に名木を残している。石川県の山中温泉にある「栢野（かやの）大杉」は、国の天然記念物にも指定されている巨木（高さ54m、幹回り11m）で、樹齢は約2300年と言い伝えられている。スギは、建築材・家具などにも使われ、日本人の生活には不可欠の木である。したがって、スギが悪いのではない。樹木の多様性を無視したことに、問題があった。

後氷期の約8000年前に対馬暖流が本格的に流れるようになると、対馬暖流から水分を吸収して雪が大量に降るようになった。このため、降雪によってそれまでのナラは倒壊したが、しなやかで豪雪にも強いブナ（落葉広葉樹）が残った。ブナは、北陸や東北の日本海側で際立ち、その代表が今に残る白神山地である。最近では、曲げ強度が高くて合板材としての需要も多くなっている。用材としての効用もさることながら、ブナの森が有する灌水（かんすい）機能や、多くの動植物を育む価値が見直されるようになって、先の世界自然遺産の登録に繋がったのはよかった。

温暖化によって栄えた縄文文化

縄文時代は、およそ1万5000年前から2300年前までを指すが、氷期が終わって次第に気候が温暖化したことによって栄えた文化である。1万年以上も続いた文化というのは、世界でも珍しいようだ。

陸上では、針葉樹から広葉樹に変わってブナ、クリのような実をつける木が繁るようになった。これらを食用とすることで、縄文人は移動生活から定住生活が可能になった。木の実の中には、トチのようにあくが強い実もあり、これを煮炊きするために縄文土器が発達したとされている。

九州に縄文遺跡がない理由

縄文遺跡は、津軽海峡の周辺を北限とする日本列島各地に分布するが、日本海側で能登半島の真脇（まわき）、津軽海峡の亀ヶ岡、陸奥湾の三内丸山（さんないまるやま）などに、日本有数の縄文遺跡が発見されている。

一方、九州には見るべき縄文遺跡が残っていない。九州には、阿蘇山と並ぶ巨大カルデラが、錦江湾（姶良（あいら）カルデラ）と大隅（おおすみ）海峡（鬼界（きかい）カルデラ）にある。２０１５年から数えて７３４５年前に、鬼界カルデラで起こったアカホヤ噴火によって火砕流が発生し、九州の縄文文化は一旦途絶えたためらしい。

火山灰は西日本にも甚大な影響

正確な年代が求められたのは、先述した水月湖の年縞があったからに他ならない。噴火による大量の火山灰は、南九州ばかりか偏西風に乗って西日本にも甚大な影響を及ぼした。その証拠が、各地の堆積層に刻まれている。縄文人は、火山噴火を目撃したのならともかく、あてどなく降る火山灰に畏れを感じたに違いない。

今の時代、同規模の火山噴火が起きたら、影響は計り知れない。しかし、いつ起きても不思議ではないのが現実だ。

日本海側の縄文文化は、対馬暖流が本格的に流入するようになってもたらされた、といってもよいであろう。しかし、日本列島で大規模な火山噴火が起きた時代でもあった。

地球規模の海水の大循環

世界では、北大西洋のノルウェー沖と南極のウェッデル海で、冷やされて密度が高くなった表層海水が沈み込んでいる。そして、大西洋、インド洋、南極海を経て太平洋の中部で浮上して、再び元に戻る地球規模の大循環が、1990年代になって知られるようになった（ブロッカーのコンベアーベルト）。世界中から海水を採取して、溶存酸素量の分布や、海水由来ではない放射性物質の年代を調べることによって、明らかになった。循環のサイクルは、1000年単位のゆったりとした流れである。

地球温暖化でメキシコ湾流が弱くなる

イギリスのロンドンは、北海道より500km以上も北に位置するが、その割に温暖な気候である。それは、暖かいメキシコ湾流がヨーロッパの気候を和らげているためである。そこで、地球が温暖化すると、ヨーロッパの気候は寒冷になるという、一見不思議なことが起こる。地球温暖化で、ノルウェー沖の海水の沈み込みが弱くなると、地球規模の海水大循環が止まって、メキシコ湾流が勢いをなくすためだ。ヨーロッパの人たちが、地球温暖化の問題に熱心な理由の一つでもある。

温暖化で海水の沈み込みが減ると日本海は…

どうやら、世界規模で起こっている海洋・気候現象の縮小版が、日本海で起きている。日本海では、ロシア沿海州沖で沈み込んだ海水が100〜200年で入れ替わっている。しかし、地球が温暖化すると、ロシア沿海州沖で沈み込む海水の流れにフタをして、深層水を貧酸素化する恐れがある。また、対馬海峡から対馬暖流の流入が衰えたり、あるいは塩分の低い海水の流れが継続しても、やはり同様の現象が予想される。深層水が貧酸素化すると、アマエビやズワイガニなどの深海生物資源を死に追いやってしまうのは、これまでに学習済みだ。対馬暖流のモニタリングが、重要とされる由縁である。

氷期の日本は乾燥していた？

南極大陸の過去40万年間の氷床データによると、数万年から十数万年の氷期と、10万年余りの間氷期が繰り返されている。氷期と間氷期が交代する原因の一つに、地球の公転軌道によって起こる日射量の変化（ミランコビッチ・サイクル）が知られている。地球は、最終氷期が終わって1万年余りを経過し、間氷期を経て再び氷期に向かっているということらしい。しかし、現在、問題視されているのは地球温暖化の方であり、大気中の二酸化炭素の増減による影響などもあって、原因を一つの現象に特定するのは困難のようだ。

氷期には、対馬暖流の流入が妨げられて、本州日本海側の降雪量は今よりも少なかったはずだ。また、気温も海水温も低いことになると、台風や梅雨前線の影響も少なく、日本列島全体が乾燥化したことであろう。

ヨーロッパは厚い氷床に覆われていた

一方、北米大陸やヨーロッパ大陸の北部では、今の南極大陸に匹敵する数千ｍの氷床が形成されたようだ。ヨーロッパでは、氷期に厚い氷床に覆われて、多くの植物が絶滅した。そのことが、現在の貧弱な植生に繋がった理由に挙げられている。ヨーロッパ北部のスカンディナビア半島では、氷河の浸食作用によってつくられたフィヨルド地形が多く見られる。ノルウェーのソグネ・フィヨルドは、全長が２０４㎞、最大水深が１３０８ｍと桁違いだ。

日本列島では、北アルプスの槍ヶ岳（標高３１８０ｍ）直下の槍沢カール、中央アルプスの標高2600m付近の千畳敷カールなどに、氷河が刻んだ地形（カール）が残っている。いずれも、高い山頂近くに限られており、日本列島の氷期はヨーロッパほどの過酷な気候条件には置かれなかった、ということなのかもしれない。

縄文海進で海水準は今より6m余りも高く

約7000年前、日本列島では縄文海進が起こり、海水準は今より6m余りも上昇した。海水準の上昇は、当然のことながら、対馬暖流の流入量の増加をもたらしたと推測される。しかしながら、当時のロシア沿海州沖の海水の沈み込みが、一時的にゆるくなったことが（海水温の上昇による?）、海底堆積物に含まれる放散虫の分析によって示されている。この時期の気温は、現在よりも2～3℃高かったと推測されているが、日本海が死の海に向かう危険信号の目安ということになる。ただ、縄文海進は、後氷期に海水が急激に

写真 2-14　石川県能登町の真脇遺跡縄文館と展示館脇に設置された石碑「日本漁業発祥の地」（約 5000 年前にイルカの追い込み漁がおこなわれていたことから命名されたようだ）

増加したものであって、その後、海水の加重で海底が遅れて沈降したと考えられている。気温が高かったこととの関係は、はっきりしていない。むしろ、対馬暖流の流入量が増加して気温の上昇をもたらしたということかも知れない。北米大陸やヨーロッパ大陸の北部では、氷床が融解して加重が減少した。そのため、大陸の隆起の方が勝って、海進は見られなかったようだ。

真脇遺跡と魚津の埋没林

先述した能登半島の縄文真脇遺跡は、約６０００年前から約２３００年前の間で栄えた集落であるが、標高からすると確かに想像以上に内陸部にある。集団で、イルカの追い込み漁がおこなわれていた。その関係で、イルカの骨が大量に出土する。真脇遺跡縄文館の脇には、「日本漁業発祥の地」（平成９年11月22日）と記した石碑がある（**写真２—14**）。ことの真相は、当時の地元町

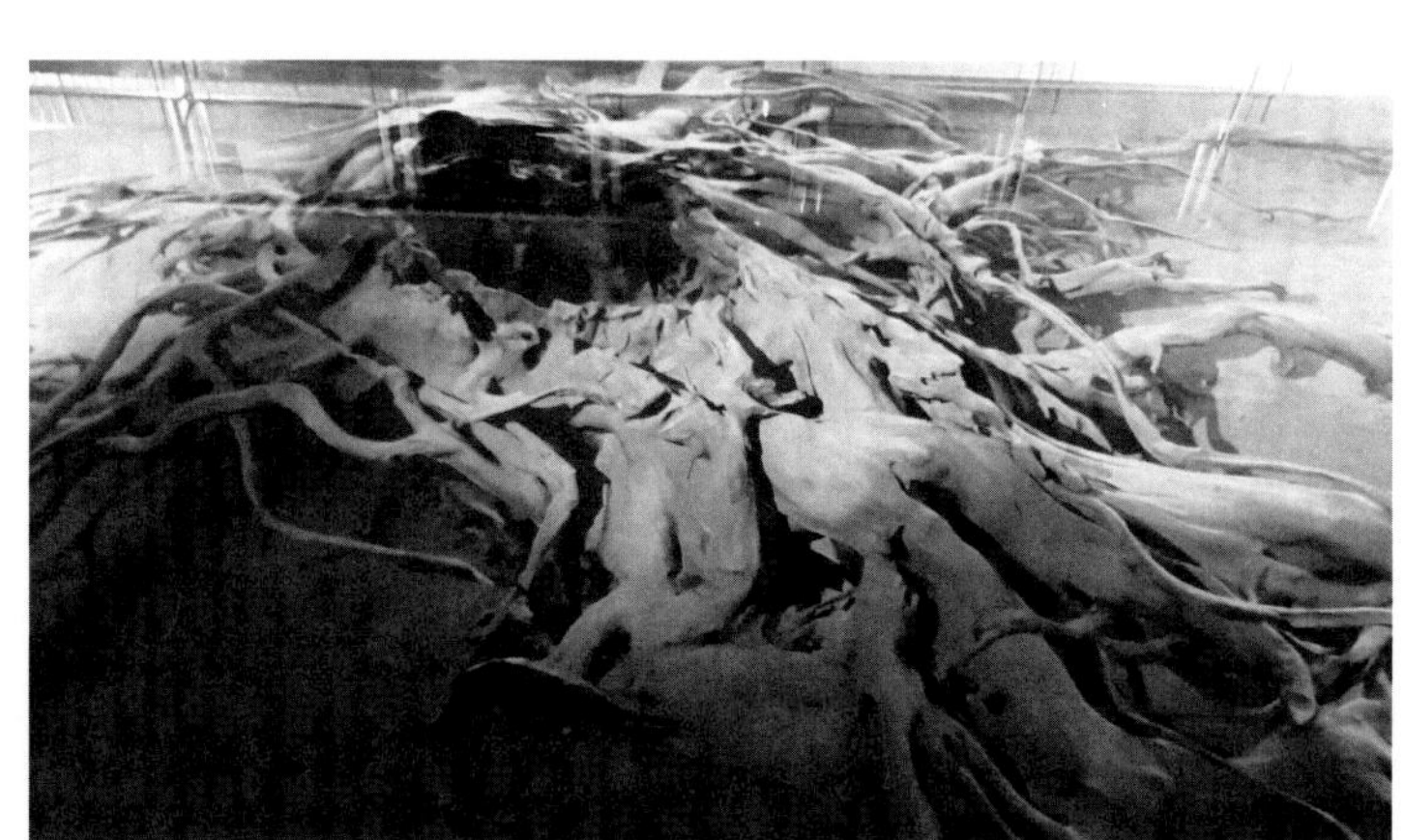

写真 2-15　魚津埋没林博物館に展示されている約 2000 年前の巨大なスギの樹根（出土したそのままの場所に保存・展示、当時の森林が現在の海面より下にある理由は解明されていない）

長が命名したようだ。

富山県魚津市の埋没林は、土砂で埋まった約2000年前の原生林である。1930年に、魚津漁港の改築工事で、大量の根が完璧な形で発掘された。北アルプスを源流とする冷たい伏流水が、木材を食べて穴を空けるフナクイムシ（海に生息する二枚貝）などから、原生林を守った。魚津埋没林博物館では、プールに保存された巨大なスギの樹根を出土したままの状態で見ることができる（写真2―15）。

約1万年前の海水準は今より40m低かった

富山県の入善町吉原沖でも、地元ダイバーによって、海底林が水深20〜40mに立木の状態で発見された（1980年）。約1万年前以降の原生林とされ、日本海で見つかったものとしては最古である。最終氷期がピークを過ぎて、海水準が現在よりも約1万年前で40m、約8000年前で20mほど低い所にあったことを示す、数少ない証拠となっている。

対馬暖流の本格的な流入は8000年前から

したがって、対馬暖流が現在のように本格的に流入するようになったのは、後氷期からもう少し後のことで、先述した8000年前頃というのが妥当のようだ。後氷期以降、日本海は海水準の小さな上昇と下降の繰り返しがあって今の姿になった、ということであろう。尤も、魚津埋没林が出来た当時の海水準は、少なくとも今より10m位は低かったと推測されるが、海水準が低かったためか、その後に地盤が沈下したためか、理由はよくわかっていない。先の、福井県の水月湖の年縞から、ヒントが得られないだろうか。

16 現在の海洋特性
対馬暖流は南下する!?

対馬暖流本流の多くは津軽海峡を通って太平洋側へ抜け、三陸沖では何と南下します。一方、ウラジオストック沖で沈み込んだ海水は、豊富な酸素を含んで深海生物を育み、それに押された古い日本海固有水は浮上して対馬暖流と一体になります。日本海の水温上昇は激しく、温暖化で海水の循環が途絶える恐れも。

対馬暖流の流量は黒潮の10％

現在の対馬暖流は、対馬海峡が水深１００ｍ余りと浅いことから、日本海に入ってからは２００〜３００ｍ以浅を流れる表層流が主である。その流量は、黒潮の10％程度にすぎない。しかし、世界最大の河川とされる、南米アマゾン川の10倍ほど（毎秒約２００万ｔ）になる。

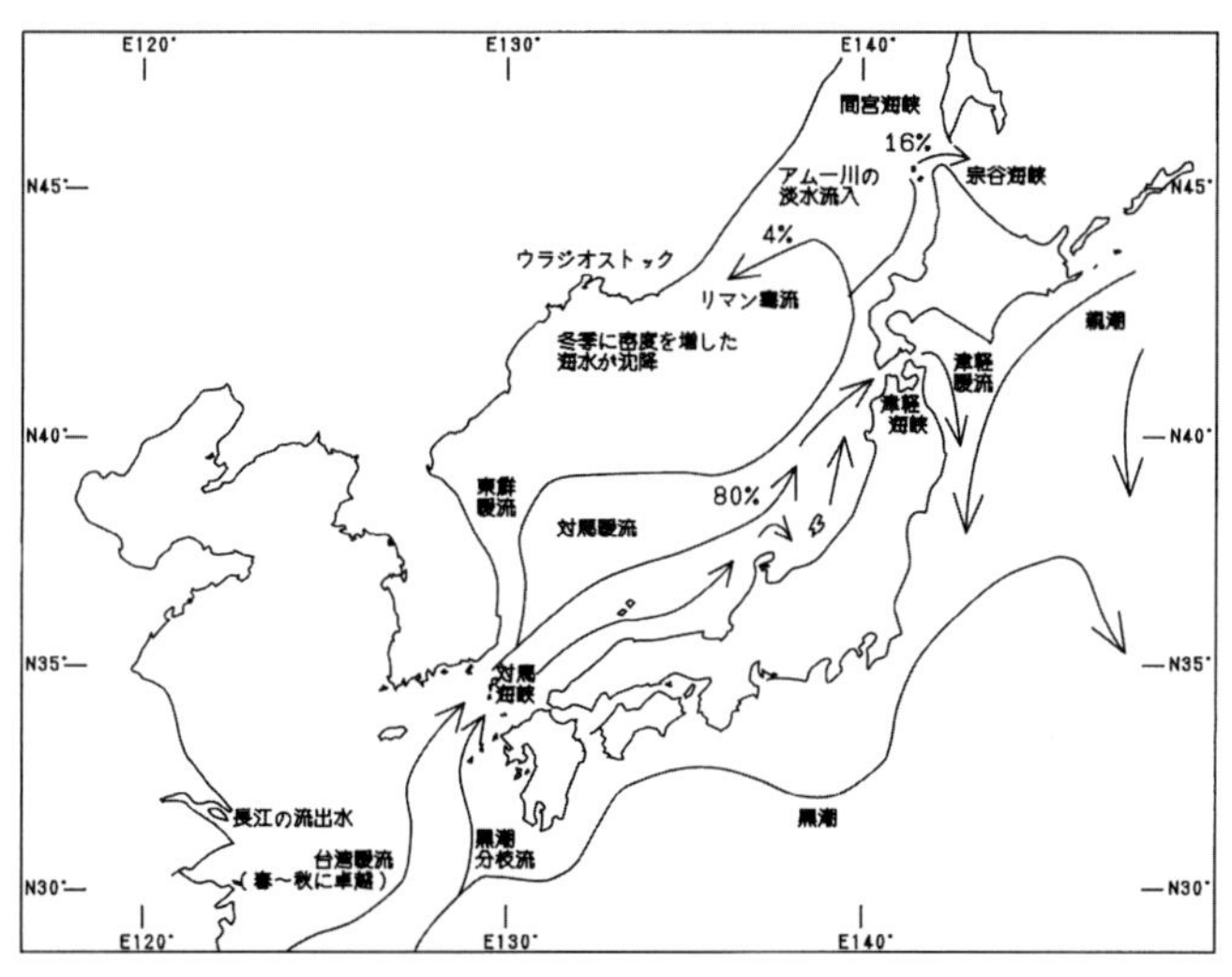

図 2-5　日本列島近海の海流の概念図（黒潮分枝流と台湾暖流が対馬海峡を通って日本海へ流入、多くは津軽海峡を通って太平洋側へ流出、宗谷海峡を抜けるものと変質してリマン海流となるものも）

本流は80％が津軽海峡を抜けて三陸沖を南下

流路は、大きくは日本海の中央および本州沖を流れる本流と、朝鮮半島の東を北上する東鮮暖流に分かれる（図2―5）。本流は、北上を続けた後、約80％が津軽海峡を通って太平洋側へ抜ける。対馬暖流は、対馬海峡と津軽海峡の水位差が基本的な駆動力であり、津軽海峡なくしてはあり得ない。太平洋側へ達した暖流は、行く手を寒流の親潮海流に阻まれて、三陸沖を南下する（津軽暖流）。暖流が南下するという、世界でも珍しい海域である。

16％はオホーツク海へ、４％はリマン寒流に

日本海で更に北上を続けた対馬暖流は、約16％が宗谷海峡を通ってオホーツク海へ抜ける。そして、残りの約４％が、冷やされてロシア沿海州沖を南下するリマン寒流に変質して冷水域を形成する。ここで、リマン寒流を間宮海峡から南下する海流のように描く絵図を見ることがある。しかし、細長くて浅い間宮海峡に、明瞭な海流は存在しない。ただ、アムール川の全流量の10％程度の流入を受けているようである。冷水域は、南の対馬暖流系水の暖かい海水との間に水温差の大きい潮境（しおざかい）を形成する。潮境や冷暖水の水塊配置は、回遊性のマイワシ、ブリ、スルメイカなどの漁場形成とも密接に関係する。

海流ハガキは石川から津軽海峡を越えて岩手まで

余談になるが、石川県は、新潟県とともに、鳥取県に次ぐ砂丘地帯である。１９８６年頃と記憶するが、手つかずの砂泥地帯の水産資源開発を目的に、調査計画を審議会に諮ることになった。そこでまず、「海流はがき」によって潮の流れを調べることにした。「海流はがき」というのは、ビニール袋に封入した普通葉書を数多く海中に投下

し、海岸などに漂着したら、見つけたヒトに期日と場所を記入して送り返してもらうのである。審議会では、地元大学の著名なI教授から、今更無駄な調査だと不評を買ってしまった。

それでも兎に角、石川県では最大の河川で、砂泥地帯を形成している手取川（全長72㎞にすぎないが暴れ川として知られる）の河口近くで、１０００枚の「海流はがき」を夏場に投下させてもらった。結果は、約半数が能登半島西部の千里浜海岸に流れ着き、残りは数を減らしつつも、順次に北上して回収された。最後は、津軽海峡を越えて岩手県の山田湾まで到達することが確かめられた（図２―６）。あまりにも、日本海の海流像が綺麗に出てしまったので、結果報告の審議会では、先のI教授が前言を取り消したうえ、自身の論文にも引用させてもらいたい、ということになった。筆者が、日本海と太平洋の繋がりを強く意識するようになった経緯でもある。

手取川とその流域は、２０２３年５月に世界ジオパークに認定された。白山を源流とする豊かな水資源が主な構成要素になって、学術的にも貴重な地形や地質を育んだ。その水の旅は河口を下って終わりではない。その後も日本海を北上して太平洋に繋がっているのである。

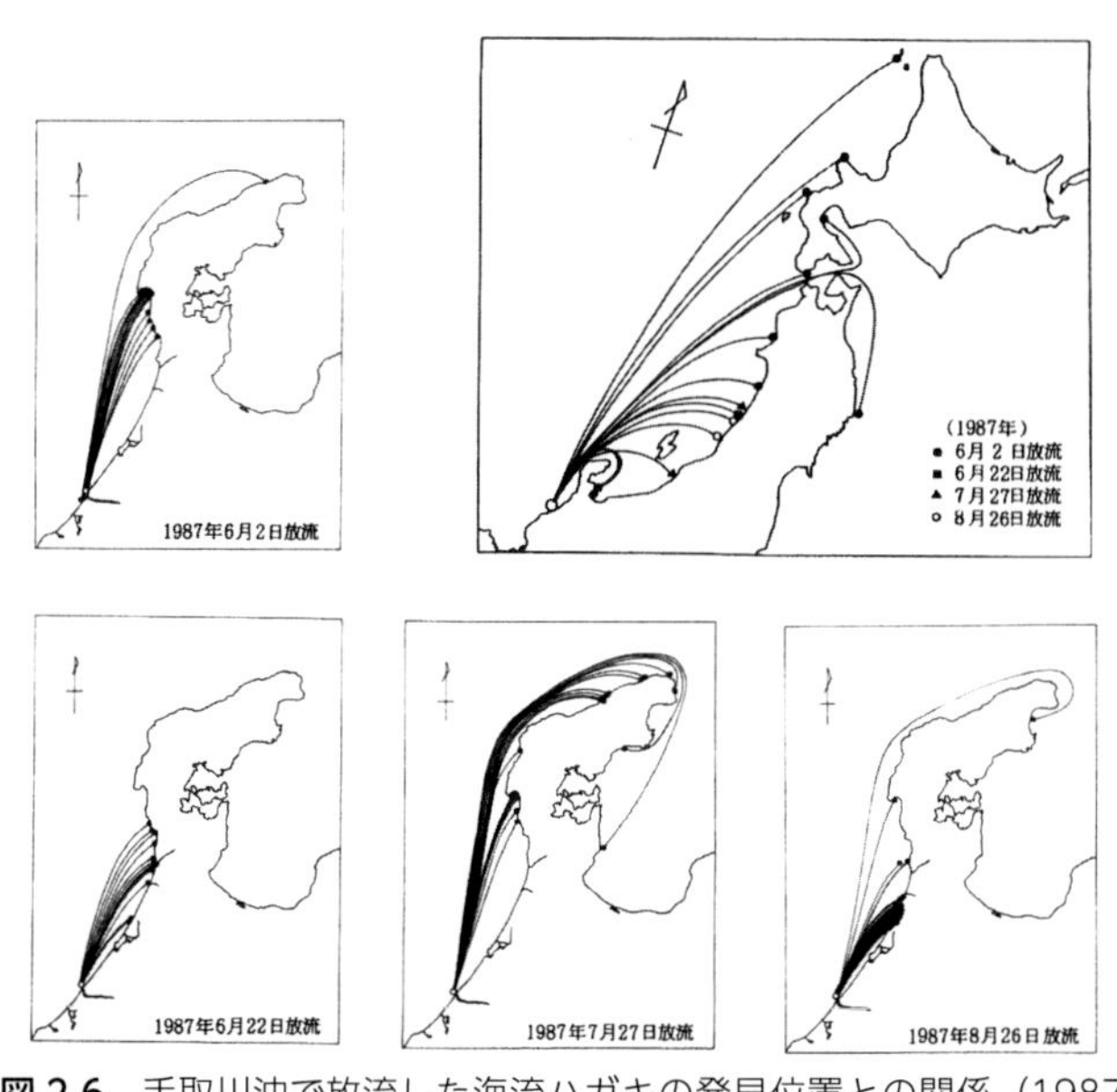

図 2-6　手取川沖で放流した海流ハガキの発見位置との関係（1987年実施）

表層海水が沈み込み、豊かな深海生物

話を海洋特性に戻す。季節的には、夏と秋に表層海水が暖められて水深100m前後に温度躍層（ある深度を境に水温が急激に低下する層）を形成する。しかし、冬の冷却効果によって鉛直方向の混合が盛んになり、温度躍層は徐々に解消される。特に、ロシア沿海州沖では、冬に表面海水がマイナス1.8℃近くまで冷えると氷結が起こる。その結果、アムール川起源の淡水の影響を受ける北方海域よりもむしろ、南のウラジオストック沖で表層海水の密度が増加する。

密度を増した表層海水は、徐々に沈み込みを開始する。そして、300m以深では、水温1℃以下、塩分34・0台、溶存酸素量5.3～5.7㎎／ℓで、周年変化の少ない日本海固有水が形成される。日本海固有水が含む溶存酸素量は、表層海水並みに多く、豊かな深海生物資源を育むことができる。

ちなみに、日本列島周辺で、8月の水深500mにおける海水温を比較すると（出典：理科年表）、対馬暖流水域で0・35℃、黒潮水域で8・96℃、親潮水域で3・08℃である。日本海では、水深の割に海水温が極めて低いことが明らかである。

深海の古い海水は浮上し対馬暖流と一体に

日本海固有水は、順次に新しい海水が沈み込み、行き場を失った古い海水は徐々に浮上して表層海水に混じる。古い海水を含んだ対馬暖流は、大半が2カ月ほど（流速にして0.5～1.0ktで黒潮の約4分の1）で、津軽海峡を通って太平洋側へ流れ抜ける。したがって、日本海は、日本列島の形成によって閉じ込められた海などではない。しかし、地球温暖化などで、ロシア沿海州沖からの表層海水の沈み込みが停止すると、まさに閉じ込められた海になり、深海底は貧酸素化する恐れがある。

更に、日本海北部では深層水の浮上が小さくなり、海水温の上昇に拍車をかけているという考え

もある。

長江の流出水を含む台湾暖流も影響

筆者の学生時代、対馬暖流は、薩南海域で黒潮から分かれて北上した分枝流と教えられた。そのような説明が、今もまかり通っている。しかし、近年の衛星画像の解析や観測データによって、対馬暖流は、従来の考えに加えて、次のような流れの存在が解明された。主に春から秋にかけての間、台湾海峡を通って東シナ海の大陸棚縁辺部に沿うように北東方向へ直進し、対馬海峡に至る流れ(台湾暖流)である。日本海の海洋特性では、基本的な部分でまだ克服されていない課題があるようだ。対馬暖流は、季節的に長江の流出水を含んだ台湾暖流の影響を大きく受ける、ということになる。この事実は、これまでわからなかった日本海のさまざまな海洋生物現象を理解するうえで、ブレーク・スルーになるはずだ。

地球上で最も海水温の上昇が激しい

ＩＰＣＣ(Intergovernmental Panel on Climate Change, 国連の「気候変動に関する政府間パネル」)や気象庁の報告によれば、過去１００年間に地球上で最も水温上昇の激しかった海域の一つに、日本海が挙げられている。これは、表面水温に限ったことだ。しかし、日本海の最近の海洋観測の結果は、深層水であっても、水温の上昇や溶存酸素量の低下の兆しを示しているようだ。日本海の熱塩循環が、世界に先駆けて弱まっている可能性があり、注意が必要だ。

17 現在の海洋生物特性

日本海は冷たいのか暖かいのか

日本海は世界的にも冷たい海ですが、表層を暖流が覆い、冷水性と暖水性の両方の海洋生物が生息しています。深海まで分布しているのが特徴。種類も多く、危険な南方系の生物にも注意が必要。温暖化でゼンクラゲの異常発生、カラフトマスの不漁など、謎も多い。

北極海並みに冷たい海だが、表層には暖流

日本海は、世界を見渡して見ると、北極海、南極海、オホーツク海に次ぐ冷たい海である。緯度的に、これほど冷たい海は他に類を見ない。私たちは、北極海並みの冷たい海と、隣り合って生活しているのである。しかし、この驚くべき事実を知る日本人は、ほとんどいない。その冷たい海の表層を暖流が覆って隣り合うのも、大きな特徴である。海底地形が変化に富むのは先に述べた通りだ。

冷水性と暖水性のさまざまな海洋生物

その結果、日本海は小さいながらも複雑な海洋生態系が形成され、冷水性と暖水性のさまざまな海洋生物が生息している。日本海ならではの水産資源だけでも、定住性の高いハタハタ、ニギス、アカガレイ、アカアマダイ、マダラ、ホタルイカ、ズワイガニ、ベニズワイガニ、アマエビ、回遊性のブリ、クロマグロ、マイワシ、スルメイカ、ケンサキイカなどが頭に浮かぶ。いずれも、身がしまって美味なことから、流通市場での評価が高い。最近は、脂が乗って美味なアカムツ（地方名はノドグロ）の人気が急騰している。尤も、日本海での漁獲量はそれほど多くはない。

多い魚の種類、１３９６種類

魚の種類は、日本列島近海で約３８００種類（世界では３～４万種類）に達する。そのうち、日本海での確認数は、山口県水産研究センター（２０１４）によると、１３９６種類にのぼるそうだ。日本列島が南北に長いことを考えると（およそ３３００㎞）、日本海の魚類数は相当なものである。世界的に見ると、地中海の確認数は６００種類程度である。

メキシコの太平洋側にカリフォルニア湾がある。バハカリフォルニア半島との間に形成された細長く南に開口する特徴的な湾である。南北の長さは１２５０㎞、平均幅は１５０㎞、最大水深は３０００ｍに達する。表面積は約16万㎢と日本海の６分の１ほどである。もとは大陸の一部であったが、およそ８００～４００万年前、大陸から引き裂かれてできた。中央を北米プレートと太平洋プレートがすれ違う境界（トランスフォーム断層）が通っており、成因は日本海とは異なるようだ。ザトウクジラの繁殖場となっており、豊かな海を象徴している。これだけ細長いと隔離状態が長く続いて固有種族の形成もそれなりに多い。しかし、それにしたところで暖水性種族の出入りが主であり、北米西岸全体でみても魚類数は地中海並みで日本海に比べればはるかに少ない。日本海の魚類数が、いかに豊かであるかわかる。現在の日本海は、生物の多様性に欠ける海などでは決してない。ただ、潮間帯の生物は、潮汐差がせいぜい30㎝（太平洋側では平均1.5ｍ）と小さいことから、他の海域に比べると貧弱なのは止むを得ない。これは、日本海が閉鎖的な海であることから、潮汐波が伝わりにくいためである。

他の海より深い所まで生息

また、日本海では、冷水性の海洋生物が、他のどの海よりも深い所まで生息しているのも大きな特徴である。まさに、先に触れた二次的深海魚がそれに当たる。ゲンゲ類、カジカ類、ビクニン類など、起源と考えられるオホーツク海よりも生息水深がかなり深い所まで及んでいる（広深度性）。両海域に共通して生息するノロゲンゲの分布水深は、オホーツク海で200〜590mに対して、日本海で200〜1200m以上という具合である。またベニズワイガニでも、太平洋側で700〜1000mに対して、日本海で450〜2700mの広深度にわたっている。

本書で取り上げている日本海産アマエビの主な生息場の水深は、500m前後と深いことを第1章で述べたが、水深945mで採集された記録もある。これなどは、恐らく世界最深であろう。これらの海洋生物が、深海まで生息できる理由は、生息に十分な溶存酸素量が用意されていたからに他ならない。

暖流に乗って来る南方系の魚

日本海の魚類数が多い理由には、対馬暖流に乗って運ばれて来る南方系の魚が多いことが挙げられる。遠く南の海から対馬暖流に乗って運ばれて来た魚は、冬の日本海では生き延びることができない。そのため、死滅回遊あるいは無効散布といわれてきた。ハリセンボンが代表的なものだ。冬になると、何万という個体が海岸へ打ち上げられて、汀線（ていせん）に帯状に連なることがある。しかし、南方系の魚などが暖流に乗って北へ運ばれることは、いつしか環境が温暖化したり、環境変化に強い子孫が誕生することによって、分布海域の拡大に繋がることがある。

同じことは、北方系の魚についても、ある程度はいえる。ある程度というのは、環境が温暖化しても、冷水性の魚などでは深海に避難するという裏技があるからだ。日本海が、まさしくそれを実現した海といってもよい。

最近では、死滅回遊と無効散布は死語になりつつある。北陸地方では、最近よく見るようになった南方系の魚に、アイゴが挙げられる（写真２―16）。海藻を主に捕食する魚で、増えると海藻が喰い尽くされる、磯焼けが心配されている。海藻を食べる魚が多い海で、海藻は一方的に食べられるばかりではない。中には忌避物質を持って、食べられないように防衛している海藻もあるようだ。急激な環境変化が、生態系を壊してしまうことに繋がる代表例である。

写真 2-16　能登町宇出津魚市場に揚がったアイゴ（最近になって定着するようになった南方系の魚の例）

シロシュモクザメの発見例

ともあれ、地球温暖化の影響が、じわじわと日本海にも差し迫っているのは事実である。ヒトの目に見える形で最もわかりやすいのが、南方系の新顔の魚が多く獲れるようになった、ということであろう。温・熱帯海域に分布する魚の北限が、北に延びたということである。結果、サメのような危険生物に対しても、注意を払う必要性が増している。日本海では、海で最も獰猛で、人喰いザメとして恐れられているホオジロザメの発見例は少ない。しかし、最近では２０１７年11月に能登島鰀目沖の定置網に掛かっており（体長約４ｍ）油断できない。他にも、危険とされるシロシュモクザメの発見例は少なくない。サメは、熱帯から温帯に出現するが、中でもシロシュモクザメは、低温環境に強い種で、群れで行動することがある。頭がハンマーのような形をして、英語名はハンマーヘッド・シャーク。水族館で見ても、印象に残るサメである。

最近のテレビでは、クイズ番組が全盛である。視聴者の博識が高まっているのは結構なことだが、博学で知られるH氏は、温暖化によってプランクトンが増え、これを食べる小魚が増え、小魚を餌とするサメが増えている、という珍解説をしていた。温暖化によってプランクトンが増えた、という報告はあまり聞かない。プランクトンが増えるためには、窒素や燐などの栄養素が必要で、これらが海水の混合によって供給される冷水域や湧昇域の方がむしろプランクトンの現存量は多い。著名なヒトが言うことには妙に説得力があるが、鵜呑みは禁物である。

シガテラ毒を持つ熱帯の魚に注意

ヒトにとっては、注意しなければならない新たな事態が出てきた。シガテラ毒だ。熱帯の海に生息する有毒なプランクトン（主に渦鞭毛藻類）を捕食して、毒素を体内に蓄積した魚介類が、稀に日本列島近海でも獲れるようになったのだ。日本海も例外ではない。摂食すると腹痛、神経系の障害などの中毒症状を起こすことがある。厚生労働省通知によって、オニカマスは食用が禁止されている。日本海の中部以南に分布するイシガキダイでも、大型の個体は毒素を蓄積しやすいので注意が必要だ。この他、ハタ科、アジ科、フエダイ科の魚でも、シガテラ毒を持つことがある。シガテラ毒は、熱によっても分解されないことから、普段見慣れない魚介類に出会った時は、よくよく調べて食用に回す必要がある。

南方系の猛毒ヒョウモンダコ

魚ではないが、南方系のヒョウモンダコにも注意が必要だ。北海道以南に分布して、食用にも供されるイイダコと外見がよく似ていることから、なおさらだ。腕の長さを入れても全長20㎝足らずの小さなタコだが、噛まれるとフグと同じ猛毒（テトロドトキシン）によって、死に至ることもある。日本海西部で、数例だが発見されている。テトロドトキシンは、青酸カリをも凌ぐ猛毒で、海洋細菌によってつくられることが明らかになっている。食物連鎖を通じて体内にこの毒を蓄積しやすい生物（カエル、ゴカイ、巻貝などでも発見されている）がいて、その主要な海洋生物がフグの仲間である。

長江、黄河からの淡水の影響も

　対馬暖流は、黒潮や台湾暖流を源流として、南方系の魚を多く日本海へ運ぶ。その際に、突破しなければならないのが、ユーラシア大陸の大河（長江、黄河）の影響を受けた淡水の広がりである。１９９８年には、長江で6月から8月まで大洪水が発生した。その後、日本海では、7月頃から表層海水の塩分が低下して、11月頃まで続いた。おもてだって、海洋生物の被害というのはなかったようだ。しかし、先の熱塩循環に関しては、目に見えない所で深層水への長期にわたる影響が懸念される。長江には、２００９年に発電と洪水の抑制を目的とした、世界で最大規模の三峡ダムが完成した。尤も、その後も長江では大洪水が起きているようである。

異常発生したエチゼンクラゲ

　エチゼンクラゲは、今では悪名高い海洋生物として知られるようになった。傘の直径が、最大で２ｍ（重量１５０kg）に達する大型クラゲである。１９２２年に、東京帝大の岸上謙吉博士によって、福井県高浜町で採集されたことから命名された。福井県にとって、エチゼンガニはブランド力を高めるのに効果があった。しかし、「エチゼンクラゲ」と通称されるのは、福井県にとってははなはだ迷惑なことに違いない。

最近では、日本海で２００３年から２００９年まで、ほぼ毎年のように異常発生した。漁網を破ったり、一緒に獲れる魚の鮮度を落としたりと、甚大な漁業災害を引き起こした。その影響は、対馬暖流によって太平洋側の東北三陸沖まで達した。東シナ海で発生した幼生が、急速に成長しながら対馬海峡を通って日本海へ入って来る。黒潮に乗って太平洋側を北へ運ばれる例は、ほとんどない。先述した台湾暖流が、影響しているのであろう。異常発生の原因として、地球温暖化、中国の急速な工業化による海の富栄養化、東シナ海の淡水化などが考えられた。

２０１０年以降パタリと止む

しかし、２０１０年以降、異常発生はパタリと止まった。異常発生は、過去にも１９３８年と１９５８年に起きている。結局、自然界の生物量の動態というのは、まだまだ人知の及ぶところではないようだ。エチゼンクラゲの異常発生が大きな騒ぎとなった当時、テレビによく出てくる気象予報士の方々の中には、地球温暖化と結びつけた論調を多くしていたように記憶する。異常発生が治まった理由を、どう説明されるのだろうか。エチゼンクラゲは、いずれ再び異常発生するのだろう。その時には、原因の解明が少しは進んでいることを期待したい。

ヒトにしてみれば、海の中はブリやカニで満たされればよいが、その通りにはいかないものだ。エチゼンクラゲも生態系のりっぱな構成員である。ヒトもさるもので、エチゼンクラゲを餌にして、ウマヅラハギを獲る漁法（籠釣り）を編み出した。このまま行くと、エチゼンクラゲ不足という事態も招きかねない。

一方で、エチゼンクラゲの加工技術の開発も試みられた。しかし、水分が95％以上を占めるため、輸送費が嵩（かさ）んで実用化には至らなかった。同じエチゼンクラゲ科のビゼンクラゲは、中華料理としての需要が高いが、似て非なるもののようだ。

獲れなくなったカラフトマス

冷水性の魚では、筆者が現役時代の束の間に、カラフトマスが全く獲れなくなったのは、劇的といってもよい。かつては、色合いから「青マス」といって親しまれ、春告魚の定番であった。日本海のマスを漁獲の対象とした流し網漁業やはえなわ漁業が、盛んな時期もあった。しかし、今では、マスを対象にした漁業もすっかりなくなってしまった。ロシア産が多いということだが、遡上河川の汚染の影響を指摘する声もある。

マス漁業では、豊漁年と不漁年が交互にあって興味深かった。カラフトマスは、2年魚で、奇数年と偶数年の世代が交流することはない。そのため、生殖的隔離が起こって、このまま行くと数万年後には別種になっていてもおかしくない。

降海して河川を遡上するサクラマス

同じマス漁業で、漁獲量の1～2割を占めるサクラマスは、ヤマメの降海型で、「本マス」ともいわれている。漁獲量は多くないが、古来、我が国でマスといえば、マス類の中では最も味のよい本種についた別名だ。陸封型（りくふうがた）のヤマメは、雌雄とも数年にわたって繰り返し産卵する。サクラマスの方は、2～3年で降海して海洋生活を1年過ごした後、河川に遡上する。そして、産卵すると生涯を終えるのは、シロザケと同じだ。シロザケでは、河川で孵化後に降海して、母川（ぼせん）に帰って来る親は2～6年と幅がある。サクラマスもシロザケも、世代間で交流がある。カラフトマスのような遡河性魚類で、寿命が2年というのは、特別の意味がある。

ところで、サクラマスの海洋生活は、1年というのが定説になっている。ところが、マス漁業では、体高（背縁から腹縁までの垂直の長さ）の長い特大のサクラマス（板マスといって、普通は1尾当たり1～2kgであるが、5kg以上の大物が一定の割合で存在）が獲れることがある。そこで、筆者は1年以上海洋生活を送るサクラマスがいるのではないかと考え、マス会議で主張したことがある。しかし、国の水産研究所の担当官から、標識放流によって1年で河川に帰って来た板マスの事例を報告されて、あえなく撃沈してしまった。マス会議の後の懇親会で、北海道の担当者が自分も同じ考えだ、と言ってきたのは嬉しかった。今でも、板マスの由来には納得していない。

シロザケの種苗放流は手取川が最南端

同じ冷水性のシロザケは、種苗放流によるものが多くを占めるようになったが、減少傾向にはない。石川県の手取川は、種苗放流がおこなわれている河川としては、日本海側の最南端に位置する。その関係か、最近では、近くの福井県九頭竜川や京都府でも獲れるようになった。種苗放流技術の向上というべきか、水温上昇に強い種苗が自然選択された結果、とみることもできる。しかし、それにも限界がある。

地球温暖化がこのまま進むと、2050年頃には、石川県付近の海水温が、今の鹿児島県並みになるという予測もある。そうなると、ブリに代わってカンパチが獲れることになる。一方で近年、北海道でブリの水揚量が増加している。尤も、サケ文化圏の北海道で、ブリは市場価値が低く、冷遇されているようだ。食文化というのは、簡単に変えられるものではない。果たしてこれでよいのか、という疑問は残る。

18 海洋生物の異常発生
突如大漁、そのメカニズムは？

能登で語り草になるほど多く獲れたことのあるマダラやウマヅラハギに、イタヤガイ、トリガイ。他にクラゲやヒトデなどさまざまな海洋生物の異常発生がありますが、そのメカニズムはわかっていません。漁業では、特別多い年の個体数をどう維持して次に繋げるか、努力が求められています。

獲るのを止めたほど釣れたスルメイカ

エチゼンクラゲは、東シナ海で異常発生し、日本海に入って漁業災害をもたらしたことは先述した。日本海でも、過去にはさまざまな海洋生物の異常発生が起こっている。試験船に乗って海洋生物を採集してきたが、思いがけない経験も数多い。

スルメイカの調査を多くしてきた関係上、何度か獲れ過ぎを体験した。日本海ではないが、北海道釧路沖でイカ釣機にイカが芋づる式に揚がってきて、処理しきれずに釣機をストップしたこともある（自動イカ釣り機１台１時間当たりの平均漁獲尾数で４１５尾）。揚がってくるイカが次々と墨を水鉄砲のように吐いて、体中汚れるのもいと

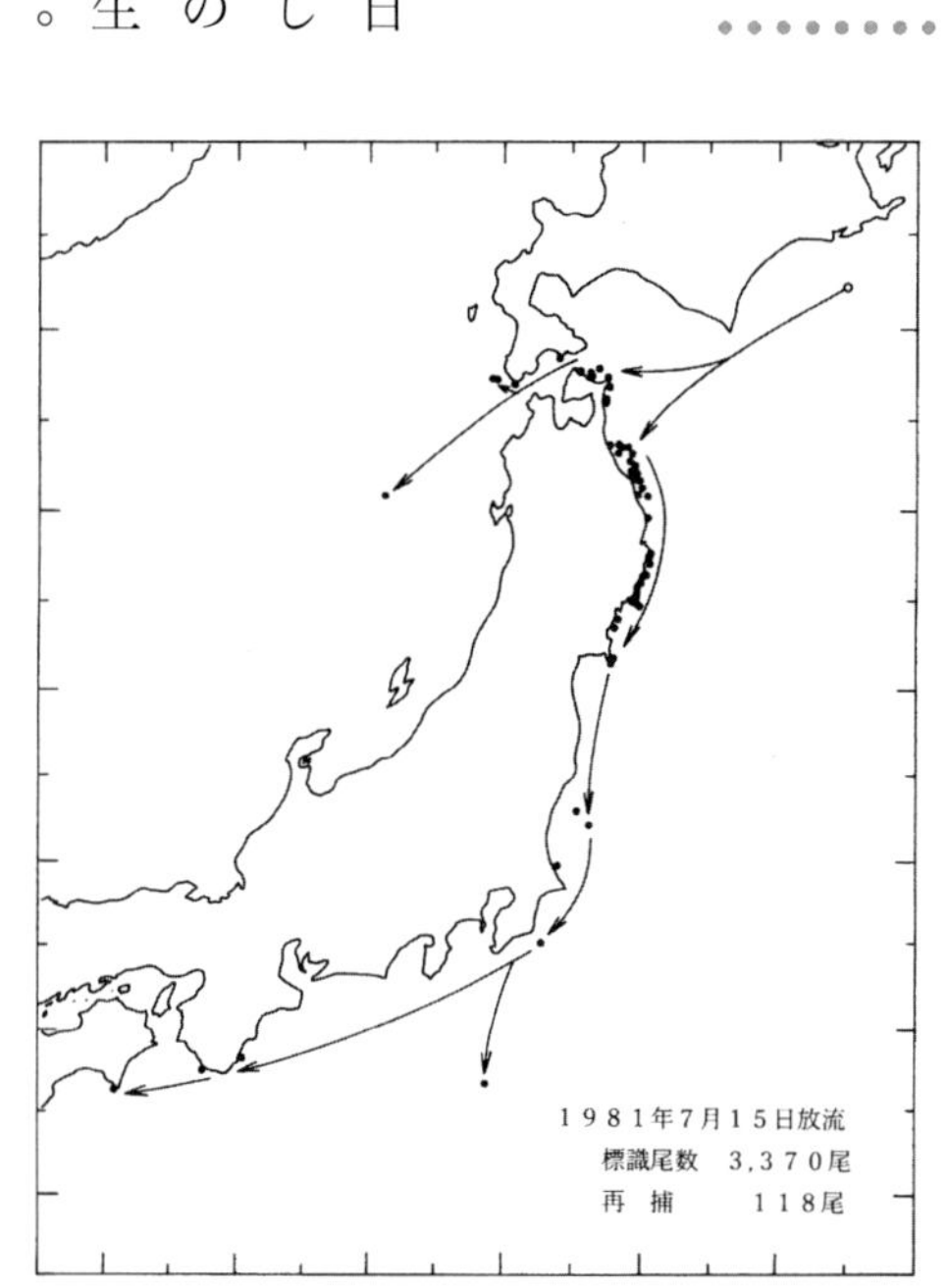

図 2-7　釧路沖で標識放流したスルメイカの再捕位置との関係（1981 年実施）

わずに作業した。報告書にも残したが、試験船としては、未だに破られていない漁獲記録ではないかと思っている。そのうちの３３７０尾に、標識をつけて放流した。その後、漁船からの再捕報告によって、青森・岩手県から和歌山県、そして高知県沖へ順次に太平洋側を南下するほか、一部は津軽海峡を通って日本海へ移動する回遊ルートの解明に繋がった（図2―7）。

サクラマス、ズワイガニの多獲も

能登半島沖で、今では貴重なサクラマスを流し網で多獲したこともある（流し網20反で４５０尾）。底びき網でヤリイカを多獲して、イカの勢いで網が海面に浮き上がるという珍しい体験もした。籠でズワイガニを多獲したこともある（10籠で１５９５尾）。片道４時間の航海をして、調査点では船酔いに苦しみながら、ノギスでカニの大きさを測って海に戻したのも、懐かしい思い出だ。単調な作業のあまり、高価なノギスの方を海に放ってしまったのは、始末書ものであった。しかし、これらの多獲体験は、異常発生というよりも、好条件に恵まれた、ということかもしれない。

マダラの産卵と起舟祭

マダラは、数百万粒の卵を産むことから、ちょっとしたきっかけで異常繁殖することがある。「鱈(たら)場(ば)」といって、深い海に生息する代表的な魚のようにいわれているが、産卵期になると浅い海に回遊して来る。富山湾に面した石川県能登町七見(しちみ)は、産卵に来るマダラの産地で、「七見ダラ」として知られる所だ。地元の古老の話では、２月11日の「起舟(きしゅう)」の頃になるとマダラの大群が接岸する。定置網を揚げると、オスの白子で海は真っ白になり、マダラを船に山積みして港に帰ることも珍しくなかったそうだ。

最近では、回遊して来るマダラを、沖で底びき網、延縄、刺し網と、何重にも漁具が待ち受けている。マダラが、これらの漁具を掻い潜って、磯の定置網までたどり着くのは容易でない。磯で待つ定置網のような漁具では、昔のように、マダラの大漁を目にすることは望むべくもなくなった。

「起舟」は、能登の漁村の旧正月を祝う行事である。もともとは、冬の間に陸上げしていた漁船を起こして海へ浮かべ、その年の大漁を祈るお祭りだ。マダラを刺身で食べる所は、全国的にも少ない。オスの身にメスの甘辛く煮付けた真子をまぶした「子付け」が、最上の食べ方とされている。起舟祭には、欠かせない定番料理の一つである。

80年頃のウマヅラハギ異常発生

正真正銘の異常発生を起こす海洋生物といえば、ウマヅラハギが挙げられる。１９８０年頃と記憶するが、富山湾に面した定置網で異常発生した時には、ウマヅラハギを満載した漁船が港を連日出入りした。魚市場は、ウマヅラハギ一色の感であった。太平洋側の相模湾に面した定置網でも、同様の現象をつぶさに見たことがあるが、各地で異常発生の例があるようだ。当時は、海洋汚染の問題が深刻化した折で、公害魚の汚名を着せられたこともあるが、的外れである。困るほどに獲れた、ということであろう。

千葉県千倉は、ウマヅラハギの大漁を逆手に取って、加工で町の活性化が図られた所である。関西のように、トラフグの代用品として評価が高い所もある。富山湾で漁獲されたウマヅラハギの中には、中国で標識放流された個体が含まれていることもあった。かくも多く獲れる有用魚だが、未だ産卵場の特定には至っていない。

異常発生は、継続性に欠けるのが特徴で、エチゼンクラゲも同様だ。一方、定置網や巻き網でマイワシが多獲されることもあるが、継続的である。後述する魚種交代という観点で捉えられ、異常発生とは異なる見方をしている。

イタヤガイ、トリガイも突如大漁に

筆者が石川県へ就職する前の話になるが、石川県の外浦海域で起こった興味深い事例を紹介する。今では、記憶に留めるヒトもほとんどいなくなった。ホタテガイの仲間で、日本海では南の方に分布するイタヤガイという二枚貝である。普段は、ほとんど漁獲されることもなかったが、1963年に異常発生した。その後、成長した個体の漁獲量が1965年に2478t、翌年に1万2476t、翌々年に2万6017tと続き、未曾有の好漁をもたらした。成貝に換算するとおよそ10億個体に達し、これをはるかに超える幼生が一時に発生したことになる。

異常発生は、二枚貝に多くの事例が見受けられる。能登半島の七尾湾に産するトリガイも、負けてはいない。トリガイとは何とも妙な名前だが、食用とする足の部分が鳥のクチバシに似ているとか、味から連想して名付けられたとか、諸説あるようだ。甘みが強くて、寿司ネタとして人気がある。七尾湾で、トリガイの漁獲量は、多くても数10tのレベルであった。ところが、1989年に突如として503tも獲れた。小さな漁師町が、未曾有の好漁で賑わったのはいうまでもない。しかし、その後の漁獲量は尻すぼみで、今では語り草となってしまった。

能登半島西側の千里浜海岸では、アサリに似たコタマガイが突如として多く獲れることがある。しかし、噂を聞きつけた一般の人たちによって、たちまち獲り尽くされてしまうのが実態だ。

特別多い年の分を繁殖に結びつける

海洋生物の異常発生は、環境のちょっとした変化がきっかけで起こるようだが、メカニズムの解明には至っていない。今の時代、きっかけの中には、ヒトの行為も含まれるのかもしれない。例えば、漁獲、移殖放流、海の汚染などである。いずれにせよ、異常発生のメカニズムがわかれば、将来予測や人工的に自然界で有用生物の異常発生を促す技術の開発に繋がる。これは、まさしく漁業を活性化する救世主になる。

しかし、ヒトが自然をコントロールして、有用生物の資源量を一定の水準に維持するなど、到底なし得るものではない。そこで、自然界で生まれた子供の数が多い年級群が発生したら、その卓越年級群をうまく保護して、漁獲や繁殖に結びつけることが重要だ。水産試験場や水産研究者が、最も力を入れて取り組まなければならない分野だ。

赤潮もメカニズムは不明

海洋生物の異常発生は、有用生物や大型生物に目が向きがちである。しかし、最も身近に起こっている例としては、赤潮が挙げられる。春先の気温が急上昇した後などに、夜光虫が異常発生して、海を赤く染めることがある。しかし、この発生メカニズムも、実際のところはよくわかっていない。異常発生は、想定される条件が揃っても、起きるとは限らない。再現性もないのである。内湾では、害的生物として嫌われるヤツデヒトデなどもしばしば異常発生を起こすことがある。漁船に揚がったヒトデを八つ裂きにして海に戻したところ、分裂して繁殖を助けてしまった、という笑えない話もある。

その他、一般にはあまり知られていないが、経験上、ツノナシオキアミ、アカクラゲ、ミズクラゲ、オオサルパなども、異常発生を起こす海洋生物に挙げられる。尤も、我々が知り得ていることは、海の中で起きている生物現象の、ほんの一部分にすぎない。

19 稀な海洋生物
日本海でカツオは獲れない？

日本ではカツオやイセエビは太平洋側でだけ獲れると思われていますが、稀に日本海でも獲れることがあります。南方系の海洋生物を初め、深海生物など、スルメイカ、クロマグロ、それに深海生物など、意外と多くの海洋生物が、海峡を通って太平洋側から日本海へ入って来たり、また出て行ったりしています。

カツオとイセエビは獲れない？

石川県に就職して以来、持ち続けていた疑問に、日本海でカツオとイセエビが獲れないことを挙げたが、次のように考えると理解できそうだ。カツオとイセエビは、いずれも黒潮流域を主な生息場とする海洋生物である。これらの海洋生物の成長過程の初期に当たる春先は、例の長江の希釈水を含む台湾暖流が卓越する折だ。そのため、日本海へ入って来るのは難しいに違いない。尤も、日本海西部で、カツオとイセエビは稀にだが獲れており、全く獲れないということではないこともわかった。２００６年のことだが、富山湾の定置網で、カツオが１００t余りも獲れたことがある。突然であった。また、舞鶴湾内に敷設された刺網に、大物のイセエビ（頭胸甲長９㎝）が掛かり、近くの京都大学フィールド科学教室研究センター・舞鶴水産研究所に持ち込まれたこともある（２００６年）。２０１９年7月、能登半島の輪島市名舟沖に敷設されたサザエ網でも2尾（重さ2㎏と８００ｇ）が掛かった。黒潮の分枝流が卓越したときなどに、対馬海峡から入って来たのではないか、と推測される。

富山湾でカツオが獲れた原因

ただ、カツオの場合はもう一つの要因が考えられる。カツオは、主に熱帯とその周辺海域が産卵場になっている。そこで生まれた稚魚は、成長して低温でも生きていけるようになると、豊富な餌を求めて北上を始める。幾つかの回遊経路があるが、風薫る５月に、黒潮に乗って日本近海にやって来るのが「初ガツオ」である。更に、日本列島に沿って北上を続けたカツオは、親潮と接する青森県沖まで達すると、栄養をたっぷり溜め込んで南下に転じる。そして、秋には「戻りガツオ」の名前で再び食卓にのぼる。日本海側では、味わうことのできない季節感である。うま味成分を多く含むことから、脂肪の少ないものは鰹節に向けられる。ホンガツオとかマガツオともいわれるが、いずれも商品価値に相応しい別名だ。先に、対馬暖流は、一部が津軽海峡を通って太平洋側を南下する珍しい海流（津軽暖流）であることを述べた。そこで、津軽暖流が戻りガツオの南下回遊先を日本海へ向かわせる誘い水となった、という可能性も否定できないのである。

日本海の北半分に分布するムツサンゴ

それから、ムツサンゴが、太平洋側の相模湾、津軽海峡、そして本州日本海側の東北と北陸地方に分布して、北陸地方から西の日本海側には分布しないことを先に述べた。これには、カツオと同じ理由が当てはまるのではないか、と筆者は考えている。すなわち、リス―ウルム間氷期は、現在よりも気温が高かった。そこで、ムツサンゴの北上も強められた。しかし、ウルム氷期へ向かうと、今度は南へ分布海域を縮小し、その途上で津軽海峡から日本海へ入った。そして、一部の集団が耐寒性を強めて定着した。なお、淡水に馴染まないムツサンゴは、台湾暖流に妨げられて対馬海峡から日本海へ進入することはできなかった、ということである。それと、日本海で南方系の魚の種分化が認められないことも述べたが、仮にリス―ウルム間氷期に対馬海峡から日本海へ進入を果たしたとしても、次のウルム氷期を過ごすことはできなかったに違いない。

大型のソデイカやアオイガイ

ソデイカは、1尾で10kgを超す大型のイカである。南方を主な生息海域として、沖縄ではセイイカといって釣りが盛んにおこなわれている。稀に、日本海に入って来て数百tもの漁獲量をもたらすことがある。これなどは、黒潮の分枝流が卓越したときなどに、多く回遊して来ると考えられる。つがいで泳ぐ習性があり、それを知っている漁師さんは、例えばオスを釣り揚げると、根気よく待って次にはメスを釣り揚げる。尤も、冬になると季節風で浜に打ち上げられることも珍らしくなく、これが産卵回帰による現象と言えるかは疑問である。

同じく、南方を主な生息海域とする、アオイガイという外洋を遊泳するタコの仲間がいる。アオイガイは、メスが卵を産むためにアオイの葉形をした直径20㎝前後の殻を形成する。殻は、白くて美しいことから、装飾品としても人気がある。日本海では、冬になると季節風で浜に打ち上げられることから、これを目当てに浜を探し回るヒトが絶えない。オホーツク海でも獲れることがあるが、対馬暖流の分枝流に乗って宗谷海峡を抜けて行ったものであろう。

丹後の妖怪ダコの正体

タコは、北欧では恐ろしい海の魔物として扱われている。伝説上の巨大な怪物、クラーケンである。海面に突如として現われて、太い腕で船に襲いかかり、海中に引きずり込むのである。柳田國男編『海村生活の研究』（1949，日本民俗学

会）にも、同様の伝説があった。コロモダコ（衣蛸）といって、「小さな蛸だが衣をひろげて人も

写真2-17　石川県能登町の観光交流施設「イカの駅つくモール」に現われた「イカキング」

舟も包む。六畳一杯位はある」と。この京都府丹後地方に伝わる妖怪ダコの正体は、南方起源で外洋・遊泳性のムラサキダコのようだ。最近、NHKが衣を広げたムラサキダコの撮影に成功した（2017年3月6日のBS放送「ワイルドライフ」）。危険が迫ると威嚇のため、衣（足と思われているのは腕で、腕と腕の間にある傘膜）を広げる。6畳敷（3×2m）、というのも大袈裟ではなく、変幻自在に泳ぐ姿は、妖怪を彷彿させるものであった。

2021年4月、石川県能登町の九十九湾岸に全長13mに達する巨大なスルメイカのモニュメント「正式名：イカキング」が出現した（写真2―17）。同町は国内屈指のイカの水揚基地「小木港」を抱えるが、新型コロナ禍の経済対策として国の地方創生臨時交付金を得て作ったシンボルである。補助金の無駄遣いとマスコミなどに散々叩かれたが、これが海外のメディアにも報じられ、予想外の宣伝効果を生んで見に来るヒトが絶えなくなっ

た。妖怪効果とでも言うべき現象か。

短期間で発展したアカイカ漁

アカイカ（紫いか）は、北太平洋に広く分布する大型のイカである。肉厚なことから、珍味の原料として幅広く使われている有用水産資源である。道東海域で、１９７０年代から釣りで本格的に漁獲されるようになった。ところが、１９７４年に流し網でも漁獲されることがわかり、アカイカ流し網漁業が急速に発展した。一時は、太平洋の西経海域まで出漁するようになった。漁獲量も年間10〜20万tに達し、短期間でこれほど発展した漁業も珍しい。北陸地方からも、中型いかつり漁業の廃業を見合いに、多くの漁業者が参入した。石川県でも、馴染みの深い漁業である。しかし、公海での大規模流し網漁業は、理不尽にも１９９３年に国連決議で禁止に追い込まれるに至った。鳥やサメなどを混獲することが、禁止の理由に掲げられた。国連決議とは、極めて異例のことである。

写真 2-18　能登町宇出津魚市場に揚がったマスノスケ（北太平洋から津軽海峡を通って日本海へ入って来たと考えられる稀な魚の例）

津軽海峡を通って入って来る海洋生物

このアカイカが、日本海でも稀に獲れており、津軽海峡を通って入って来たと考えられる。しかし、小型のアカイカが獲れることもあって、すべてが津軽海峡を通って入って来ると断言するには、ためらいもある。

筆者が勤務した職場近くの魚市場（主に富山湾の定置網で漁獲される魚を水揚げ）で、大きなマスノスケを見たことがある（**写真2—18**）。マスノスケは、北太平洋に分布するサケ属魚類7種の中では最も大型で、キングサーモンの異名を持つ。北太平洋に面した北米やロシアに母川回帰することから、アカイカと同じように太平洋側から津軽海峡を通って日本海へ入って来たのであろう。

スルメイカは、太平洋側の道東海域で漁場形成することがある。十分に餌を食べて水温の低下とともに南下を始めるが、一部は津軽海峡を通って日本海へ回遊する（**図2—7参照**）。津軽海峡が、日本海の水産資源の漁場形成に果たしている役割は想像以上だ。

日本海西部でも産卵するクロマグロ

海洋生物が、南北両海峡のどちらを通って日本海へ入って来るかは、どうでもよい話かもしれない。しかし、生物学的な興味が尽きないのはもちろんのこと、漁業では見逃せない問題がある。その好例がクロマグロだ。

クロマグロは、ホンマグロともいわれて、マグロ類の中では刺身にして最も美味とされることでついた別名である。「ホン」を冠する魚にこだわって、本マス、ホンガツオ、ホンマグロと挙げてみた。第1章で、北大西洋産にホンホッコクアカエビの和名を与える動きのあることを述べたが、相応しくないことが、何となくわかるのではないだろうか。第1章で触れたノルウェー産のサバを、ホンサバといっているようなものである。ちなみに、ノルウェー産のサバに提唱されている和名はニシサバである。こちらの方は、筋が通っている。

話を戻して、クロマグロは、北太平洋を広く回遊する。薩南海域を主な産卵場とするが、一部は日本海西部でも産卵する。親魚が回遊して来る山陰沖は、巻き網漁業が盛んで、鳥取県境港は我が国有数のクロマグロ水揚港である。

6〜7月に能登の定置網に

石川県では、毎年決まったように6〜7月に定置網で1本100kg級のクロマグロが獲れる。2008年には、記録的な水揚げ（約400t）があった。定置網の水揚基地である能登町宇出津港は、連日のようにクロマグロの水揚げで沸いた（**写真2—19**）。筆者の40年余りの漁業に関係した人生でも、初めての経験であった。こんなことがあるのか、という思いで興奮した。しかし、こんなことがあるから漁業は辞められない、という漁業者の声も耳にする。クロマグロは、外洋の黒潮などを主な生息域とするイメージがあるが、能登半島で漁獲されているのを見ると、意外と沿岸近くを回遊している。定置網では、磯の小網に入る

写真 2-19　マグロの豊漁に沸く能登町宇出津魚市場（2008 年春先に定置網で漁獲、筆者の研究生活の中でもこれほどのマグロの豊漁に出会ったのは初めての体験）

ことも珍しくはない。低塩分を、ものともしないようだ。

餌を求めて北太平洋を回遊

薩南海域で生まれた幼魚の一部は、対馬暖流に乗って日本海に入り、日本海西部で生まれた幼魚とともに1~2年を日本海で過ごす。当歳のクロマグロを、石川県ではメジとかシビコといっているが、これも毎年決まったように9月頃から、量的に多い年では12月頃まで定置網や曳き釣りで漁獲される。注意して見ると、メジ・シビコが多く獲れた年の数年後、先の1本100kg級の漁獲量の増加へと繋がることがある。卓越年級群（特に個体数の発生が多かった年齢群）である。

その後、成長したクロマグロは、親魚と一緒に津軽海峡を通って太平洋側へ出るが、この時におこなわれるのが世に有名な曳き釣り漁である。9~12月に、1本数百万円のクロマグロの漁獲を巡って、熾烈な競争が繰り広げられる。太平洋側へ出たクロマグロは、北太平洋を広く索餌回遊するが、一部は北米西岸近くまで回遊することが標識放流によって確かめられている。

産卵に戻るにはどちらの海峡を通る?

成長した親魚は、前述の産卵海域へ回遊するが、日本海西部に回遊する親魚が南北両海峡のどちらを通って来るのか、実はよくわかっていない。クロマグロがいつ頃、どの海域を回遊するのか、これを知ることが、漁業では重要なことになる。

特に、海峡は広がった回遊魚の通り道が極端に狭くなるところである。そのため、漁獲しやすいことになる。対馬海峡は、日本海で成長後に南下して来るスルメイカの好漁場となっているが、クロマグロの好漁場も夢ではない。ただし、対馬海峡が日本海西部へ回遊する親魚の通り道となっていればの話である。

最近、太平洋クロマグロの資源量が激減している。国は、国際合意で決まった漁獲枠を厳守するため、罰則まで持ち出して沿岸漁業の規制強化に動いているが、気になるところである。

のとじま水族館のジンベエザメ

ジンベエザメは、現生魚類の中では最も大きく成長し、最大で全長10m近くになる。英語名は、ホエール・シャーク（くじらざめ）である。尤も、プランクトン食性の大人しい魚である。アクリル製の巨大水槽の登場によって、水族館での展示が可能となり、全国的に人気のある魚である。しかし、温・熱帯域に分布するこの魚の確保には一苦労する。石川県では、対馬暖流に乗って回遊して来る個体が、定置網で稀に漁獲されることがある。そこで、能登島にある「のとじま臨海公園水族館」では、地元産が展示されている。一時は、2匹も展示されていたが、大きくなり過ぎた。そのため、1匹は再び海に放流された。全国の水族館にとっては、うらやましい話である。

リュウグウノツカイが揚がるワケ

最近、日本海ではダイオウイカやリュウグウノツカイが定置網などに入って、話題になっている。いずれも大型の深海生物で、ヒトが目にすることは稀である。そのため、続けて揚がったりすると、マスコミで海の異変として取り上げられることも多い。リュウグウノツカイは、人魚のモデルに例えられることでも知られるが、よく調べてみるとサケガシラであることも多い。しかし、いずれも、珍しい魚であることに変わりはない。

異変の原因として、さまざまなことがいわれているが、筆者の考えはこうだ。いずれも、水深100～300mの海の中層を主な生息域としているが、見つかるのは大型個体がほとんどだ。日本海で繁殖しているとは考えられない。生活史のいずれかの時期に、対馬海峡あるいは津軽海峡から日本海に入って来て、成長したと考えられる。ところが、日本海の３００ｍ以深には、例の水温１℃以下の日本海固有水がある。これら大型の深海生物は、餌などを追って極端に冷たい日本海固有水に侵入してしまうと、遂には気絶して遊泳力を失った個体が沿岸に流されて来る、という筋書きである。異変というよりも、極めて個々の問題のように思われる。話題性が増して、報告例が多くなった、ということではないだろうか。いずれも、日本海側での発見例が多いが、先述した椰子の実の漂着と同じ原理で考えられる。今に始まったことではない。

20 鯨
伝統の捕鯨がなぜ非難される？

富山湾の定置網にミンククジラが入ることがありますが、原則は逃がすことになっています。国際捕鯨委員会で商業捕鯨が一時停止されているためです。能登では藩政期から捕鯨の伝統があり、たまの水揚げには地元の店も活気づきます。ペリー来航は日本近海に進出した捕鯨船の補給基地の確保が目的でした。そのような外国の捕鯨船を手をこまぬいて見ているだけではない日本人がいたことはあまり知られていません。

富山湾の定置網にミンククジラ

魚ではないが、鯨にも触れておこう。日本海では、ミンククジラ、ナガスクジラ、アカボウクジラなどの生息が確認されている。しかし、繁殖の場となっているかどうかは不明である。中でも、ミンククジラ（全長5～6ｍ）の個体数が比較的多く、稀に富山湾の定置網に入ることがある。

止むを得ない場合のみ水揚げ

　現在、鯨の捕獲は国によって厳しく管理されている。国際捕鯨委員会（ＩＷＣ）で管理する種（ザトウクジラ、ミンククジラを含む）の商業捕鯨モラトリアム（一時停止）が、１９８６年から実施に移されたためである。したがって、定置網に入った鯨も逃がすのが原則だ。しかし、網に絡まったりして止むを得ない場合に限って、水揚げできる。この場合も、勝手に処分せずに、肉片を国の水産研究所に送ってＤＮＡ登録することが義務づけられている。密売が横行しないようにするためだ。なお、国際捕鯨取締条約によって、調査捕鯨が認められている。我が国は、規模を縮小した調査捕鯨を、細々と続けて来た。

　余談になるが、１９８２年の商業捕鯨モラトリアムの決定で、我が国は、ノルウェー、ソ連邦などとともに異議申し立てをおこなった。しかし、米国排他的経済水域内のトロール網漁業の継続と引き換えに、取り下げを余儀なくされた。ところが、２年後には結局、トロール網漁業を締め出されてしまったのである。冷戦構造にあって、非友好国のソ連邦からでさえ受けなかった仕打ちで、屈辱的な外交だ。

いつしか商業捕鯨の否定に

　商業捕鯨がモラトリアムに至った経緯は、１９７２年の国連人間環境会議（地球サミットともいわれる）にまで遡らなければならない。当時の社会は、経済優先が過ぎて、環境破壊が世界的に問題となっていた。その反動で、地球環境や野生動物の保護が叫ばれるようになったのである。先述した公海大規模流し網漁業の禁止（1993年）も、その流れの中で決まったことである。

1972年当時は、ベトナム戦争の折で、アメリカの枯葉剤使用に対する国際的な批判が高まっていた。そこで、アメリカは、国連人間環境会議での批判をかわすため、鯨をスケープゴートにした、という話まである。真意のほどはわからない。国際捕鯨委員会の決定は、当初、純粋に科学的観点から商業捕鯨を一時的に停止して、鯨を持続的に利用し続けるための知見を得ることが目的のはずであった。ところが、いつしか商業捕鯨の否定に変容してしまった、というのは事実である。

なお、我が国は、2018年12月に政府として正式に国際捕鯨取締条約からの脱退を発表し、2019年7月から商業捕鯨を再開した。1982年の商業捕鯨モラトリアムの決定以来、37年振りのことである。この間、我が国は、鯨類資源の持続的利用と保護に十分努めて来たと思うが、本来の目的を達し得ないことが明らかな国際捕鯨取締条約からの脱退は、むしろ遅過ぎたくらいだ。尤も、我が国の商業捕鯨の再開といっても、国際捕鯨取締条約の精神を我が国の領海と排他的経済水域の中で実施に移すという極めて控えめなものだ。商業捕鯨の歴史を考えれば、今の反捕鯨国の多くは文句をいえないのではないだろうか。

藩政時代から捕獲の伝統

我が国では、定置網による鯨の捕獲が、藩制時代から続いている。石川県能登町の神目（かんのめ）神社には、加賀藩第十三代藩主前田斉泰（なりやす）が1853年の能登巡見の折に、鯨捕りを見物した様子を描いた絵馬が奉納されている。能登町では定置網の歴史が長いことから、鯨に関する話題も多い。動力船が普及するまでの間、大きなスギ材やアテ材を張り合わせたドブネ（胴船）が活躍した。元気な鯨が網に掛かると、両脇をドブネで挟んで結わいつけた。

写真 2-20　能登内浦のドブネ（石川県能登町の真脇遺跡縄文館付属の収蔵庫に保管）

そして、鯨が尾を振ってバタバタ暴れるのを推進力にして浜へ戻った、という逸話まである。

ドブネは丸木船の上に板を組み合わせた造船法で、大きなものでは全長13ｍに達する。和船の発達過程を伝える歴史的に貴重な資料として1998年12月に「能登内浦のドブネ」として国の重要有形民俗文化財に指定された。その遺構を石川県能登町の真脇遺跡縄文館付属の収蔵庫で見学できる（**写真2―20**）。

鯨の捕獲は、ヒトにとっても命がけであった。鯨が網に掛かると、勇気のある漁師が海に飛び込み、暴れる鯨の尾にロープを結わいつける。すると、鯨も観念したように大人しくなるそうだ。「鯨が揚がると七浦うるおう」の例え通り、鯨が揚がると近隣の漁村にお裾分けする伝統が、今も残っている。魚屋の店頭には貼り紙が出され、八百屋の長ネギがたちまち売り切れる。すき焼きにして食べるためだ。これが、昔からの習慣である。鯨は、海からの恵みとして、漁村では大事にされている。感謝の気持ちを表した石碑が多いのも、特徴である。感情的な反捕鯨の人たちにはわかるまい。今後も続いて欲しい、漁村のささやかな伝統と文化だ。

ペリー来航は捕鯨船の補給基地の確保が目的

捕鯨といえば、これだけは触れておきたい。１８５３年のペリー来航は、鎖国をしていた日本の開国を迫った事件として知られている。しかし、通商もさることながら、最大の目的は日本近海で操業する自国の捕鯨船の水や食料の補給基地及び避難港を確保するための砲艦外交（軍事力をちらつかせる国家外交）であった、ということだ。米国は、大西洋と米国西岸（太平洋）で鯨を獲り尽くし、挙句の果てに鯨の豊富な日本近海にまで進出して来た。これほど鯨を必要とした理由は、照明用ランプを灯すための鯨油を得るためであった。鯨油を搾った後の肉は、海に捨てられていた。

しかし、19世紀後半になって石油から精製された灯油が燃料として使われるようになると、捕鯨産業は急速に衰退した。地球上の鯨を散々獲り尽くして激減させておきながら、今になって捕鯨を目の敵にするとは、身勝手なものだ。

外国の捕鯨船に触発された日本人

米国などの捕鯨船が日本近海で鯨を獲っていた状況を、手をこまぬいて見ているだけではない日本人がいた、ということにも触れておきたい。日本の水産業の近代化に貢献し、「我が国水産業の父」とも称される関沢明清翁（写真２―21）である。関沢翁は、１８４３年に現在の石川県金沢市味噌倉町で父・房清の次男として生まれた。房清は、佐久間象山や横井小楠などとも親交のあった幕末の加賀藩士で、藩政改革や農民救済などに尽力した。金沢市内の尾山神社境内には、功績を讃える立派な石碑（１８８４年建立）が残っている。父の影響を受けて、関沢翁は、15歳で江戸の村田蔵六らについて、蘭学や航海術などを学んだ。その後、金沢に戻って語学を教えていたが、藩主の命で、薩摩藩の留学生に加えてもらい、密航同然で

写真 2-21　関沢明清翁に関する展示（金沢ふるさと偉人館）

渡英を果たし、最先端の知識に触れた。帰国して、20歳で加賀藩軍艦運用頭取、28歳で岩倉具視遣米欧使節団に参加した前田利嗣（徳川幕府が存続していれば加賀藩の15代藩主になる筈であった）の通訳兼世話役として随行した。これが縁で、卓越した語学力や事務能力が中央でも知れ亘ることとなる。

　そして、1873年のウィーン万博、1876年のフィラデルフィア万博で日本館設営の事務官として派遣され、陣頭指揮を執った。この間、外国の展示館を見聞きして、水産業の重要性に目覚め、サケ孵化放流、缶詰製造機、漁網製網機などの知識を吸収し、帰国後直ちに明治政府の内務卿（事実上の首相）となっていた大久保利通（岩倉使節団に参加）に水産業の開発を建議した。そして、内務省勧業寮に水産掛が設置され（後に、内務省御用掛観農局→農商務省水産局漁務課）、その任務を負って、全国にサケ・マス人工ふ化放流技術の普及などにも努めた。その努力は、大日本

水産会の設立（１８８２年）や教育関係にも及び、水産伝習所（東京水産大学の前身）の初代所長（１８８８〜１８９３年）に就いて水産教育という実学の先頭に立った。

尤も、関沢翁は、現場を尊ぶ人で、その性分は官職に長く留まることを良とせず、水産伝習所の所長を僅か4年で辞し、かねて心に秘めていた鯨の捕獲へと向かう。そして、１８９４年に三陸沖で我が国初のマッコウクジラの捕獲、という偉業を成し遂げたのである。更に遠洋漁業向けの洋式帆船を建造してマグロ漁にも成功する。しかし、伊豆大島沖で操業中に持病の心臓病が悪化して、１８９７年に不帰のヒトとなる。その壮烈さには明治維新の志士達に共通した清い魂を見る思いがする。享年満53歳。終焉の地は、千葉県館山市であった。

関沢翁の壮絶な生き様については、和田頴太著の小説『関沢明清—若き加賀藩士、夜明けの海へ—』（２０１２，北國新聞社）に詳しいが、小説とはいえ、史実に即していると評価の高い著である。

「我が国水産業の父・関沢明清翁」の再評価

明治政府は、欧米の文化の吸収に務め、一刻も早く欧米先進国に追いつくため、１８７０年に「外国人雇入方心得」を公布し、学問・芸術・技術の専門家を欧米各国から招請した。いわゆる「お雇い外国人」である。お雇い外国人は、2年から3年の雇用契約が通常で、その待遇は本国にいるよりずっと裕福なものであった。彼らも、短期間の滞在と割り切って来日したようである。結局、30年余りの間に、官だけでも３０００人近くのお雇い外国人が来日して日本の近代化に貢献した。

しかし、水産業で功績のあったお雇い外国人の名は、寡聞にして知らない。それでも明治初期、水産業の近代化が遅れたという事実はない。水産業では、関沢翁が、万博を通じて得た新技術を次々と取り入れ、我が身のものとして全国に普及させたからに他ならない。その集大成が、日本最初のマッコウクジラの捕獲であり、遠洋漁業向けの洋式帆船によるマグロ漁の成功である。つまり、お雇い外国人を必要としなかった、ということである。関沢翁は、1897年にその生涯を終えるが、この頃には事実上、お雇い外国人も歴史的意義を失っている。水産業では関沢翁が、新興国家を背負って、欧米各国に負けまいと必死に頑張った様を見て取ることができる。

明治政府の殖産興業政策の中で、関沢翁が先頭になって水産業を食料産業として位置づけ、これを新興発展させたことは表舞台にこそでて来ないが特筆されることである。産業としての水産業は、生産現場の漁具・漁網の他、造船に関する鍛冶・鉄工及び船用機器、更には、港湾建設、運搬と流通、食品の保存と加工など、多種多様な関連産業へと裾野を拡げ、現在の産業振興へと繋がる礎となったことは疑いない。

生誕地での物足りない評価

関沢翁は、現在の石川県金沢市で生まれたが、成人してからの活躍の場はもっぱら中央であった。そのため、功績を讃える遺品の多くは、館山市立博物館や東京海洋大学の資料館にある。館山市内には、没後速やかに建立（1900年）された立派な顕彰碑がある。一方、生誕地の石川県内には、水産業の発展に名を残した偉人の記録や遺品の類がほとんど残されていない。金沢市には、「金沢ふるさと偉人館」（1993年開館）がある。金沢にゆかりのある偉人といえば、高峰譲吉、木村栄、鈴木大拙、西田幾多郎、八田與一などが挙げられ、その業績の紹介にはかなりのスペースが割かれている。関沢翁は、彼らに比肩しうる偉人といっても良いが、産業功績者を紹介するコーナーの一画で、パネルに加えて脇差とマッコウクジラの歯だけの展示に甘んじている（写真2—21）。

「日本水産業の父」の生誕地としてはいかにも寂しい展示である。

　こうした状況を憂えてのことと思われるが、奥能登の石川県立水産高等学校の創立30周年記念（１９６８年，明治１００年）に合わせて、当時の校長の努力で同校内に顕彰碑が建立された（**写真２−22**）。しかし、県内唯一の水産高校はその後、統合によって能都北辰高等学校（２０００年）、そして現在の能登高等学校（２００９年）へと名前を変えた。奥能登でも、水産業の衰退と過疎化が進んでいる。その厳しい現実を、図らずも高校名の変遷が身をもって示している。今では、水産高校の名が消え、顕彰碑が学校内に何故あるのか分からなくなって来たのが現状である。

　関沢翁は、全国的には、館山市立博物館、東京海洋大学（２００３年に東京水産大学と東京商船大学が合併）の資料館、金沢ふるさと偉人館に加えて、奥能登の石川県立能登高等学校でも事跡を偲ぶことができるが、生誕地でもっと評価されて良い偉人である。

写真 2-22　顕彰碑がある石川県立能登高等学校

21 異常気象

温暖化は海にどう影響？

日本海でも異常気象の影響がリアルに映し出されています。１９８４年に異常冷水が起こりましたが、その年に海の生物の子供が飛びぬけて多く生まれたメカニズムはいまだに不明です。CO_2増加による海の酸性化、海水温上昇による台風多発など、温暖化の影響も甚大です。

相次ぐ大雨、豪雪による災害

最近は、時期や場所によって、過去最高の気温を更新するニュースが絶えなくなった。地球温暖化の影響か、水蒸気輸送の活発化を示唆する、短時間での大雨や豪雪による災害発生が目立っている。平均気温が上がると大気の水蒸気量（飽和水蒸気量）が多くなって雨が降る回数は少なくなる一方、ひとたび雨が降ると大量の水分が地表に落ちて大雨になり易いという考えもある。近年だけでも、２０１３年10月の伊豆大島豪雨災害、２０１４年8月の広島市土砂災害、２０１５年9月の関東・東北豪雨、２０１７年7月の九州北部豪雨、２０１８年1～2月の日本海側の短時間の大雪、２０１８年7月の西日本豪雨、そして２０１９年11月の台風19号による未曾有の豪雨災害と繰り返されている。集中豪雨の原因となる「線状降水帯」、大雪の原因となる「日本海寒帯気団収束帯」という耳慣れない気象用語が、マスコミで取り上げられることも多くなった。西日本豪雨では、気象庁の大雨特別警報が何度となく出されていたが、平成最悪の豪雨被害となったのは口惜しい。特別警報は、２０１１年の東日本大震災と台風12号による紀伊半島の大雨被害を教訓に、２０１３年8月30日に危険性を正しく伝達するため新たに設けられた。しかし、生かし切れなかった。毎年のように、甚大な災害が繰り返されるようでは、国の政治のありようが問われてくる。

1984年、日本海の異常冷水

地球温暖化の影響は、日本海でも確かに実在するようだが、必ずしも一方向的な現象ではない。1984年には、日本海で異常冷水を経験した。自然現象で異常というのは、30年に1回の確率で起こる場合に使われることが多い。当時、マイワシをはじめとして、気絶して海中をフワフワ浮いた魚の報告が多くあった。大きなマダイをタモ網でいとも簡単に掬い取った、という話まであった。対馬暖流に乗って北上するウスメバル（地方名：ヤナギバチメ）は、普段は津軽海峡付近まで北上する。ところが、この年ばかりは能登半島近くで北上がストップして、地元に思わぬ好漁をもたらした。

冷水の位置が好不漁を左右

異常冷水ではないが、海における冷暖水の配置は、回遊性浮魚類の漁場形成とも密接に関係する。漁業者の関心が高いブリは、夏～秋に豊富な餌を求めて北海道付近まで北上回遊する。そして、海水温が低下する11月頃になると南下回遊を始め、本州日本海側では寒ブリ漁のシーズンを迎える。このときの冷水の接岸の程度が、各地の好不漁を左右する。富山湾で盛んな定置網漁業では、佐渡沖の冷水が接岸するとブリは岸近くを回遊して好漁をもたらす。しかし、冷水の接岸が弱いとブリは沖合を通過して不漁になる。日本海の寒ブリは、味が絶品で評価がすこぶる高い。腹側の脂質含量は30％を超え、マグロのトロをも上回る。刺身にすると、脂が醤油をはじく、というやつである。

異常冷水がもたらした「子だくさん」

話を1984年の異常冷水に戻す。後年、その年に生まれた子供の数が、ヒラメ、マダラ、アンコウ、そしてアマエビでも多く、卓越年級群をもたらしたことがわかった。複数の魚介類で、同時に卓越年級群が見られるのは珍しい。卓越年級群が、その後の漁獲量の増加に大きな役割を果たすことは、これまでにも何度か述べてきた。

1963年にも異常冷水が発生し、日本列島各地で魚介類の斃死（へいし）現象が起き、大問題になった。これがきっかけで、戦中戦後に中断されていた国の漁海況予報事業が再開された。日本海側では三八豪雪でも知られる年だが、ちなみに先述したイタヤガイの異常発生はこの年のことである。異常冷水が、海洋生物の分布や移動に影響を及ぼすことは理解できても、異常発生や卓越年級群をもたらすメカニズムとなると、今もってわかっていない。

スルメイカが映し出すその年の水温環境

1993年は、記録的な冷夏・長雨で、梅雨明けせずに夏が終わった。20世紀で最大規模とされる、1991年のフィリピン・ピナツボ火山の噴

写真 2-23　日本海を映し出す鏡といってもよいスルメイカ（表皮の下に色素胞をもって釣り上げられた直後はセピア色をしているが、スーパーなどで売れ残ると白っぽくなる）

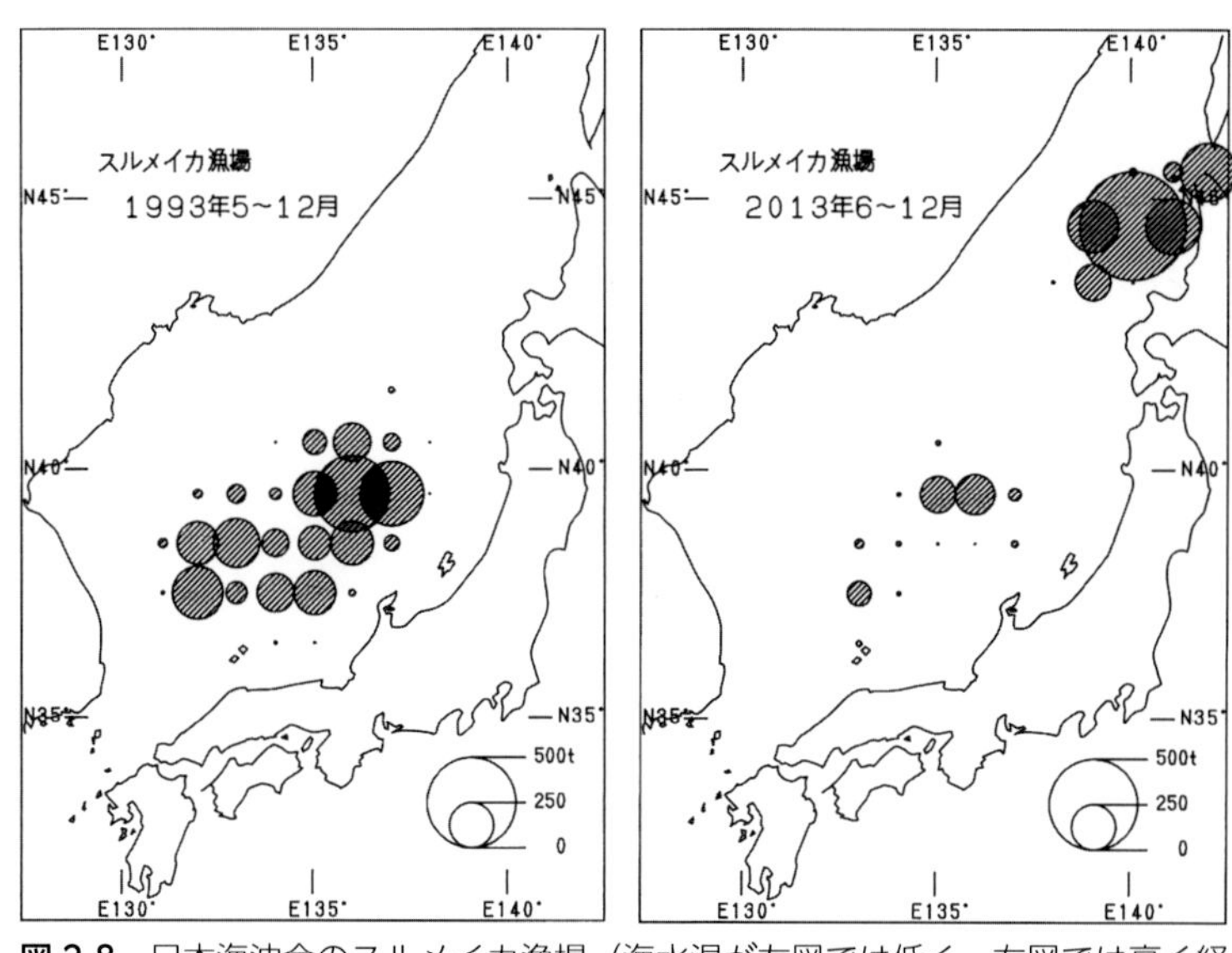

図 2-8　日本海沖合のスルメイカ漁場（海水温が左図では低く、右図では高く経過した年の例で、これほどに違う）

火で、火山灰が大気圏の上層に滞留し、太陽光を遮って寒冷化したと考えられている。結果、我が国では米が未曾有の不作となった。タイなどから米を緊急輸入するなど、「平成の米騒動」を引き起こした。日本海では、スルメイカ（**写真２—23**）の北上量が少なく、大和堆（やまとたい）周辺の漁場形成に終始した。

一方、２０１３年は30年に１回という高水温に見舞われ、スルメイカの北上が早くて漁場が北偏した。スルメイカは、日本列島周辺をちょうど１年かけて南北回遊する。そのため、スルメイカの漁場形成は、その年の水温環境を映し出す鏡になる（**図２—８**）。地球温暖化というのは、行きつ戻りつ形を変えながら徐々に進行しているのが実態であろう。異常冷水の発生を契機に始まった漁海況予報事業だが、これからは地球温暖化に焦点を当てた解析も重要だ。その際、日本海は地球温暖化を計るバロメータになる。

CO_2の温室効果と動的平衡

地球温暖化の元凶とされる二酸化炭素（CO_2）は、大気中の供給が増えると温室効果によって温暖化に向かう、というのが定説だ。尤も、温暖化で化学反応が促進されると、大気中のCO_2は海水に溶けて炭酸カルシウムとして固定・消費される量が多くなる。遂には、大気中のCO_2濃度が減少する。海には、大気中のCO_2の増加を緩和する働きがあるからである。一方、大気中のCO_2濃度が低くなると寒冷化に向かうが、CO_2の消費が抑制されることになって、今度は大気中のCO_2濃度が増加して再び温暖化に向かう。結局、長い間には、大気中のCO_2の供給と消費が釣り合って平衡状態に保たれる、という考えもあるようだ。これを「動的平衡」という。

海の酸性化の危険性

しかし、CO_2が海中に過度に溶けると酸性化の問題がある。現在、海水の水素イオン濃度は、pH8.1くらいで弱アルカリ性を示す。しかし、酸性化が進行すると、動植物プランクトンの殻や骨格の形成が阻害される危険性も指摘されている。動植物プランクトンがいなくなると、それを餌とする魚類資源などへの影響は甚大である。人類の生存を脅かすことにも繋がりかねない。また、温暖化の影響が海洋の深層に及ぶと、後述する深海堆積物中のメタンハイドレートの分解を促し、大気中のメタンガス濃度が増加して温暖化に拍車をかける恐れも指摘されている。

海水温上昇で台風発生が多くなる

更に、温暖化によって日本列島近くの海水温が上昇すると、台風が勢力を保ったまま上陸する可能性も高くなる。海水温がおよそ27℃以上では、海面から大量の水蒸気が供給されて、台風の勢力が拡大するからである。近年では、２００４年と２０１６年と２０１８年に台風の発生が多かった。

現在、地球はウルム氷期後の間氷期にあり、長期的には再び氷期に向かいつつある。そこで、地球温暖化も一時的な現象と軽視する向きもある。だからといって、人間活動が強く関与した二酸化炭素の増加は、良いことには思えない。地球の炭素循環が、さほどヒトに都合よく出来ているはずもなく、よくよく考える必要がある。

異常気象は、大飢饉と表裏の関係にあり、歴史的には江戸時代の三大飢饉（享保、天明、天保）などが知られている。太陽活動の低下や、巨大な火山噴火で、天候不順が続くことによる影響が大きいようだ。最近でこそ、科学技術と流通の発達によって、飢饉を避けることはある程度可能になった。しかし、地球温暖化のリスクが高まっているにもかかわらず、その克服には、国の利害が絡んで、容易ならざる事態が待ち受けているのも事実である。

痩せた千里浜海岸と手取川ダム

能登半島の西側に、観光名所として知られる千里浜海岸がある。ここは、波打ち際を車で走ることができる、珍しい所だ。砂の粒子が細かいこと、適度な湿り気によって砂が固く締まるためで、世界でもアメリカとニュージーランドにあるだけのようだ。しかし、筆者が石川県に来た当時と比較すると、40年余りの間で砂浜海岸の幅が半減してしまった。このまま行くと、消失してしまうのではないかと思うほどである。温暖化で海面が上昇した、という考えも成り立つが、そのような証拠はない。

砂浜海岸が痩せる現象は、全国的なもので、ダム建設によって河川からの砂の供給量が減っていることも原因の一つである。千里浜海岸の西には、石川県内で最大の手取川がある。手取川は、日本三名山の一つに数えられる白山に源を発する一級河川である。１９７９年に、全国有数の規模を誇る手取川ダムが完成した。先述した「海流はがき」の結果（１２９ページ図２―６参照）を見ても、千里浜海岸が急速な勢いで痩せていることと、手取川ダムの完成は無関係とはいえないようだ。

ダムには大量の土砂が沈積する。そのため、本来は川水に流されて海に入り、河口や沿岸に堆積するはずの土砂がなくなって、海岸がやせる現象が起こる。そこに棲むさまざまな海洋生物にも影響を及ぼすことになる。

あまり鳴かなくなった琴ケ浜

千里浜海岸からもう少し北へ行った所に琴ケ浜がある。ヒトが歩くと、キュッキュッと音を立てる。島根県の琴ケ浜や京都府の琴引浜などとともに、鳴き砂の浜として知られる。石英を含む細かい砂が、擦れあうことで音を立てるようだ。温暖化とは無関係と思われるが、近年、砂があまり鳴かなくなった。原因は、海が汚れて余計な成分が混じってきたせいではないか、といわれている。

また、琴ケ浜とその南に位置する増穂浦(ますほがうら)海岸一帯は、鎌倉の由比ヶ浜、紀伊の和歌浦と並ぶ「日本小貝３名所」の一つだ。冬の厳しい季節風によって、数㎝足らずの桜色の美しい貝殻（サクラガイなど）が汀線に打ち上がる。その生態は、ほとんど未知で、神秘性に包まれた貝である。千里浜海岸、鳴き砂の浜、サクラガイは、いずれも日本海の環境変化を先取りする存在で、注意深く見守っていかなければならない。

22 魚種交代
かつての花形、今の花形

獲れる魚の種類、量、場所、時期は毎年変化しています。劇的に増減するマイワシ、国際政治に翻弄された北洋のサケ・マス、大和堆で漁場開発されたスルメイカ、盛期を過ぎた太平洋のサンマ。石川ではサワラ、ハタハタなど他県特産だった種の漁獲量が増えています。

海の中では、さまざまな現象が起こっていて、毎年同じように魚が獲れるというものではない。魚が獲れる時期、場所、量に一定の傾向はあっても、毎年同じということはあり得ない。時間とともに変化するのが自然の姿、といってもよい。自然相手の水産業が経済的に成り立つためにも、漁海況予報事業が必要である。最近のマスコミは、ちょっとした変化を異常現象に捉えがちだが、これを言っていたらきりがない。

劇的に増減したマイワシ

海の魚の中でも、最もダイナミックな動きは、マイワシを中心に見られる量的動態であろう。歴史的に、マイワシは大きな量的増減を繰り返している。そして、マイワシが減少すると、他の同じプランクトン食性の魚が増えだす。これを魚種交代という。太平洋側ではマイワシ↓サンマ↓マサバ↓マイワシ、日本海側ではマイワシ↓マアジ↓マサバ↓マイワシのような傾向があった。筆者が石川県に就職した1973年当時、マイワシは「幻の魚」といわれていた（1965年に全国で約9000tの漁獲量）。しかし、マイワシはにわかに増え始め、1988年の漁獲量は全国で実に450万tに達し、日本の総漁獲量の約36%を占めるまでになった。中でも、北海道の釧路港は全国有数のマイワシ水揚港として栄え、ミール工場がフル回転した。まさに、我が国水産業が全盛期を迎えた時代といってもよい。しかし、こうした盛況は長続きしないものである。10年余りすると減少に転じ、２０００年代には再び幻の魚になってしまった。ちょうど、筆者が現役で働いていた40年ほどのスパンで起きた出来事で、感慨深い。

世界同時は気候が影響

後年になって、このようなイワシ類の増減が、世界的に同期して起こっていることが、東北大学の川崎健博士によって発見された。世界的に同時に起こるのは、気候が影響している、ということのようだ。１９７６／77年を境に海水温は高い方から低い方へ、１９９７／98年を境に海水温は低い方から高い方へジャンプしており、これをレジーム・シフトといっている。マイワシの増加は、海水温が相対的に低い時期に起こった現象と捉えることができる。太平洋側では、海水温の高い時期に入ると、マイワシが減少してサバが増えだした。しかし、現在の巻き網漁業を初めとする漁獲技術はかなり強力で、サバが成長する前に獲り尽くしてしまい、魚種交代の芽を摘んでしまったのではないか、という反省がある。現在の漁獲技術は侮れない。

51年間の漁獲量の推移

図2―9は、漁業養殖業生産統計年報（農林水産省統計情報部）から、日本海の主だった浮魚資源の過去51年間（１９７１〜２０２１年）にわたる漁獲量の推移をプロットしたものだが、含蓄の多い図である。上述したことの他、近年になって、食物連鎖の上位にあるブリとサワラの漁獲量が全体として多くなっている。これまでの魚種交代とは違う様子が、窺われる。また、マイワシが再び増加する兆しがあり、乱獲をせずに増加に繋がっ

て欲しいものだ。

筆者が研究生活で長く関わった日本海沖合のスルメイカについて、漁場形成の緯度別変化を過去45年間にわたって調べたのが図2―10である。図から、スルメイカの漁獲量は、2000年頃を境（レジーム・シフト？）にして増加に転じている。ちょうど、マイワシと入れ替わるように。しかし、2010年頃から漁場が北へ偏るのと同時に漁獲量は減少傾向にある。一方のマイワシは徐々に増加傾向にある。長期的には、マイワシが増えている時にはスルメイカ漁が低調という傾向があるようだ。そこへ地球温暖化と外国船の違法操業という変数が加わって、スルメイカ資源の今後の動向は気掛かりだ。

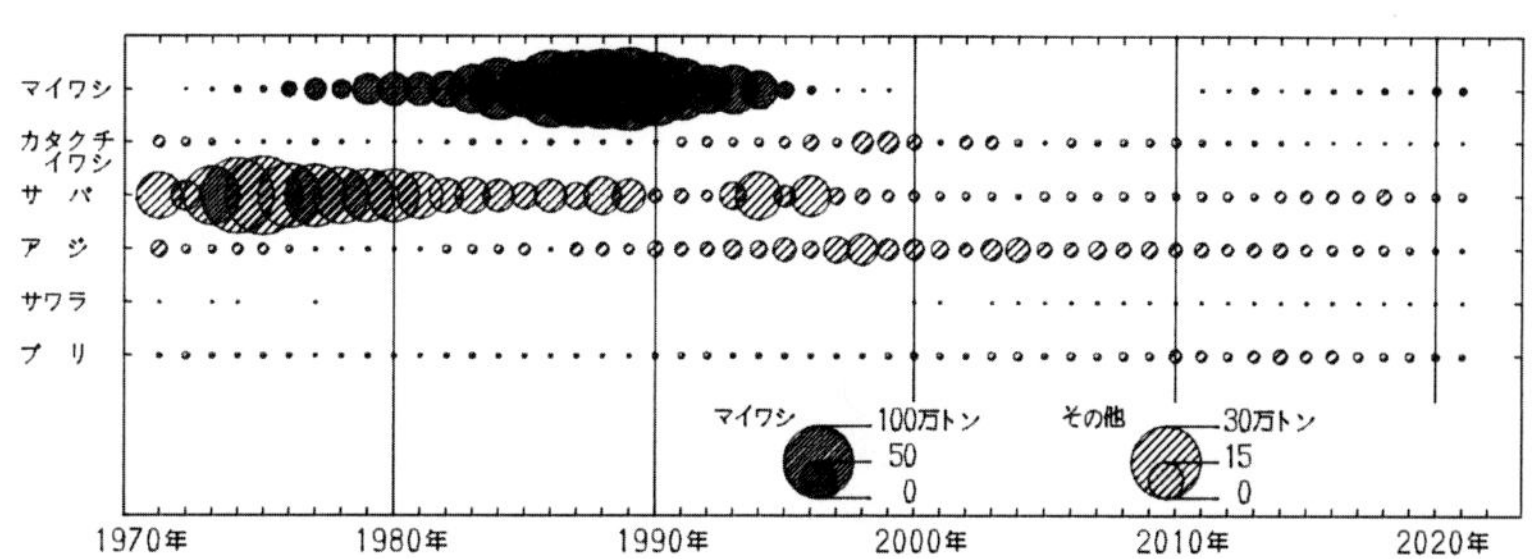

図 2-9　日本海側の主な浮魚資源の漁獲量の推移（マイワシとその他の魚類ではスケールが異なることに注意）

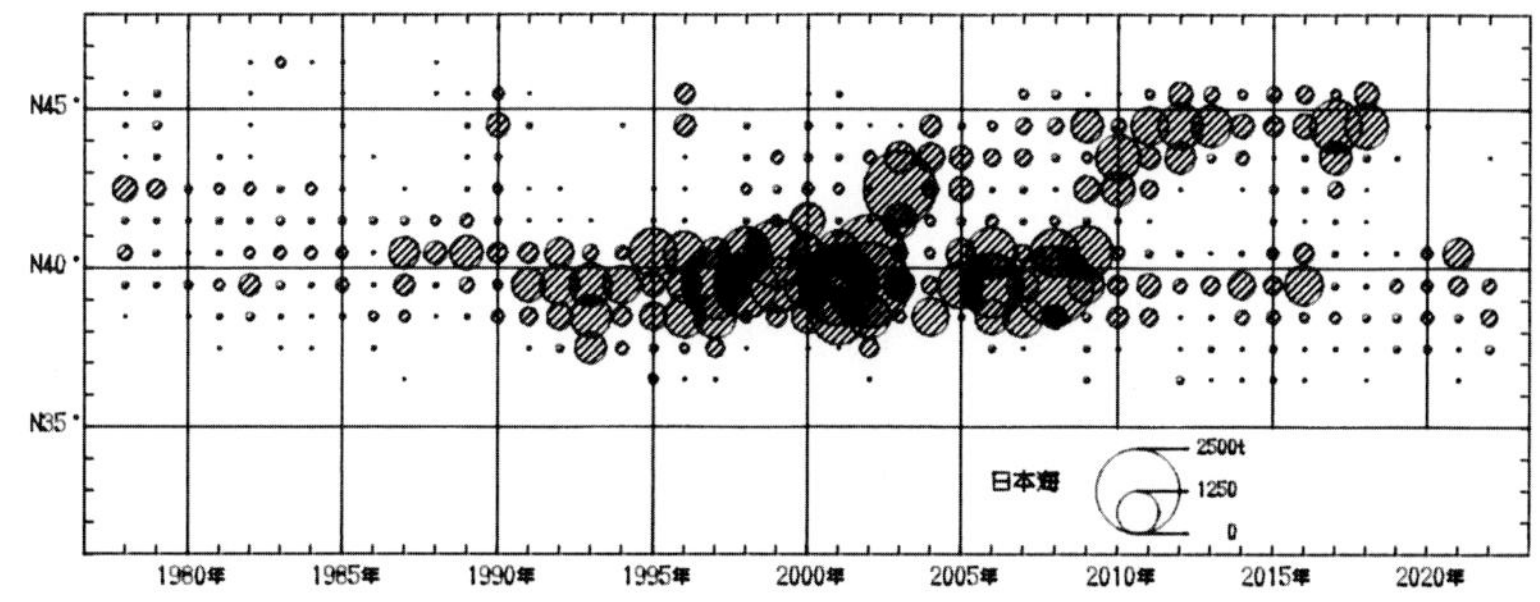

図 2-10　日本海沖合のスルメイカ漁場（緯度別）の経年変化（過去 45 年間の漁場形成が北偏傾向にある）

北洋サケ・マス漁業の興亡

戦後、北海道の道南・道東沿岸でスルメイカの漁場が形成された。そして、1950〜60年代には、70万t近くが水揚げされ、一時代を築いた。石川・富山県からも、進取の気性に富んだ漁業者が数多く北海道へ出漁した。このときに、資産を成した漁業者が、北海道で許可されていたサケ・マス漁業の権利を買い取った。北陸の漁業者が、北洋サケ・マス漁業に参画することになった経緯である。

当時、旧ソビエト連邦との間で日ソ漁業交渉(漁獲量などを決定)が妥結すると、花咲・根室港や釧路港に集結した数百隻のサケ・マス漁船が、一斉に出漁した。全盛期の春の恒例行事といってもよかった。しかし、この見事な光景も、200海里漁業規制の時代を迎える1977年が最後であった。

200海里漁業規制では、多くの漁船が廃業を余儀なくされた。そして、減船を免れた残存漁船によって、高額の入漁料を払った操業が細々と続けられた。しかし、ロシア側は、更にサケ・マス流し網漁を2016年から禁止する法案を可決した。この決定をもって、戦後、マッカーサー・ラインが撤廃されて北洋へ勇躍したサケ・マス漁業は、半世紀余りの歴史に幕を閉じたのである。かつての花形漁業が、終焉を迎えたのは、我が国の水産業にとっても象徴的な出来事であった。

日本海の沖合スルメイカ漁場の開発

ところで、道南・道東のスルメイカ漁場は、1970年代になると、陰りが見え始めるようになった。日本海では、対馬暖流開発調査(1953〜57年)によって、大和堆にスルメイカ漁場が形成されることが知られていた。しかし、大和堆のスルメイカ漁場は、山陰地方の底びき網漁船が休漁期(7・8月)に利用する程度であった。この状況を一転させたのが、自動イカ釣り機の実用化と船内凍結を装備した漁船の開発であった。スルメイカ漁業は、道南・道東漁場に代わって、日本海の沖合漁場がにわかに注目されるようになったのである。そして、99ｔ型船内凍結イカ釣り漁船の登場によって、日本海の沖合スルメイカ漁場の開発はピークに達した。現在では、中・小型漁船を合わせて数千隻のスルメイカ漁船が、日本海一円で操業するようになった。まさに、日本海を代表する漁業が創出されたといってもよい。この隆盛は、人工衛星が飛ぶようになった１９７０年代、アメリカ航空宇宙局（ＮＡＳＡ）をも驚かせた。宇宙から日本海で操業するイカ釣り漁船の集魚灯の光が、陸地よりも明るく見えたからである。

危機を救った集魚灯の転換

隆盛を極めた日本海のスルメイカ漁業であったが、イカ釣り漁船にとって、集魚灯を灯す燃料代の負担は深刻であった。特に、１９７３年（中東戦争が勃発）と１９７８年（イラン革命）の２度にわたるオイルショックでは、原油価格が高騰し、原油依存度の高いイカ釣り漁業の経営を直撃した。筆者も関わったことだが、この危機を救ったのは、集魚灯を従来の白熱灯からメタルハライドランプ（蛍光灯の一種）へ転換したことであった。これで、集魚灯に要する燃料代は、３分の２以下に削減されたのである。

更に、２０００年代になると、燃料代をより低く抑えることが可能な発光ダイオード（ＬＥＤランプ）が登場したことで、実用化のための試験がおこなわれている。しかし、同じく集魚灯を利用するサンマ棒受網漁業では、ＬＥＤランプが既に実用化されたものの、スルメイカに対しては効果が未だ十分に発揮されていない。理由は不明である。光であれば何でもよい、というわけにはいかないようだ。

イカの内臓から「いしる」

かつて、スルメイカ漁は、船内凍結漁船が登場するまでは、生で水揚げしていた。大量に揚がると、スルメに加工した。能登半島の漁港では、その時に出る沢山のゴロ（イカの内臓）を塩漬けして、大きな桶に1～2年間貯えて熟成・発酵させた。そうして出来たのが、「いしる」である。秋田県の「しょっつる」、瀬戸内海の「イカナゴ醤油」と並んで「日本三大魚醤」の一つに数えられている。北海道では、スルメイカが大量に獲れた時代、水揚げは生であったが、気候風土の違いか、魚醤がつくられることはあまりなかったようだ。

サンマの時代は?

くだんの道南・道東漁場は、スルメイカの時代とマイワシの時代を経て、サンマの時代を迎えている。しかし、最近になって、サンマの雲行きが怪しくなってきた。全国的に、年間漁獲量は２０００年以降20～30万ｔで推移していたが、２０１５年以降低迷が顕著となって２０２２年は2万ｔに満たなくなった。不漁となると、その影響が広範囲にわたることは必至だ。資源量が減少したためなのか、漁場が沖合化したためなのか、専門家の間で熱い議論が巻き起こっている。後者であることを期待したいが、そのうち結論が出るであろう。

サンマは、日本海とは縁の薄い魚だが、新潟県の佐渡島では、流れ藻に産卵する習性を利用した「手づかみ漁」というのがある。6月頃に見られる漁で、日本海でも一定の再生産がおこなわれていることがわかる。

日本海のサンマはパサパサ

富山湾の定置網でも、数百ｔのレベルで水揚げされることもあるが、むしろ稀といっていい方だ。

日本海のサンマは、身がパサパサして美味しくない。太平洋側では、サンマの命といってもよい脂肪分は、北海道沖まで北上したときにたっぷりと餌を食べて蓄えられる。それが「秋サンマ」だ。ところが、太平洋側でも南下を始めると徐々に脂肪分は減って、翌春に紀州沖に到着する頃には身がパサパサしてきて、俗にいう「麦サンマ」になる。麦サンマも、漁獲量が安定していれば姿寿司などに、活用の道がある。日本海では、再生産する部分と、太平洋側から津軽海峡を通って入って来る部分があって、漁獲量の増減を大きく左右している可能性も否定できない。

サワラは日本海が瀬戸内海を凌駕

日本海では、マイワシが減少すると、サワラが獲れるようになった。これまでになかったことである（写真２―24）。サワラは、瀬戸内海が古来有数の産地として、春になると産卵に回遊して来ることから、春告魚といわれてきた。サワラの漁獲量は、２０００年代になって、京都府、石川県、富山県がそれぞれ千ｔ台の水揚げをするようになって、日本海が瀬戸内海をすっかり凌駕してしまった。サワラは、回遊魚で、対馬暖流に乗っ

写真 2-24　能登町宇出津魚市場に水揚げされたサワラ（近年、日本海ではサワラの漁獲量が増加傾向にある）

て北上する。遂には、津軽海峡を越えて太平洋側の三陸地方でも徐々に漁獲されるようになった（図2―11）。三陸地方のサワラの漁獲量の増加が、

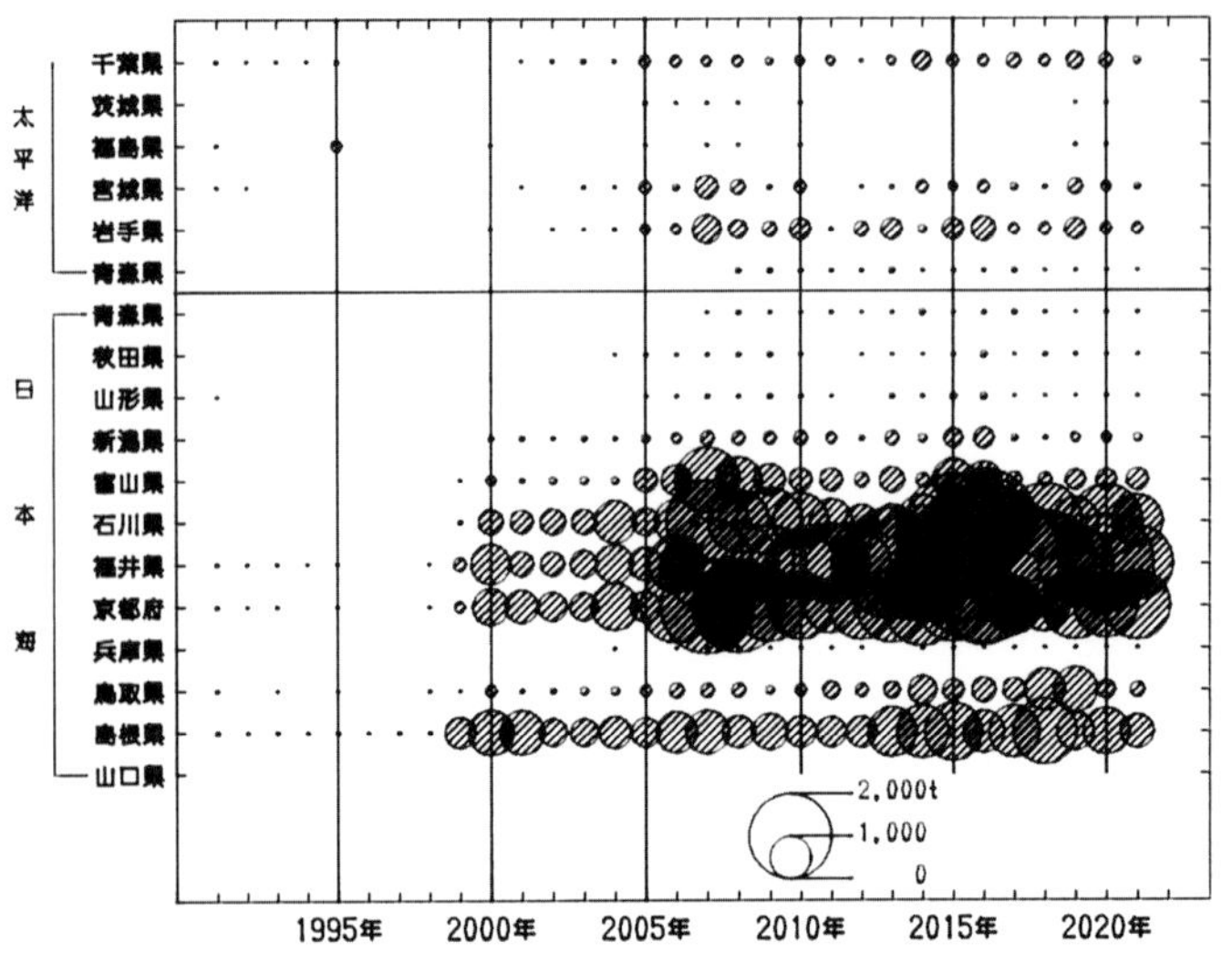

図 2-11　サワラの府県別漁獲量の経年変化（日本海側から徐々に津軽海峡を経て太平洋側でも漁獲されるようになった）

太平洋側を北上して来たものでないことは明らかだ。先述した、エチゼンクラゲと直接的な関係はないと思われるが、同じルートをとっているのが興味深い。

石川が有数のハタハタ産地に

魚種交代の枠からは外れるが、日本海の魚といえば、ハタハタが有名である。秋田県が有数の産地だが、漁獲量の減少で、全国的にも珍しい禁漁措置が1992年から3年間にわたって実施された。禁漁が功を奏したのか、資源量は徐々に回復しつつあるようだ。一方、それまであまり獲れていなかった石川県で、千t台の水揚げをするようになって、にわかに有数の産地に躍り出た。急に獲れるようになった理由は、わかっていない。これだから、海の中で起こっていることは不思議だ。しかし、魅力的である。

福井、兵庫、石川にも広がったホタルイカ漁

ホタルイカも日本海の特産種で、富山県滑川市などの定置網による漁獲が有名である。１９８６年のことだが、福井県沖の若狭湾で、底びき網によってホタルイカの漁場（水深２００〜２５０ｍ）が開発された。もともとあった資源なのか、新たに生まれた資源なのかは不明である。しかし、近年になって、日本海でこれだけの漁場が開発された、というのは珍しい。続いて、兵庫県沖や石川県沖でも底びき網で漁獲するようになった。

富山県のホタルイカ漁の解禁は、３月１日である。しかし、既に他県では底びき網漁が始まっており、富山県の定置網漁業者や仲買人にとっては気掛かりな存在になってしまった。ホタルイカは、極めてローカルな資源であったが、今や数県にまたがる商品として注目されるようになったのである。ホタルイカ漁場の開発は、日本海のアマエビ漁が不振を極めた折であった。一時的にせよ、底びき網漁業の漁獲対象が、ホタルイカで補われたのは救いになった。

海洋生物の変わった現象に関する話題は尽きないが、特に記憶に残る体験を挙げてみた。

23 北前船文化
単なる運送業ではなかった

前田利常が米を大阪に運んだのが発端とされる北前船。蝦夷(えぞ)で大量に獲れたニシンは肥料として需要があり、昆布は中国にまでもたらされ、各地に豪商を生んだほか、薩摩藩の倒幕の土台を築きました。北前船が育んだ独特の食文化は今も各地に息づいています。

1689年、新暦で7月29日、芭蕉は未知の奥州を訪ね、奥羽山脈を越えて最上川が日本海に注ぐ酒田に到着した。

「暑き日を 海にいれたり 最上川(もがみがわ)」は、芭蕉が日本海を初めて見たときに詠んだ句である。どれほどの感慨を持ったか胸中を推測することは難しいが、筆者は雄大なこの句が好きだ。

最初の句は「涼しさや海に入たる最上川」であったが、「涼しさや」を改作して名句となった。

芭蕉の跡を追って東北旅行を病体で敢行した正岡子規は、紀行『はて知らずの記』で「ずんずんと夏を流すや最上川」と詠んだ。負けん気の強い子規らしい。

当時の酒田は、東北随一の商業港として栄えていた。北前船によってである。日本一の地主と称された酒田の本間家は、「本間様にはなれないけれど、せめてなりたや殿様に」と謳われ、北前船で富を得た一人である。

蝦夷からニシンの〆粕や昆布

北前船は、加賀藩3代藩主前田利常が、1639年に日本海回りで米を商業活動の中心地・大阪(当時は大坂)に運ぶことに成功したのが発端とされている。江戸時代中期から明治30年代まで、主に米・醬油・酒などを北海道(当時は蝦夷）に運び、帰り荷としてニシンの〆粕・昆布などを本州にもたらした。春、北海道では産卵のため岸に寄って来るニシンが、御殿が建つほど沢山獲れた時代である。

大漁のニシン、良質な肥料に

ニシンは、江戸時代から昭和の初めまでの長期にわたって漁獲された。その漁獲量は、１８９７（明治30）年には最も多い97万ｔに達した。しかし、１９５５年頃から急激に減少した。ニシンは、先述した魚種交替のチャンピオンといってもよいマイワシとは同じ仲間（イワシ類）である。いずれ、戻って来るのではないかと考えられていたが、久しく漁獲されなくなった。原因はわかっていない。

ニシンといえば、干した身欠きニシン、卵巣を塩づけした数の子、卵のついた子持ち昆布が頭に浮かぶ。当時は、何といっても〆粕である。大釜で煮上げして圧搾機で魚油を搾ったあとの〆粕は、細かく砕いて天日乾燥の後に俵詰めされた。主に、西日本で米や綿花栽培の良質な肥料として、大量の需要があったからである。春先にニシンの群来に沸いた松前藩は、「江差の五月は江戸にもない」と謳われたように、栄華を極めた。当時、北海道では米が出来なかったため、ニシンは米と同等に貴重で、魚へんに非と書いていたほどだ。

「こんかづけ」の食文化

ニシン、イワシ、サバなどの粉糠（米糠）漬も、北前船がもたらした食文化である。塩をまぶして数日おいた後に、粉糠に漬け込んだ保存食である。「こぬかづけ」が「こんかづけ」などと短縮されて呼ばれるようになり、現在でも人気のある食材である。石川県内で北前船の寄港地であった手取川河口の美川地域、犀川河口の金石（当時は宮腰）地区、そして浅ノ川河口の大野地区は、今でも「こんかづけ」の伝統が残る地である。

猛毒のフグの卵巣が無毒に

この地で、異質の食品が引き継がれている。フグ（主にゴマフグ、サバフグ）の卵巣だ。これを食品にしてしまったことが、何とも凄い。猛毒（テトロドトキシン）の卵巣は、塩と粉糠に何年も漬けることで、食べることができるようになる。しかし、毒が消える理由は、今の科学技術をもってしても解明されていない。食品衛生法で、有毒な物質を含む食品の製造販売は禁止されている。しかし、フグの卵巣に関しては、事故が起こらなかった伝統の製法を堅く守ることで、特別に許可された。奇跡的ともいえる食品である。世界でも、フグの卵巣を食用にするのは、恐らくこの地だけであろう。金沢市の大野地区は、北前船が集めた大豆を原料に、醤油の醸造も盛んとなった。今でも、独自の醤油文化が根づいている。

豪商を輩出した橋立村

北前船の船主や船頭は、商品を運ぶだけでなく、出港地で仕入れた商品を寄港地で売り、更に仕入れて利ざやを稼ぐ商売によって、巨万の富を得た。その結果、日本海側の各地で豪商が輩出された。石川県の橋立（はしだて）村も、多くの豪商を輩出した地で、当時は日本一裕福な村としての名声があった。

橋立村では、良港がなかったことから、大阪の木津川河口に船を囲っておいて、春になると「総立ち」といって大阪に向かった。船の準備を終えると、掛け引きして仕入れた荷物を船一杯に積んで、瀬戸内海、下関をまわって日本海に出た。それから、対馬暖流に乗って各地の港に寄りながら北へ帆走した。

渤海国と交流があった福浦港

北前船の入る港は、川の河口が多い。その中で、能登半島の西側に切れ込んだ福浦港は、絶好の風待ち港であった。唐の時代、福井県の敦賀港とともに、渤海国（ぼっかい）（698〜926年）の使節団と交流があった港である。当時、東シナ海を航路とする遣唐使船は、遭難が多かった。これに対して、渤海国との間の日本海航路は、安定していた。渤海国から日本へは、10月から3月までの間、日本から渤海国へは2月から7月までの間に航海した。これは、日本海を吹く季節風を利用したもので、今考えても理にかなっている。港にいる船頭たちが天候を見る日和山には、明治初期に建てられ、現存する木造灯台では日本最古といわれる旧福浦灯台（1876年建造）が異彩を放っている（写真2—25）。

1航海で約1億円もの儲け

半月からひと月以上をかけて、北海道の江差などの港に着く。ここで商品を仕入れて、夏のうちに北海道を出港して、帰路に就く。二百十日の台風前には、瀬戸内海に入って商品を売りさばき、晩秋か初冬の頃には大阪に帰着することを常とし

写真 2-25　木造としては現存最古の旧福浦灯台（かつては能登半島沖を航行する北前船の道しるべとなった。この右手の入り江は天然の良港で古くは渤海国の使節団も訪れた福浦港）

た。船頭の才覚によって、1航海で千両（今の価値にしておよそ1億円）もの儲けになったことから、千石船ともいわれた。太平洋側の海運であった菱垣（ひがき）廻船や樽廻船が、頼まれた商品を運ぶ荷受けであったこととの大きな違いである。

山中節と江差追分

シーズンを終えた海の男たちは、1年の疲れをいやすために湯治へ出かけた。芭蕉が訪れて「山中（やまなか）や　菊はたおらぬ　湯の匂（にほひ）」と詠った石川県の山中温泉も、その一つである。日本三大民謡に数えられる山中節は、海の男たちが伝えた松前追分や江差追分が変化したといわれており、北前船との因縁は深い。日本三大というのは、日本を代表する3つのもので、北海道の「江差追分」、茨城県の「磯節」と挙げられているが、3つ目となると諸説ある。

日本海の西廻り航路が主

北前船は、日本海の西廻り航路と太平洋側を行き来する東廻り航路があったが、西廻り航路が主であった。江戸時代、幕府は鎖国政策で海外との渡航を禁止し、船の帆柱は1本に決められていた。このため、北前船は1本マストに1枚帆が特徴である。追風を受けているときは快走するが、逆風になるとひどく能率が悪くなる。ときには、もと来た港へ帰ることを余儀なくされた。東廻り航路では、房総半島沖を黒潮が東流する関係で、これを1枚帆で突破することが難しかった。そこで、利根川河口の銚子港で商品を一旦積み下ろす必要があり、能率が悪かったのである。それでも、当時の利根川は、既に江戸時代の徳川家康から家光までの3代にわたる大工事で（利根川東遷事業）、東京湾に注ぐ流れがつけ替えられ、銚子港を入口とする内陸の水運がかなり便利になっていた。関東平野の開発に尽くした家康の執念、といってよいものである。

実際には「荒海」でない日本海

「荒海や佐渡によこたふ天河」は、あまりにも有名な芭蕉の句である。新暦で8月18日、盛夏の新潟県出雲崎で想を得たとされている。出雲崎は、佐渡島の出入り口で、当時は佐渡金山の積み上げ港として栄えた。佐渡島の金鉱山は、日本海の拡大にともなう火山活動によってもたらされたものである。技術力の乏しい江戸時代に、多くの金が生産（江戸時代からの４００年間で金78ｔ、銀２３３０ｔ）されたことは驚きである。古くは、鎌倉幕府転覆を謀った順徳天皇や鎌倉幕府を批判した日蓮など、多くの流刑人が出雲崎を通って配流された。

芭蕉のこの句によって、日本海は、文学の世界では荒々しいイメージが定着してしまったようだ。しかし、春から秋の間の日本海は、太平洋側と比べてみても、はるかに波静かである。夏ともなると、油を流したような静かな海も珍しくない。これが、早くから大陸側との交易や北前船が栄えた理由であろう。芭蕉がこの地を訪れた時は、珍しく荒れた天気、であったのかもしれない。流人を想って詠んだ句、という解釈もあるようだ。炎天下の越後路は、さすがに気力も体力も奪ってしまったのか、芭蕉が出雲崎の前後で残した句は際立って少ない。

昆布ロードがもたらしたもの

北前船は、函館（当時の箱館）を基地に活躍した高田屋嘉兵衛によって、北の国後島や択捉島にも進出した。嘉兵衛は、兵庫県淡路島の出身。漁場開拓と廻船業で巨大な財を築き、箱館の発展にも貢献した。当時、南下政策を執っていたロシアに拿捕されてカムチャツカに連行されるが、日露間で問題となっていたゴローニン事件の解決に当たるなど、波乱の人生を送った。この話は司馬遼太郎の長編小説『菜の花の沖』で描かれている。

一方、南では富山・薩摩・琉球・中国を結ぶ昆布ロードが形成され、各地にその影響を色濃く残した。薩摩藩は、中国との密貿易で多額の借金を返済し、財政を立て直してその後の倒幕運動へと進んだ。富山の密田家は、中国から漢方の原料を手に入れて栄え、これで今の富山県の薬産業の基盤が築かれた。沖縄県では、北海道の昆布と豚肉を合わせた料理が伝わっており、クーブイリチーなどは代表的なものである。また、昆布ロードからは外れるが、福井県敦賀市で昆布の加工技術が発展した。おぼろ昆布の手削り職人が、今でも多く活躍している。北前船がもたらした文化が、日本海側の各地に息づいて残っている。

24 北前船の終焉
誰が呼んだか「裏日本」

陸上交通の発達で北前船はなくなり、日本海は経済活動の表舞台から退くようになりました。70年代、日本列島改造論で再び注目されるかと思われましたが、波及は限定的でした。今も、巨万の富を築いた銭屋五兵衛たちの栄華をしのぶ遺構が、各地に残っています。

蒸気船や鉄道の時代に

明治時代に入ると、風待ちの必要がない西洋型帆船や蒸気船が導入された。更に、鉄道も敷設されて物流が良くなると、価格差を利用して儲けていた北前船も終焉のときを迎えた。同時に、日本海は経済活動の活躍の場を失ってしまったことになる。

　それでも、１９１２（明治45）年には、敦賀港とウラジオストックを結ぶ欧亜国際連絡列車の運行が開始された。シベリア鉄道を使って、東京からパリへは17日間、今の金額にして60万円位で行けるようになった。ヨーロッパまで、船で1ケ月を要する時代に、ロマンを誘う画期的なルートが日本海側で開拓されたのである。敦賀は、日本海側の表玄関として多くの渡航者で賑わい、古関裕而作曲の「大敦賀行進曲」にも歌われたほどであった。

「裏日本」と「日本海時代」

　しかし、その良き時代も長くは続かず、国際列車も１９４１（昭和16）年に静かに役割を終えた。最大の理由は、この頃から太平洋側ベルト地帯への設備投資と工業化が進み、産業の中心が日本海側から太平洋側へと移ったからである。経済発展から取り残された日本海側は、久しく「裏日本」と呼ばれるようになった。

　そこに登場したのが、本章冒頭に挙げた日本海時代の幕開けである。日本海時代の幕開けは、田中角栄元首相が１９７２年に政策綱領として発表した「日本列島改造論」で、日本海側が再び注目されるようになったこととも無縁ではない。尤も、日本列島改造は、１９８０年代後半のバブル経済を経て、１９９０年代初頭にバブル経済が破綻すると、尻すぼみになった。

　結局、日本海時代は、新潟まで上越新幹線が開業（１９８２年11月）しただけで、他へは波及せずに終わった。北前船の時代の再来にはならなかったのである。これが、よくなかったかどうかはわからない。ただ、無秩序な開発が進んでいたら、日本海側の自然はもっと荒れたことになっていたことだけは確かだ。豊かな自然に勝るものはなく、どちらが表か裏か今ではわからない。住んでいる筆者自身からして、そういう感覚は全くない。

北前船で巨万の富を得た銭屋五兵衛

北前船で巨万の富を得た豪商の館が、今でも日本海側各地に残っている。石川県だけでも加賀市に「北前船の里資料館」、金沢市に「石川県銭屋(ぜにや)五兵衛(ごへえ)記念館」、輪島市に「輪島市黒島(くろしま)天領北前船資料館」がある。当時の、聞きしに勝る栄華を、豪邸や家具や庭園に垣間見ることができる。

銭屋五兵衛（1774―1852年）は、江戸時代後期の加賀の商人である。50歳代の後半から、金沢市の宮腰（現在の金石）を本拠に海運業に乗り出した。千石船を20艘以上有する江戸時代を代表する豪商となり、百万石の加賀藩を支えた。晩年は、河北潟の埋立事業にかかわったが、毒物を流した疑いを掛けられて獄死した。密貿易で巨利を得たことが恨みを買った、という説もある。我が国が開国への転機となった、日米和親条約（1854年）が交わされた僅か2年前の話である。

金沢市の大野地区に、「石川県金沢港大野からくり記念館」がある（写真2―26）。からくり人形やエレキテルの発明などで知られる大野弁吉を紹介した展示施設である。弁吉の姓は、地元にちなんだものである。弁吉は、銭屋五兵衛というよき理解者を得て、発明に没頭することができた。

白尾には悲劇の豪商も

銭屋五兵衛の時代から遡ること約百年、金沢市の金石に隣接する白尾に、北前船で財を築いた唐仁屋三郎兵衛という豪商がいた。唐仁屋は、病気の母親に見せるため、所有する48艘の北前船を地先の千里浜海岸に並べたそうだ。ところが、一夜の嵐ですべての船が沈没してしまった、という逸話がある。北前船には、栄華盛衰の歴史のひとこまを見る思いがする。驕(おご)れる者は久しからず、である。

写真 2-26　石川県金沢港大野からくり記念館（北前船の時代、茶運び人形をつくったことでも知られる大野弁吉の数々の名作を展示している）

25 日本海の今
暖流が運んで来る光と影

対馬暖流は冬の季節風に大量の水蒸気を供給し、日本海側に大雪を降らせます。ただ、この暖流がなければ、長く暗い冬もないかわりに、日本の豊かな森林や自然もなかったでしょう。また、日本海中央を北東に進む台風には要注意で、１９９１年には急潮で能登の定置網が流失しています。海洋汚染が深刻度を増しているのも心配なところ。

対馬暖流がもたらす日本海側の豪雪

対馬暖流は、豊かな海の恵みとともに、日本列島の気候や自然風土にも多大の影響を及ぼしている。その最たるものは、冬の日本海側の豪雪である。

ユーラシア大陸では、ヒマラヤ山脈がシベリア寒気団（高気圧）の発達を促している。そのため、日本列島の東方海上で低気圧が発達すると、低気圧の中心に向かって北西の強風が発生する。日本の冬の気象を特徴づける、西高東低の気圧配置である。乾いて冷たい北西季節風は、対馬暖流の上を通る際の温度差が10℃以上に達する。そのため、大気は下から加熱されて、海面からは大量の水蒸気がまるで湯気のように立ち上がる。気象用語でいう「気嵐（けあらし）」である。水蒸気の量は、1日で日本海の海面を5㎜も下げてしまうほどである。水蒸気を大量に含んだ大気は、日本列島の脊梁（せきりょう）山脈に当たって上昇し、風上の日本海側では降水量が多くなり、そのほとんどは雪になる。結果、日本海側の雪雲は、長くて暗い冬へと繋がる。

多発する冬の雷「ブリ起こし」

上昇した大気は積乱雲となり、豪雪とともに雷をともなうことがある。冬の雷は、天気が荒れる前触れで、1973年に東京から金沢へ移り住んだ筆者にとっては、大きな驚きであった。それもそのはずで、金沢は全国有数の雷多発地であった。冬の雷を北陸地方では「ブリ起こし」と称する。ブリの漁期を告げる風物詩となっており、悪者扱いばかりではない。日本海沿岸では、北西の季節風を悪霊風（たまかぜ）と呼んだ。悪霊が乗り移ったかのように、牙をむいて船を襲う恐ろしい風、という意味である。

日本海側各地の港では、当然のことながら漁船は休漁を余儀なくされる。ところが、富山湾沿岸の定置網だけは、漁が可能となることも珍しくない。能登半島が壁となって、北西の季節風をブロックするためである。このときばかりは、魚価もプラスに働いて、地理的な優位性が発揮される。一方、能登半島外浦では、粘性のあるプランクトンを含んだ荒波が、岩肌に繰り返し打ちつけられて白い泡が舞う。「波の花」である。

日本海側で水蒸気を失った季節風は、乾燥した「からっ風」となって風下の太平洋側へ吹きつける。結果、太平洋側はぬけるような明るい冬晴れとなる。

世界に例を見ない豪雪地帯での居住

ところで、日本海側の冬は、雪雲のために放射冷却による冷え込みが少なく、対馬暖流の影響も受けて、案外と暖かい。山に降り積もった雪は、豊かな水資源の貯蔵庫である。雪は、徐々に解けて河川を流れ下ったり、一部は地下に染み込んで伏流水となり、日本海側の穀倉地帯を潤している。季節風に起因する日本海側の降雪は、長期間継続する。低気圧に起因する太平洋側の降雪との大きな違いである。そのため、日本海側の積雪量は、平地で３〜４ｍに達する所も珍しくない。平地としては、世界で有数の豪雪地帯である。これだけの豪雪地帯に、ヒトが住むというのも、恐らく世界に例を見ないであろう。

富山県の立山黒部アルペンルートは、５月の連休をめがけて開通する。最奥の積雪量は20ｍ近くに達して、海外から来る観光客を驚かせているが、無理からぬことである。

雪国を紹介した「北越雪譜」

江戸時代の商人・鈴木牧之（ぼくし）は、40年の歳月を費やして雪国を紹介した『北越雪譜（ほくえつせっぷ）』（１８３７年）を出版し、江戸のベストセラーとなった。新潟県塩沢の生まれ。牧之は俳号で、俳諧をたしなんでいた。新潟には、多くの文人墨客（ぶんじんぼっかく）が風雅を求めて訪れている。しかし、ほとんどのヒトは、雪が降る前に逃げ帰って、雪を目前にした詩歌がない。それを嘆いた牧之は、止むを得ず、自身で雪国の想像を超える生活を書き残すことを決意した。そこで生まれたのが、先の傑作である。芭蕉が新潟を旅したのは、その１４０年余り前のことで、当然のことながら牧之は、芭蕉の足跡にも触れている。新潟で詠んだ句に「荒海や…」と次を挙げている。

「海に降る　雨や恋しき　うき身宿」であるが、『おくのほそ道』には入集されていない句である。越後路の難儀な道中が想い起こされるが、宿で受けた親切がとてもありがたかったようだ。新潟県南魚沼市には、鈴木牧之の記念館（写真2―27）があって、雪国の暮らしや文化を紹介している。

7月1日、金沢の氷室万頭

石川県に就職して、驚いたことがあった。金沢市内の県庁勤務で、7月1日に職場で饅頭が配られるのである。親睦会が手配したものだが、氷室饅頭といって江戸時代から続く習慣らしい。加賀藩では、冬場に積もった雪を氷室に保存した。そして、7月1日（旧暦で6月1日）に開いて氷として利用するかたわら、幕府にも献上したそうだ。道中の無事を祈って神社に供えられた饅頭が、いつしか無病息災を願って庶民の間でも食べられるようになった。全国的には山開きの日、というの

写真 2-27　新潟県南魚沼市塩沢にある鈴木牧之記念館（江戸のベストセラー『北越雪譜』の著者と雪国の暮らしや文化を紹介）

が相場だ。最近の暖冬で雪の確保が難しくなっており、２０１９年では氷室開きを前に氷室小屋の雪が底を突いてしまった。このユニークな伝統を絶やしたくないものである。

それから、10月31日になると、職場で寒冷地手当が支給された。結構な金額で、老いも若きも区別なく定額で支給されるのが嬉しかった。冬場の暖房費が嵩むことへの配慮だが、若い頃は冬を待たずに酒代に消えてしまうのが常であった。公務員の各種手当に対する批判が高まって、２００４年に廃止された。しかし、あまり抵抗感はなかったように思う。地球温暖化の成せる業かもしれない。

春ともなると、ユーラシア大陸のゴビやタクラマカン砂漠の砂が強風で巻き上げられ、季節風に乗って日本列島に飛来する。黄砂だ。黄砂の飛来量は、少なく見積もっても年間１００万ｔ以上に達し、日本列島に大気汚染をもたらしている。しかし、海では植物プランクトンの生産に不可欠な、鉄やリンなどの元素をもたらす利点もある。全くの悪者ということでもないと思われる。同様に、季節風に乗って日本列島に飛来するのがＰＭ2.5（粒子状物質）で、中国国内で化石燃料を燃やすことによって出る排ガスがほとんどを占める。こちらは、迷惑この上ない。

来る日も来る日も雪、みぞれ

東京から石川県に就職して金沢に赴任した当時、11月から2月頃まで、ほとんど毎日のように降るみぞれや雪に悩まされたものだ。１９６３年の三八豪雪では、家の2階の窓から出入りしたという話も聞いた。筆者自身は、そこまでの経験はないが、歩道に積まれた雪の上からバス停を見下ろして通勤したことが印象に残っている。しかし、40年余りを経た現在、石川県では冬でも晴れ間の覗く日が多くなり、過ごしやすくなったことを実感している。尤も、イノシシは、短足で根雪が残

る能登半島では越冬が困難なはずであった。しかし、今では生息適地となって、農作物被害が拡大

写真 2-28　氣比神宮（福井県敦賀で仲秋の名月を見ることを楽しみにしていた芭蕉も参詣した。鳥居は日本三大木造鳥居の一つ）

するという、困ったことも出てきた。

「弁当忘れても傘忘れるな」

北陸地方は、紀伊半島南部、九州南部に次ぐ多雨地帯である。石川県金沢では、「弁当忘れても傘忘れるな」という戒めがあるほど雨が多い。芭蕉は、旅の終盤に近づいた新暦で9月27日、福井県の敦賀に着いて、翌日の仲秋の名月を楽しみにしていた（**写真2―28**）。しかし、北陸の天気はまままならなかった。雨にたたられて、

「名月や　北国日和（ほくこくびより）　定（さだめ）なき」

と詠んだが、明示的である。次の日は、晴れたので、日本海側最後の行脚（あんぎゃ）となる種（いろ）が浜を舟で訪れた。西行法師が「ますほの小貝」と歌枕に詠んだ地で、敦賀半島の先端近くに位置する。今では、原子力発電所の方が有名になって、風流を損なったのは残念だ。そこで詠まれた句は、

「波の間（ま）や　小貝にまじる　萩（はぎ）の塵（ちり）」

「おくのほそ道」、日本海側は21句

「ますほの小貝」の「ますほ」は赤い色の意味で、小貝はサクラガイを連想させるが、チドリマスオ

写真 2-29　滋賀県大津市にあって国の史跡にも指定されている義仲寺（平安時代末期の武将・木曽義仲ゆかりの寺で、奥に芭蕉の墓所がある）

ガイというのが現在の説である。褐色を呈する小指の爪ほどの小さな二枚貝で、日本海では能登半島以西に広く分布する。美しい小貝というよりも、拾った地に意味があったのであろう。持ち帰って、『おくのほそ道』むすびの地・岐阜県大垣で待つ門人への土産にしたという。

「小萩ちれ ますほの小貝 小盃（こさかづき）」は、旅の終わりに、くつろいだ様子を詠った句である。しかし、５年後（１６９４年）に完成した紀行文には馴染まなかったのか、入集されなかった。『おくのほそ道』では、およそ１４０日に及ぶ行程のうち、60日余りを日本海に沿って旅をしたことになる。本文50句のうち、日本海側の入集は21句であった。

退職後、小旅行で滋賀県近江の古刹を訪れた。その最中に、全く偶然に義仲寺（ぎちゅうじ）で芭蕉の墓所に巡り合わせ、手を合わせることができたのは嬉しかった（**写真2―29**）。木曽義仲（きそよしなか）ゆかりの寺で、墓所は芭蕉の遺言に基づくものだ。芭蕉が、義仲の熱烈なファンであることを失念していた。

もし暖流が流れていなかったら

話を戻して、日本列島の温暖で湿潤な気候は、豊かな森林資源を育んでいる。そのお陰で、我々日本人は、変化に富んだ四季の美しさや、実に多様な生物を目の当たりにできる。国土に対する森林率は、経済発展国の中では、フィンランド、ノルウェーに次いで多いそうだ。落葉樹の新緑や紅葉の美しさは格別で、真っ赤な紅葉は我が国だけのものだ。日本海に対馬暖流が流れていなかったら、日本列島はユーラシア大陸から吹き出すマイナス30〜40℃の冷たい季節風に直撃されるところであった。その場合、日本列島の自然が、極めて貧弱なものになったであろうことは、想像に難くない。

91年、台風19号の被害

日本海では、中央部を北東方向に進む台風や発達した低気圧には、注意が必要だ。１９９1年9月の台風19号（輪島測候所で最大風速31・３m／秒、最大瞬間風速57・３m／秒を観測）がまさにそうであった。筆者の住む奥能登も暴風域に重なり、27日の夜から28日の未明にかけて2階建ての家が強風に揺れて、眠れない夜を過ごしたことを覚えている。夜が明けて外を見ると、木々が倒れて周辺の見通しがよくなっていて驚いた。我が家の方に目を転ずると、ステンレス製の塀が無残に折れ曲がっていた。日本海側の各地で、未曾有の台風被害をもたらしたのは、いうまでもない。

富山湾の定置網が流失

沿岸では、潮の流れが強まって、海中に敷設してある定置網に甚大な被害を及ぼした。流速にして、２ktを超える急潮（きゅうちょう）が発生したのである。急潮発生のメカニズムは、一つに限らないが、最も多いケースは次のようなものだ。能登半島では、南西の強風が続くと、暖かい表層海水がコリオリの力によって風の進行方向の右側に当たる能登半島西岸に吹き寄せられる（「エクマン輸送」と呼ばれる）。能登半島西岸に吹き寄せられた表層海水は、能登半島の地形に捕捉される形で伝播し、半島先端を迂回して東岸沿いを北から南に移動する。その際に急潮が発生する。これがよくなかった。能登半島東岸の富山湾に面して敷設してある定置網が、ことごとく流失した。その結果、再起できない漁業者が多く出たのは痛恨の極みであった。なお、エクマン輸送によって、能登半島東岸では、同時に沿岸湧昇を起こす。沿岸湧昇によって、下層の冷たい海水が表面に湧き上がってくるが、急潮が発生すると解消される。このことから、能登半島東岸の急潮発生では、鉛直方向の海水の密度差も影響していると考えられる。冬季（鉛直方向の海水の密度差が小さい）に、発達した低気圧が日本海中央部を北東方向に進んでも、急潮が発生することは少ないようだ。

ラニーニャ現象による豊漁

海岸線と平行に吹く風は、エクマン輸送によって沈降流や湧昇流をもたらす。特に、湧昇流の方は、下層から栄養塩類を供給するので、植物プランクトンを起点とする海の生物生産にとっては重要な物理現象である。世界的に知られる南米ペルー沿岸のラニーニャ現象は、恒常的に吹く貿易風によって湧昇流が発達し、カタクチイワシ（アンチョベータ）の豊漁をもたらしている。その反対がエルニーニョ現象で、カタクチイワシの不漁（魚粉や魚油の世界的高騰に繋がる）ばかりか、地球規模の気候変化にも影響を及ぼしている。日本列島では、暖冬冷夏の傾向になることが指摘されている。

説明のつかない気候変化に遭遇すると、エルニーニョ現象のせいにしてしまう嫌いがある。これを、業界用語で「困ったときのエルニーニョ」というそうだ。私見だが、最近は「困ったときの地球温暖化」になりつつある。規模は異なるが、能登半島近海でも、湧昇現象で下層の冷たい海水が湧き上がってくると、イカや魚の活動範囲が表層近くに狭められて、好漁に繋がることがある。風と海と漁の関係は、もう少し究明されてもよいと思う。

海流が運んでくる大量のゴミ

対馬暖流は、恵みばかりを運んで来るとは限らない。海洋汚染の問題がある。対馬暖流と冬の北西の季節風によって、日本海側各地の海岸がプラスチック類、ナイロン袋、タイヤ、材木などのゴミ溜めと化している。注射針などの医療廃棄物まであって、危険極まりない。ハングル文字や中国語が記された投棄物もあり、汚染源が多国にわたることは明らかである。

極めて悪質な例が、２０１７年の冬にも起きた。ハングル文字を記した20ℓポリタンクが、能登半島近海だけで累計数千個も流れ着いたのである。これらは、養殖海苔（のり）の病気を防ぐための、酸処理剤を入れた容器と推測がつく。

かつて、ＮＨＫの報道番組によって、韓国で使用後のポリタンクが海上投棄されている実態が放映されたことがある。中には、我が国で使用が禁止されている塩酸や硫酸を使った形跡もある。その韓国ノリが、我が国へ大量に輸入されている。解決策が示されるまで、輸入を禁止するのが筋ではないだろうか。

旧ソビエト連邦では、廃船となった原子力潜水艦がウラジオストックの軍港に放置されていたほか、放射能汚染水が海洋投棄された事実もあったように聞く。海中で細かく砕かれて小片となったプラスチックゴミ（マイクロプラスチック）が、世界的に問題となっていることは周知のことである。ところが、日本海ではほとんど調査もされていない。閉鎖的な日本海では、日々、海洋汚染の深刻度が増しているのが実態である。

ナホトカ号重油流出事故

日本海の海洋汚染の最大のピンチが、1997年に起きた。ロシア船籍のナホトカ号（総トン数1万3157t）による重油流出事故である。世界のタンカー船による重油流出事故の歴史でも、稀といえるほどの大事故であった。1月2日、ナホトカ号は島根県隠岐島から北北東約106㎞沖の海上で、大時化（おおしけ）に遭って船体が真っ二つに割れた。そして、船首部が漂流して、1月7日に福井県安島に流出重油とともに流れ着いたのである。流出重油は、刻々と周辺に拡散し、本州日本海側一帯が深刻な重油汚染に見舞われた。流出した重油の量は、5000tともいわれている。科学技術が進歩した時代にあってもなす術なく、柄杓で油を汲み取って、ドラム缶に収容したことは記憶に新しい。ナホトカ号の船長を除く乗組員31人は、海上保安庁の命がけの救出で無事保護され、本国へ帰って行った。やりきれない思いは、筆者ばかりではないであろう。船体の大部分は、そのまま対馬海盆の水深2400m付近に沈んで、今も重油を漏出し続けている。

生態系全体を汚染する公害

他国のことばかりいってはいられない。日本の高度経済成長期に顕著となった公害である。熊本県水俣湾で発生した水俣病、新潟県阿賀野川流域で発生した第二水俣病、三重県四日市市で発生した四日市ぜんそく、富山県神通川流域で発生したイタイイタイ病が代表的なものである（四大公害病）。そのうち、2つまでもが日本海側で発生した。いずれも、汚染物質が食物連鎖を通じてヒトに重篤な健康被害をもたらした。だが、被害を受けたのはヒトだけではないはずだ。生態系のすべてが汚染されたことを、忘れてはならない。

26 海洋深層水ビジネス
あのブームはどうなった?

海洋深層水のさまざまな特性をビジネスに生かそうと、高知に取水施設が出来たのが1989年。ブームは日本海側にも及んだが、期待が先行した感も…。

栄養豊富で雑菌が少ない

水深が200mよりも深くて、太陽光がほとんど届かない海では、植物プランクトンの光合成がおこなわれない。そのため、海洋深層水は、光合成で消費される無機栄養塩類（チッ素、リン、ケイ酸など）が豊富で、雑菌が少なく、水温が低い、などの特性がある。しかも安定している。これらの特性を、産業に利用しようとする動きが世界で始まった。

我が国では、国の「海洋深層資源の有効利用技術の開発に関する研究（1986〜89年）」を通じて、1989年に高知県室戸市に初の陸上取水施設が完成した。その利用は、水産生物の飼育水としてばかりではなく、飲料水、化粧品、醸造、食品加工、温浴施設にまで及び、海洋深層水ビジネスのブームを巻き起こした。

日本海側では4道県に取水施設

そこで、全国的にも深層水取水施設が着工され、日本海側では、例の日本海固有水に注目が集まったのは自然の成り行きであった。特に、取水管の敷設距離が比較的短くて済む、という立地条件を生かして、今では富山県（滑川市、入善町）、石川県（能登町）、新潟県（佐渡市）、北海道（岩内町、八雲町）に陸上取水施設がある。その利用もさまざまであるが、雑菌が少ない清浄性を利用した水産生物の飼育、カキ貝の浄化、市場の洗浄などは、即効性があるように思われる。

コストとの兼ね合い

しかし、無機栄養塩類が豊富という点については、表層海水との違いをあまり見いだせていないのが現状である。期待先行のようだ。表層海水に足りない成分があるのであれば、それを人工的に添加すれば済むこともある。また、低温性についても、取水管に高価な断熱材を用いないと、陸上に到達するまでにかなり水温が上がってしまう。要は、取水コストとの兼ね合いである。可能性は否定しないが、もっと特別な性質が見つからない限り、あまりお金を掛けられない、ということであろう。また、用途についても、先行グループがさまざまな特許を取って、応用を妨げているのも問題である。

27 メタンハイドレート 実用化されるのはいつ？

深海に存在する次世代エネルギーの「燃える氷」。技術の確立とコストがクリアされれば、冷たいために浅い海域で採取できる日本海は有望かも。

次世代エネルギーとして注目

最近、深海堆積物中のメタンハイドレートが注目を浴びている。メタンハイドレートは、次世代エネルギーとしての可能性が高まっている。その主成分であるメタンは、マグマが起源であったり、有機物がバクテリアに分解されたりして海中に存在する。このことについては、本章でも触れた。メタンは、一定の水温と圧力(例えば水温４℃以下、水圧40気圧以上）で満たされると、水分子の中に入り込んで、氷状の安定したメタンハイドレートを生成する。氷状の塊は、火をつけると燃えることから「燃える氷」ともいわれている。メタンハイドレートは、地上に持ってくると、安定領域を超えて再びガスと水に分解されてしまう。そこで、これをうまく採取できれば、エネルギー資源として使えるのである。

上越市沖が有望か

国の調査によれば、日本海でも新潟県上越市沖などに有望なメタンハイドレートが見つかっているようだ。問題は、少なくとも４００ｍ超の深海から採取するための、技術の確立とコストに懸かっている。試験的には、２０１３年に太平洋側の愛知県沖で産出に成功したというが、実用化はまだ先のようだ。日本海は、日本海固有水の関係で、他より浅い海域で採取できる可能性がある。数十年内に、メタンハイドレートが、日本海のイメージを一変させていることになるかもしれない。注目しておきたい。

28 日本海側に立地する原子力発電所
今や負の遺産、どうする

日本でも韓国でも日本海の海沿いに多くの原発があります。再稼働、使用済み核燃料の処分、廃炉費用など、解決のめどがつかない重大問題が積み重なってきています。

日本海の環境を語るうえで、原子力発電所（原発）の立地に目を向けないわけにはいかない（図2─12）。迷惑施設の最たるものだが、過疎地が多い日本海側が注目されて、多くの原発が立地した経緯がある。

島根、若狭、能登、新潟、北海道に立地

島根原発（中国電力）は県庁所在地（松江市）に唯一立地する。日本海側では有数のリアス式海

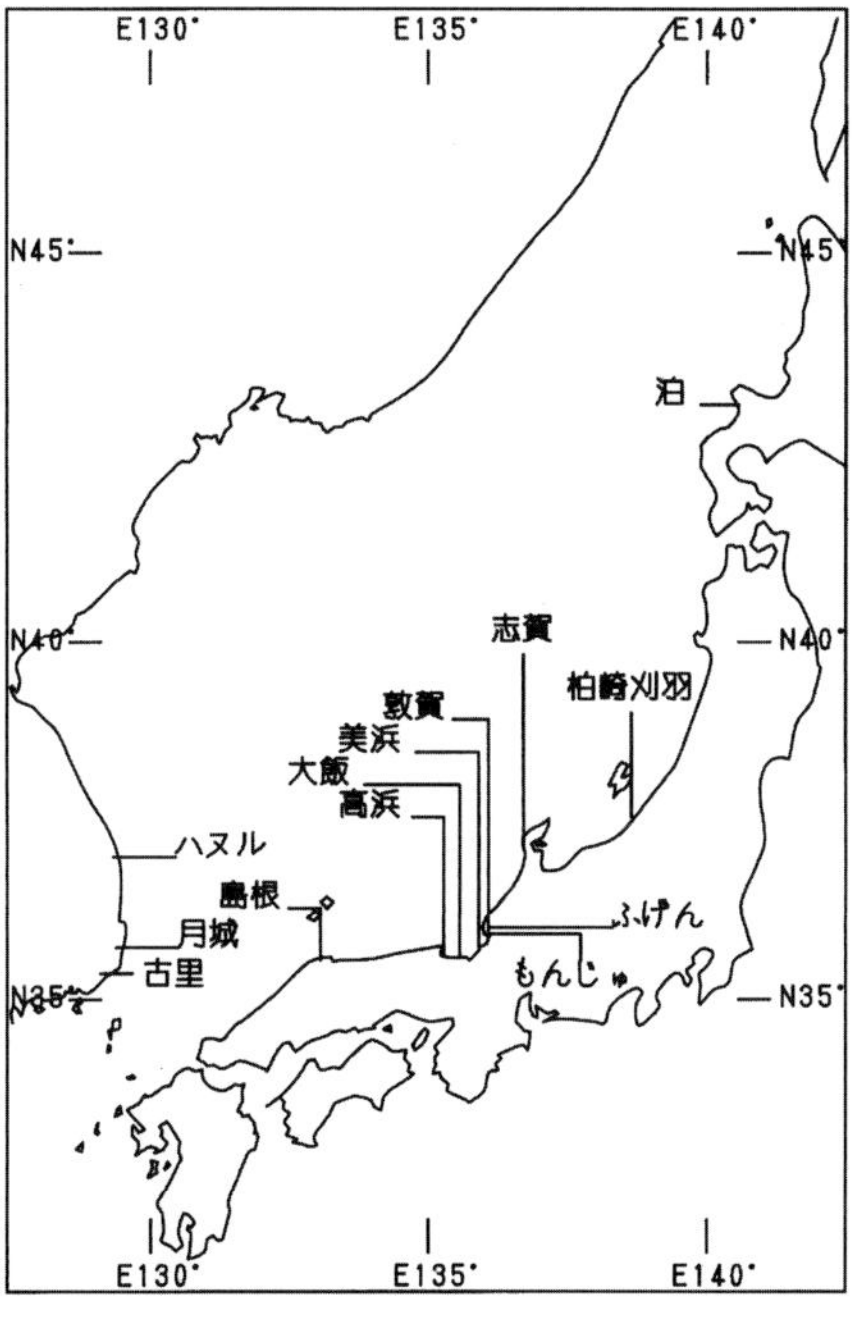

設置道県	名　称	原子炉形式	設置数
北海道	泊原発	加圧水型	3基
新潟県	柏崎刈原発	沸騰水型	7基
石川県	志賀原発	沸騰水型	2基
福井県	ふげん	新型転換炉	1基：廃炉
福井県	もんじゅ	高速増殖炉	1基：廃炉
福井県	敦賀原発	沸騰水型 加圧水型	1基：廃炉 1基
福井県	美浜原発	加圧水型	3基：2基廃炉
福井県	大飯原発	加圧水型	4基：2基廃炉
福井県	高浜原発	加圧水型	4基
島根県	島根原発	沸騰水型	3基：1基廃炉

図 2-12　日本海側に立地する原子力発電所（韓国にも立地することに注意）

岸である若狭湾には、多くの原発が立地した。世界有数の原発銀座ともいわれ、商用（関西電力または日本原子力発電が営業主体）の高浜原発、大飯原発、美浜原発、敦賀原発のほか、敦賀原発に隣接して日本原子力研究開発機構の「ふげん」と「もんじゅ」がある。敦賀原発は、我が国では東海原発に続く商用炉で、最初の電力を１９７０年に開催された大阪万博の会場に送ったことでも知られている。

能登半島の西側には志賀原発（北陸電力）、新潟県中西部には柏崎刈羽原発（東京電力）がある。新潟県は、東北電力の事業地域である。柏崎刈羽原発の営業主体が、東京電力であることに違和感を覚えざるを得ない。建設当時、世界最大の原発ともいわれたが、２００７年７月16日に起きた新潟県中越沖地震（M6.8）で、稼動するすべての原発が自動で緊急停止した。以来、停止状態が続いている。北海道の積丹半島付け根には、道内で唯一の泊原発（北海道電力）がある。

福島の事故を契機に運転停止

いずれの原発も、２０１１年３月11日の東日本大震災で、福島第一原発（沸騰水型４基）が電源を喪失して引き起こした重大事故を契機に、定期検査を迎えて相次いで運転停止に追い込まれた。唯一、関西地方を中心に電力不足が懸念されたことから、大飯原発が国の監視下で２０１２年７月に再稼動した。しかし、翌年９月には定期検査のため運転停止した。

２０１３年７月以降、原発の再稼動にあたっては、国の原子力規制委員会で新規制基準をクリアしなければならなくなった。新規制基準の下では、２０１５年８月に九州電力の川内原発が、全国にある原発の中では最初に再稼動した。次いで、高浜原発が２０１６年1月に再稼動した。しかし、住民訴訟を受けて地裁段階で運転停止を命じた仮処分判決が下され、３月には再び停止した。紆余曲折を経て２０１７年５月に、高浜原発は再々稼働した。２０１８年3月には、大飯原発が再稼働した。加圧水型原発は、再稼働に向けて動きが加速してきた。

原発再稼動は漂流を続けているが２０２３年5月、国において運転期間ルールを緩和する重要な決定がされた。それまで、原発の稼動期間は原則40年、延長を含めて最大60年と決められていた。それが40年以降、10年毎の更新で60年超の運転を可能とし、しかも安全審査などによる停止期間を算入しないということになったのである。安全性のレベルを更に上げなければならないのは言うまでもない。

使用済み核燃料の問題も

しかしながら、福島第一原発の重大事故によって、使用済み核燃料の存在も危険視されることになった。原発は、運転停止中であっても、核燃料がある限り危険性に変わりがないのである。化石燃料が不足する我が国では、原発が安い電力供給に一定の役割を果たしたことは否定しない。しかし、使用済み核燃料の処分場も決まっていない現在、原発に依存する社会は早急に改められなければならない。ドイツ、台湾のように、脱原発にかじを切った国も出てきており、至極当然のように思われる。計画通り、ドイツは２０２３年4月15日、全原発の稼動を停止した。尤も、廃炉処理は今後も続く。

福島第一原発の廃炉には、40年を要するともいわれ、関連費用も当初の見積もりからあっさり2倍に膨れ上がって、20兆円ともいわれている。この先もどうなるのか、誰にもわからない。これらは結局、国民につけが回ってくるのである。

福島第一原発処理水の海洋放出

２０２３年8月24日、福島第一原発の敷地内に蓄積されて来た処理水の海洋放出が始まった。東日本大震災後の東北地方の復興には避けて通れない課題である。事故を起こした原発の核燃料の溶融を防ぐには冷却水が必要である。冷却水は溶け落ちた核燃料（燃料デブリ）と直接触れて放射性物質が含まれているため、それを除去するための装置（フランスから導入した通称ＡＬＰＳ）を働かせている。そして、最後に残った微量の放射性物質と除去が難しいトリチウムを含むのが処理水だ。

トリチウム（半減期：12・3年）は自然界には既に少量存在するが、原発を動かす過程で発生し、どの国も国際原子力機関（ＩＡＥＡ）が認める安全基準に従って海中などに放出しているのが現状だ。古くは１９５０〜60年代に米ソや中国などが核実験を繰り返し、その時に発生した大量のトリチウムが地球上にばらまかれた。当時、筆者は小学生であったが、雨に濡れると髪の毛が抜けて頭が禿げると日本中で大騒ぎになったことを思い出す。今も核実験の痕跡が海の表層や一部では深層に残っている。核実験で汚染された当時の海水が今何処にあるのかトレースできるというわけだ。これによって、北大西洋のノルウェー沖で冷却された表層海水が密度を増して沈む現象が発見され、その後の地球規模の海洋大循環のモデルの作成(ブロッカーのコンベアーベルト）へと繋がったのは皮肉なことだ（１２２ページ参照）。

福島第一原発処理水の放射性物質の濃度は、国が定める排水基準の40分の1未満に薄めて向こう30年を掛けて徐々に海洋放出するというものである。これに中国は猛反発して、直ちに日本からの水産物の輸入停止に踏み切った。挙句の果て、自国の海が直ぐにも汚染されると騒いでスーパーから塩が売り切れたという荒唐無稽な話まで伝わってくる。中国は世界でもトップクラスの大学が幾つもあるそうだが、にわかに信じ難い騒ぎだ。

更に驚いたことに、中国には福島第一原発処理水を上回るトリチウム量を放出している原発が幾つもあるそうだ。これは、中国が公表している報告書「中国核能年鑑」にも載っていることなので間違いない。他に、15隻以上とも言われる原潜(原子力潜水艦）の冷却水は一体どこで海洋放出しているのだろうか。更に、原潜や原発から大量に出ている使用済み核燃料をどうしているのか明らかにしていない。都合の悪いことは一切公表しない、というのがこの国の姿勢である。

東日本大震災と大津波で大量の漂流物が流出したことは周知の事実だ。２年足らずで北米西岸に漂着し、日本列島周辺にしか生息していないイシダイ５匹が生きたまま木造船に付随して流れ着いたことが、象徴的なこととして扱われている。その漂流物が10年以上を経て中国沿岸に漂着したという事実はない。むしろ、中国の原発から海洋放出された高濃度のトリチウムは、台湾暖流に載って１ヶ月足らずで朝鮮半島や日本列島に流れ着くというのが、現在の科学が教えるところだ。韓国は真っ先に中国へ批判の声を上げなければならないが、何故か沈黙してしまっている。

福島原発処理水の海洋放出を、韓国では一部の反対している人たちが「反日カード」に使い、中国政府も最大限に政治利用していることは明白だ。科学的根拠に基づいて発言すべきと諭しても、言って聞き入れるような人たちではないことが限りなく厄介だ。日本海の漁業とて無関心でいられない。

中国は根拠もなく水産物の輸入を停止した。日本としては対抗上、中国からの水産物の輸入をすみやかに停止するのが道理であろう。ただ、停止となると相手は倍返しの国なので報復の連鎖が止まらなくなるのが関の山だ。ここは輸出・輸入とも徐々に脱中国を図るというのが最善の策だろう。

我が国の水産物の生産量は２０２２年で約３８５万ｔ（約１・３兆円)。最盛期の約３分の１と衰退しているが、国内需要（およそ２５０万ｔ：２０２０年の１人当たり消費量23・４kgに基づく）を充分に満たす量である。ところが水産物の自給率は59%（2021年）と極めて妙なことになっている。これは、他に輸入量が約222万t（約2・0兆円）あって、国産と輸入で消費を支えている構図があるためである。残りは養殖魚の餌などに回されている。我が国は水産大国で、1980年頃まで自給率100%であった。しかし、国産をないがしろにして、高級な魚介類を世界から買いあさった結果、自給率が急速に低下した。安易な輸入の増加によって、国内では魚価の低迷を招き、一体どれだけの漁業者が廃業に追い込まれたことか計り知れない。

輸入に頼らずに国産の魚介類にもっと目を向けるべきと、20年以上も前から著書『漁業崩壊―国産魚を切り捨てる飽食日本―』（2003，れんが書房新社）を書いて警鐘を鳴らしていたのが筆者と同じ水産試験場出身の木幡孜博士（元神奈川県水産試験場）だ。中国による水産物輸入停止を好機に、日本国民もそろそろ目を覚まして国産の魚介類を大事にして、自給率100%以上を目指すべきであろう。日本列島周辺には多彩な魚介類が生息しているのは本書でも取り上げた通りで、本気になれば充分に可能なミッションだ。美味しいホタテ貝をわざわざ輸出せずに国内で消費すれば良いし、もはや薬浸けの中国産養殖ウナギを有りがたがって食べる時でもない。わけても我が国伝統の定置網漁業は、イワシ・サバ・アジなど漁獲量の多い回遊性魚類に対して獲り過ぎということがなく、水産資源の持続的な利用に叶っている。これからの日本漁業の中心に据えるに相応しい漁種であろう。

福島第一原発処理水の海洋放出に関して、一部の市民団体や国会議員までもがいたずらに危険性を強調して風評被害を煽っている。震災復興に努力している東北の人たちや漁業者を結果的に苦しめているのは残念なことだ。

反対運動で消えた珠洲立地計画

日本海側では、現在ある原発以外にも、能登半島の珠洲、新潟県の巻、山口県の田万川（たまがわ）と豊北（ほうほく）などで原発立地計画があった。これらが際限なく実現していたら、日本列島全体が超危険地帯になるところであった。特に、能登半島珠洲の原発立地計画は、２０２０年頃から続く群発地震のど真ん中、という危うさであった。当時の関係者は肝を冷やしていることであろう。想像するだに背筋が寒くなる思いである。今となっては、多くの原発反対運動があったことに、感謝しなければならない。

我が国では、１９５０・60年代に、太平洋側で放射性廃棄物をドラム缶に入れて海洋投棄した事実があるが、絶対にあってはならないことだ。他国が日本海で同じようなことをしても、文句を言えないことになる。

韓国の日本海側にも3ケ所

韓国にも原発が立地する。４ケ所あるうち、３ケ所（古里、月城、ハヌル）までが日本海側に立地する。いずれも、加圧水型で規模が大きい。朝鮮半島発のゴミ類が、対馬暖流や季節風に乗って日本列島を汚染することは実証済みである。ひとたび事故が起きたら日本列島の広範囲に甚大な被害が及ぶ。我が国の原発と同等に、注意が払われなければならない。韓国の原発は、国産と称して国外でも建設を売り込んでいるが、技術的にはグレーゾーンが多い。情報開示が不足しているのも懸念材料である。

原発という見通しの立たない大きな負の遺産を、日本海が抱えている。

29 国際問題
ロシア、北朝鮮と向き合う海

米ソが一方的に200海里排他的経済水域を宣言して、日本からは多くのイカ釣り漁船がソ連水域に許可を受けて入域しました。近年、大和堆の日本の排他的経済水域が、北朝鮮の違法操業船に占拠される異常事態が発生しています。その日本海は、18世紀頃まで欧州人にとっては秘境で、間宮海峡を初めて探検したのはフランス人でした。

77年、米ソが200海里排他的経済水域を宣言

日本海は、日本、ロシア、韓国、北朝鮮に囲まれた海である。各国が領海を3海里としていた時代、海の上での問題は少なかった。3海里というのは、大砲の玉の飛ぶ距離ということであった。

しかし、世界的に領土の拡張主義が強まり、アメリカと旧ソビエト連邦などが、1977年3月に200海里排他的経済水域を一方的に宣言した。このことによって、世界は一挙に200海里時代を迎えることになった。20世紀の海洋版エンクロージャーである。

資源採取に規制、遠洋漁業が衰退

排他的経済水域では、船の航行が規制されるものではないが、漁業資源や鉱物資源は主権国の許可なく採取できなくなった。我が国では、漁業が最も影響を受けることになった。200海里時代とともに、遠洋漁業が衰退に向かったのは周知の通りである。我が国も止むなく、1977年5月に200海里排他的経済水域を宣言した。この時、韓国と中国を適用除外にしたことはあまり知られていない。既に、双方の国との間で漁業協定があったことから、領土問題を避けたのである。

好漁場がソ連水域に、千隻が減船

我が国は、旧ソビエト連邦との間で排他的経済水域（沿岸から２００海里＝約３７０㎞）を適用したが、日本海では双方の排他的経済水域が重なるため、中間線が採用された。中間線によって、スルメイカの好漁場である北大和堆や間宮海峡は、完全に旧ソビエト連邦水域に入ってしまった。困難を極めた漁業交渉では、お互いの入漁隻数や漁獲量が決められた。その結果、我が国では１０００隻余りの減船を余儀なくされた。廃船となった漁船は、解鉄したり、あるいは魚礁として全国の海に沈められた。２０１１年の東日本大震災後の海底（水深２５０ｍ）が水中ＴＶで調べられ、その結果がテレビでも放映されていた。沈没船発見と騒いでいたが、よくよく調べてみる必要がある。

イカ釣り漁船、許可を受けソ連水域に

２００海里時代の当初、我が国からは多くのイカ釣り漁船が旧ソビエト連邦水域に許可を受けて入域した。監視船の臨検を受けて、操業日誌の箇

写真 2-30　旧ソビエト連邦の監視船（試験船でスルメイカの調査中に監視船の訪問を受けた）

単な記載ミスだけで、百万円超の罰金が課されるという時代であった。尤も、今では、ルーブルの価値が下がって、これほどの負担ではなくなった。

筆者も、1980年代に、試験船で何度か許可を受けて旧ソビエト連邦水域に入域したことがある。早速、監視船の訪問を受け（試験船では、臨検ではなく訪問ということに）、監督官や銃を肩に掛けた随行員が何人も乗り込んで来て、緊張が走った。お互い、片言の英語で意思疎通したが、気持ちのよいものではなかった。（写真2—30）

98年に新日韓漁業協定

その後、排他的経済水域設定の根拠となる国連海洋法条約が1982年に採択され、1984年に発効した。我が国も1996年に海洋法条約を批准し、この年、国の祝日として制定された「海の日（7月20日）」に発効した。相次いで、韓国も条約を批准した。このため、両国の間では、新たな漁業協定を結ぶ必要に迫られた。その結果、署名されたのが1998年の「漁業に関する日本国と大韓民国との間の協定」である。新日韓漁業協定では、竹島を含む暫定漁業水域が決められ（図2—13）、双方の漁船が入域できるようになった。しかし、取り

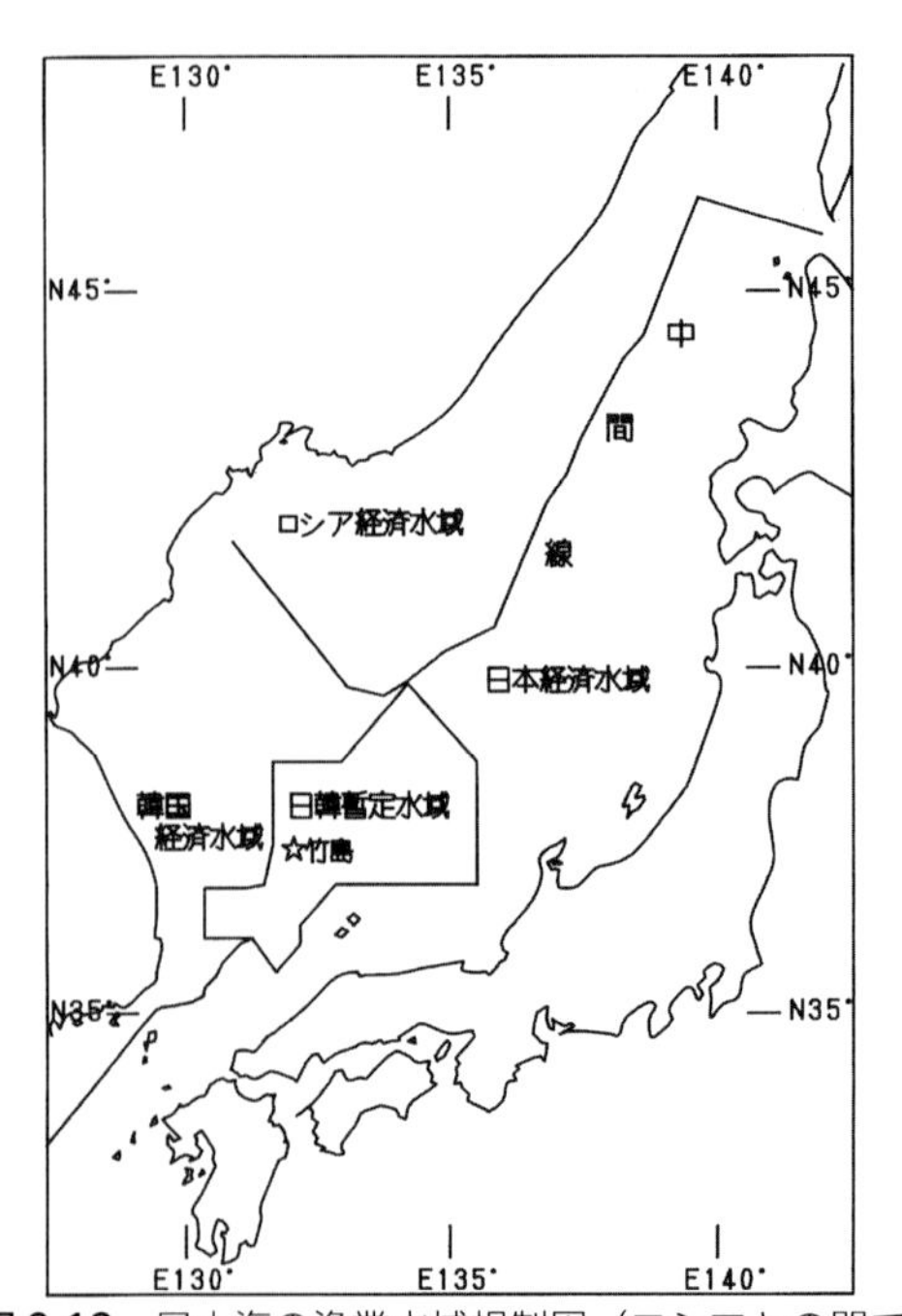

図 2-13　日本海の漁業水域規制図（ロシアとの間では中間線、韓国との間では暫定漁業水域を設けている）

締まりが旗国主義（公海上の自然、船舶、航空機には自国の法の支配しか及ばないこと）であることから自由操業に近く、韓国漁船の違法操業が絶えないのが現状である。

北朝鮮との間では、１９８２年に民間漁業協定が締結され、北朝鮮側に暫定操業水域が定められて、我が国の漁船が入域したこともあった。しかし、１９９３年末に期限切れして、協定は立ち消えになったのが現状である。

大和堆で北朝鮮と中国の漁船が漁場侵犯

アマエビとスルメイカの好漁場となっている大和堆は、新日韓漁業協定によって、１０００ｍ以浅（静岡県の面積に匹敵）の西側（約45％）が暫定漁業水域に含まれることになった。東側（約55％）は我が国の排他的経済水域である（**図2―14**）。これらの水域で、２０１６年に新たな国際問題が発生した。好漁場に目をつけた北朝鮮と中

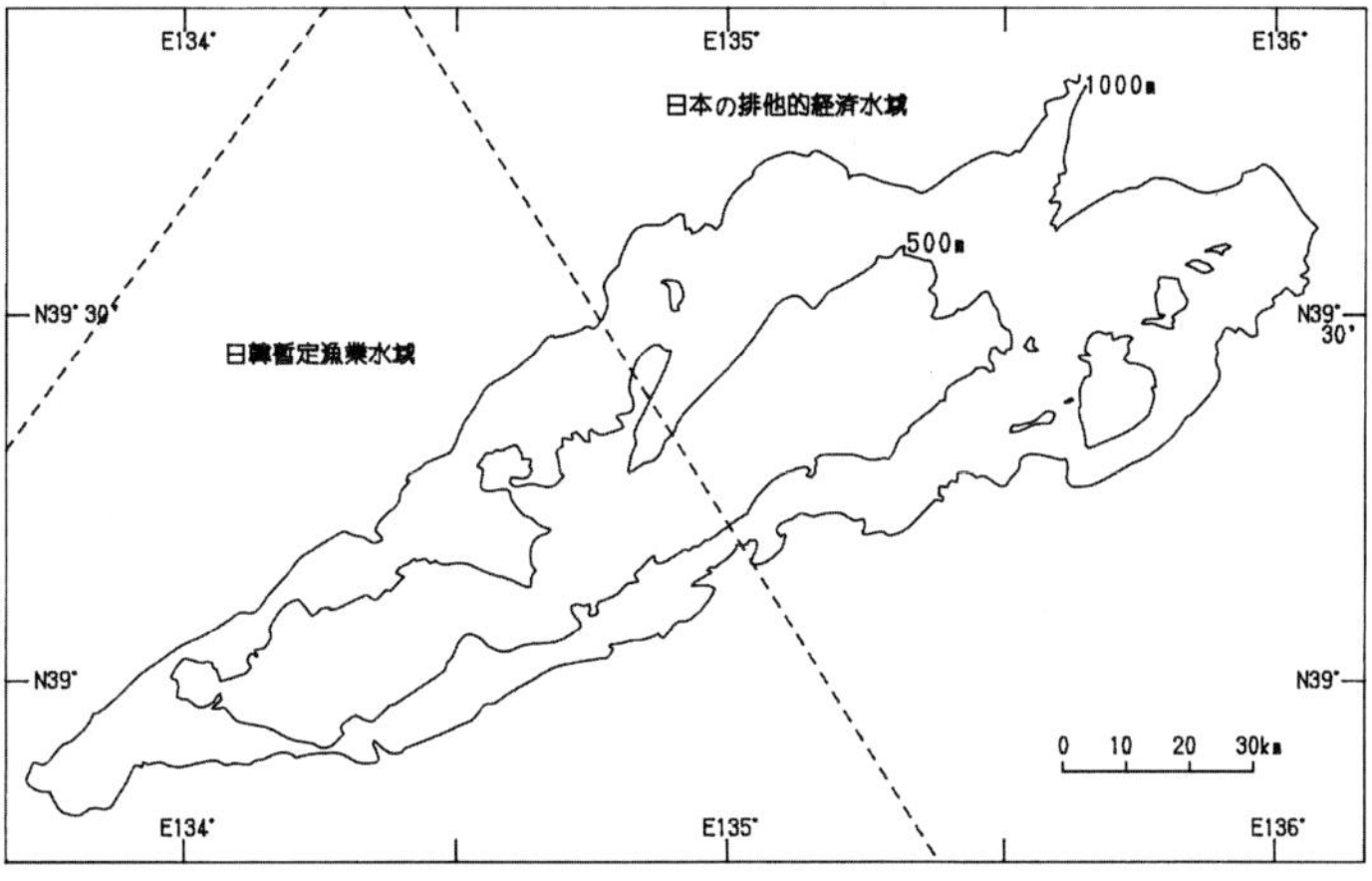

図 2-14　大和堆の漁業水域規制図（水深 1000 mより浅い海域の面積は静岡県に匹敵、西は日韓暫定漁業水域、東は日本の排他的経済水域）

国の漁船が、漁場侵犯するようになったのである。北朝鮮の操業は、スルメイカの漁獲を目的にしたものだ。中国漁船は、北朝鮮へ入漁料を支払って操業しているようだが、北朝鮮の名を借りて漁場侵犯したとすれば悪質だ。操業方法に、我が国では資源を枯渇させてしまうために許可されていない「かぶせ網漁法」を用いているのも問題である。

北朝鮮の漁船は、２０２０年になると一転、大和堆への出漁が少なくなった。その理由は不明であるが、漁業権を中国に売って、行き場を失った漁船の一部がロシア水域に出没するようになったとの情報もある。いずれにせよ、これら外国船による違法操業によって、日本海のスルメイカ漁は危機的な状況にあり、損害は計り知れない。

第38八千代丸が北朝鮮から銃撃される

１９８４年7月28日に、北朝鮮との境界水域で、痛ましい事件が起きたことを、忘れることはできない。石川県所属の第38八千代丸が北朝鮮警備艇の銃撃を受けて、船長が死亡したのである。２００海里時代を迎えて、我が国の漁船は外国水域で過酷な操業を強いられている。これに対して、我が国の排他的経済水域での外国漁船の扱いが手ぬるい、と漁業者は強く感じているのではないだろうか。

排他的経済水域が北朝鮮漁船に占拠される

２０１７年に、大和堆の漁場侵犯は一層深刻化した。北朝鮮は「漁獲戦闘」と称して、より多くの漁船を大和堆に送り込むようになったのである。その数たるや、７００~８００隻とも。北朝鮮漁船に漁場を占拠されて、我が国の漁船は衝突を避けるため、漁場放棄せざるを得なくなってしまった。我が国の排他的経済水域が、外国の違法操業船に占拠される、という信じ難いことが起きていた。国の主権が、侵害されているのである。

漁業者の安全を確保するためにも、違法操業船を侵入させない、という国の確固たる監視態勢が必要だ。尖閣諸島も大事だが、国には日本海の排他的経済水域もしっかり守ってもらいたいものだ。

違法操業船の顛末は、悲惨な現実をも突きつけている。十分な装備もない漁船が、日本海の時化を耐えられるはずもなく、秋になると多くの漁船が遭難したとも聞く。季節風に流されて、日本海側の各地に未曾有の難破船が漂着した。多くの自国漁船が遭難しても無関心で、ひたすら核・ミサイル開発に走る異次元の国が対峙しているのも、日本海の現実である。

ところで、アメリカは、２００海里排他的経済水域をいち早く宣言したものの、未だに海洋法条約を批准していない。米国が国連海洋法条約を批准しない最大の理由は、深海底の開発という1点に尽きる。１９４５年の米国大統領によるトルーマン宣言は、地先の海底資源開発を進めようとする州政府の動きに歯止めをかけることを目的とした国内問題で、世界の海洋秩序の構築とは無縁であった。ところが、トルーマン宣言が引き金となって、中南米諸国が相次いで２００海里の権利を宣言するようになった。海洋の自由航行を担保したい米国や英国にとって、はなはだ都合が悪いことになったのである。そこで、新たな海洋秩序の構築を目指し、30年もの歳月を掛けて誕生したのが国連海洋法条約である。その内容も、ほぼ米国や英国の意に沿ったものとなった。しかし、公海の深海底の開発に関しては、発展途上国に押し切られて国際共同管理となった。米国は、技術開発によって、公海であっても深海底の開発を単独実施したい、という野望があるからに他ならない。深海底には、レアアースなど、有用な資源が眠っている。

一方で中国は、１９９６年に海洋法条約を批准している。しかし、その4年前に国内法「領海法」を定め、国際法に準じて定めるべきところを、身勝手な解釈をしている。海洋法条約では、軍艦であっても領海内の無害通航を認めている。ところが中国は、他国で領海内を無害通航する権利を行使していながら自国では認めない、というダブルスタンダードである。米国にしても、中国に対して海洋法条約を守れ、と声高にいえない事情があるのは前記した通りである。ここでも大国の身勝手な振る舞いが垣間見える。

なお、「海の日」は、明治天皇が地方巡行に、それまでの軍艦ではなく灯台巡視船「明治丸」（現在、東京海洋大学越中島キャンパスに保存・展示）で航海をした。そして、7月20日に横浜港に帰着したことにちなんで制定された、「海の記念日」を祝日としたものである。「海の日」は、それなりの根拠があった。しかし、２００３年から7月の第3月曜日に法改正された。時流には抗（あらが）えない。

83年、大韓航空機撃墜事件

旧ソビエト連邦時代に、日本海で世界を震撼させる大事件があった。米ソ冷戦時代の１９８３年9月1日に起きた、大韓航空機撃墜事件（乗員乗客合わせて２６９人死亡）である。大韓航空のボーイング７４７型機が、アラスカのアンカレッジを経由して韓国ソウルに向けて飛行中のことであった。大韓航空機が、旧ソビエト連邦の樺太（からふと）領空を侵犯して、間宮海峡の海馬島上空で戦闘機に撃墜されたのである。当初、旧ソビエト連邦は関与を否定していた。しかし、我が国の自衛隊のレーダーサイトが通信を傍受していたことが判明して、認めざるを得なくなった、という経緯がある。大韓航空機が、領空侵犯した理由は未だに不明である。

海馬島は、我が国では知るヒトも少なくなった。樺太南西約50㎞、間宮海峡の最南端に位置する周囲20㎞（最高峰４８３ｍ）の小島である。地質的には、北海道の利尻・礼文島と繋がっている。日本人が住んでいたこともあるが、戦後は旧ソビエト連邦領となった。現在は、観光船が訪れるだけの無人島となっているようだ。

18世紀末、フランスが日本海北部を探検

日本海の北は、18世紀頃まで、ヨーロッパ人にとっては北極や南極と並ぶ世界の秘境であった。当時の世界地図には、樺太が大陸から突き出た半島として描かれることもあった。そこで、フランス王国のルイ16世は、ラペルーズ海軍大佐に命じて、日本海を探検させた。１７８５年８月１日にブレストを出港したラペルーズ海軍大佐一行は、大西洋から南米のホーン岬を経て太平洋に入り、各所を探検した。そして、１７８７年５月25日に対馬海峡を通って日本海に入った。

我が国では、徳川家斉（いえなり）が11代将軍についていた。幕府は、天明の大飢饉（１７８２〜87年）で財政が困窮し、立て直しを図るための「寛政の改革」が断行された頃である。一方、フランス王国では、ほどなく近代社会の礎となった市民革命が起き（１７８９年のフランス革命）、ルイ16世は処刑されて王政廃止へと繋がった。１７８３年にアイスランドのラキ火山、そして日本でも浅間山の巨大噴火があり、農作物の不作と飢餓が、フランス革命の引き金になったとされている。

間宮海峡沿岸に達する

ラペルーズ海軍大佐一行は、１７８７年６月２日には能登半島西方のはるか沖で、１本マストの船２隻と遭遇して、詳細なスケッチを残した。北前船は、陸沿いの「地廻り」が主であったが、次第に航路を短縮する「沖乗り」も取り入れられるようになり、そのような船であったと想像される。

彼ら一行は、６月11日に今のロシア沿海州に到着し、それからおよそ２ケ月をかけて日本海の北部を調査した。そして、間宮海峡沿岸に達し、現地の人たちから樺太が島であることを聞き出した。しかし、間宮海峡を通り抜けることなく、樺太西岸を南下して宗谷海峡からオホーツク海に出てしまった。そのため、詳細な地図を残すことは

できなかった、というのが顛末である。

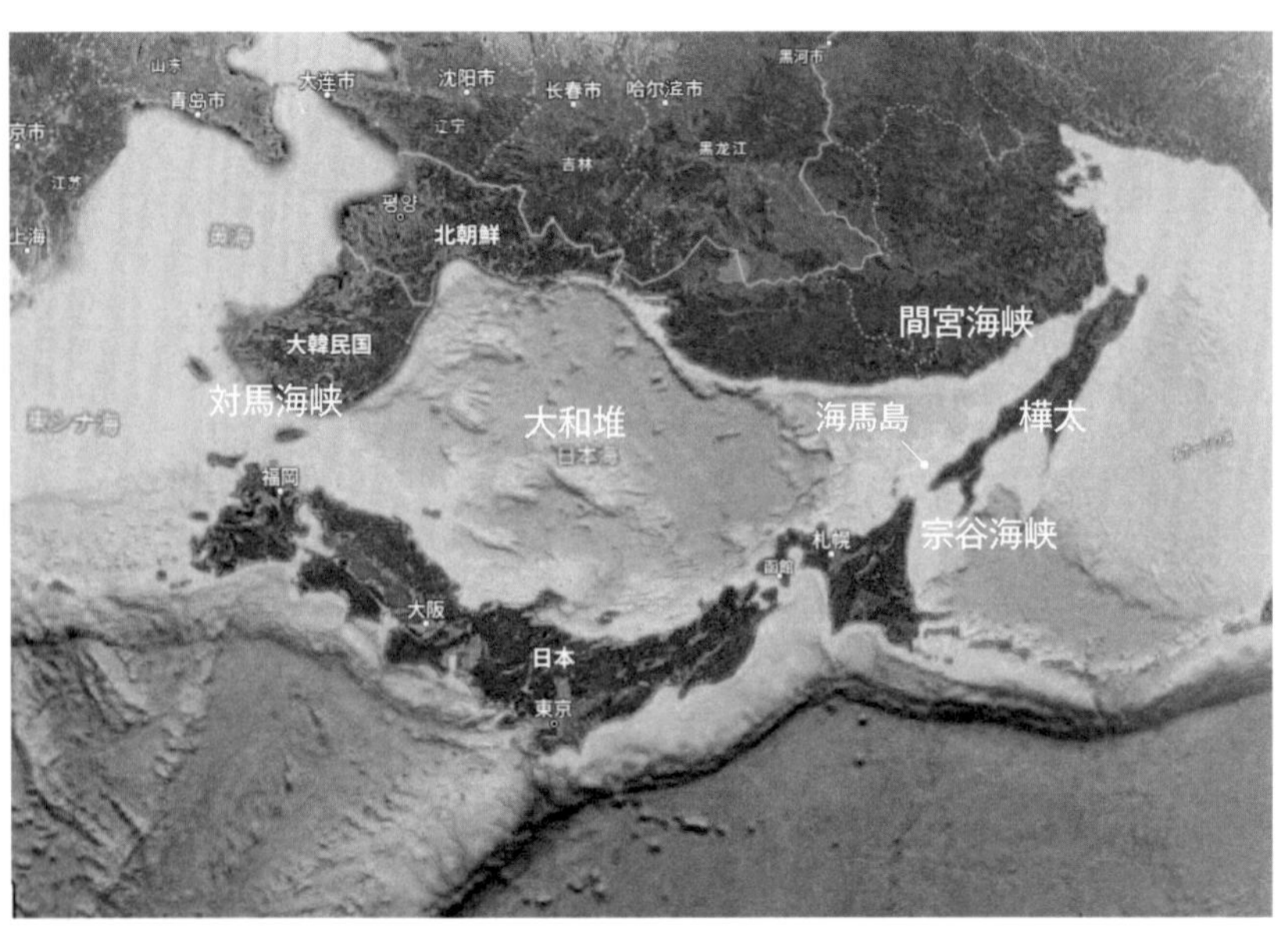

写真 2-31
画像 ©2023 Data SIO NOAA,NGA.U.S.Navy,NGA.GEBCO、Landsat/Copernicus、IBCAO、画像 ©2023 TerraMetrics、地図データ ©2023 TMap Mobility、Google

宗谷海峡は、ラペルーズ海軍大佐が通ったことを記念して、欧米の地図ではラペルーズ海峡と記されていることもあるようだ。日本海の北を最初に探検したヒトへの敬意は、あってもよいように思う。

海峡の詳細地図を残したのは間宮林蔵

海峡の詳細な地図が描かれたのは、1808年から2年間にわたって現地を踏査した間宮林蔵によってである。伊能忠敬（いのうただたか）が残した大日本沿海輿地（よち）全図（伊能図）は、1800年から足かけ17年をかけて、全国を実測した結果に基づき完成したものである。間宮林蔵は、1800年の蝦夷地測量で伊能忠敬の知遇を得たようだ。その後、測量技術の教えを受けて、伊能図にも貢献した。伊能忠敬が、当時としては驚くほどの正確さで地図を残せたのは、導線法と交会法（山だめ）に加えて、天体観測の知識があったためとされている。

伊能図は、忠敬没後の１８２１年に完成したが、江戸幕府によって国家機密として厳重に管理され、表に出ることはなかった。しかし、１８２８年のシーボルト事件で、写本が国外に持ち出され、開国後に逆輸入されてしまった、というのが落ちのようである。

間宮海峡はタタール海峡に

間宮海峡は、日本海の最北端に細るように位置することから（最狭部で約7.3㎞、最浅部で約８ｍ）、２００海里排他的経済水域が設定されるまでは、北上したスルメイカの好漁場であった。この海域周辺には、随所に日本名が残っており、歴史の狭間に埋もれようとしているのは残念なことだ。ロシア名で、間宮海峡はタタール海峡、樺太はサハリン、海馬島はモネロン島に変わろうとしている。詳細な地図を残した間宮林蔵への敬意が、ロシア側にもあってよいのではないだろうか。

30 日本海の呼称 いつから呼ばれている？

日本海の呼称の初見は１６０２年のイタリア人宣教師の地図。18世紀の仏の探検隊も地図に記述して、欧州に浸透したという長い歴史があります。国際水路機関も正式呼称として承認しています。

ヨーロッパ人がもたらした呼称

「日本海」の呼称の初見は、イエズス会のイタリア人宣教師マテオ・リッチが、１６０２年に北京で作成した「坤輿万国全図」にある。

当時、マカオに滞在していた宣教師の間で、我が国の北方海域を日本海と称する情報が存在していたことに基づくようだ。しかし、当時の日本海の形は漠然としたものであった。日本海の存在が明らかにされたのは、1787年に日本海北部を探検した先のラペルーズ海軍大佐と、『世界周航記』（1810〜12年）を著わしたロシアのクルゼンシュテルン提督によってである。それぞれ、報告書と地図に「メール・ド・ジャポン」、「ヤパーニッシェス・メール」の記述を残して、ヨーロッパにも広く浸透させた。このことから、両者が「日本海」の名づけ親といってもよい。この辺の経緯については、中野美代子著『日本海ものがたり』（2015，岩波書店）に詳しい。

17・18世紀に、日本海は「日本の西の海」「タタール海」「朝鮮湾」などと、呼びかたはまちまちであったようだ。「日本海」の呼称は、ヨーロッパからもたらされた側面が強い。

16世紀、世界に知られた石見銀山

島根県大田市の石見銀山は、2007年にユネスコの世界文化遺産に登録された。閉山となって100年を過ぎるが、16〜17世紀に大量の銀が採掘され、海外へも輸出された。17世紀前半の最盛期には世界の約3分の1を占めていたとされる日本銀のかなりの部分（年間約38ｔ）を産出した。鉱床がどのようにしてできたのか定説はないが、地下深くの熱水に溶け込んだ銀が柔らかい地層に幾つもの鉱脈を形成した。その関係で、手掘りし易かったことが当時としては好都合であった。間歩と言われる坑道の入り口は実に1000ヶ所以上、坑道の総延長は100km以上に及んだ。

16世紀の大航海時代は、ヨーロッパの列強が金銀の鉱山を求めて世界にスタート・ダッシュした時代である。日本へはポルトガル人が1543年に種子島に上陸して鉄砲を伝え、1549年にスペイン人のフランシスコ・ザビエルがキリスト教の布教に来日した。いずれも銀の獲得や石見銀山の情報収集が目的の中にはあったとする説が有力である。植民地の布石ということもあったかも知れない。

ラペルーズ海軍大佐の探検（１７８７年）まで秘境とされていたこの地において、どこよりも知られていたのは他ならぬ石見で、宣教師によって情報がヨーロッパまで伝えられたことは疑いない。１５６８年、信長の時代に製作されたポルトガルの日本図には、石見の位置が〝銀鉱山大国〟と記載されていたほどである。日本にいた宣教師の間で、石見に通じる海を日本海と意識しないはずはない、と筆者はひそかに考えている。

国際水路機関が正式に承認

我が国では、１８１０年の「新訂万国全図」で、朝鮮半島東岸を「朝鮮海」、日本列島近海を「大日本海」としていた。しかし、１８５５年の「重訂万国全図」で「日本海」と「太平洋」を記載して、それ以降は「日本海」の呼称が定着した。

このように、少なくとも17世紀以降、イエズス会宣教師によって東アジアの情報がヨーロッパにもたらされ、18世紀末には「日本海」の呼称が普及して、定着していたようだ。

これらが基になって、海の名称の標準化をおこなっている国際水路機関（ＩＨＯ）は、正式な呼称として「日本海」を承認している。

韓国には、「日本海」の呼称が植民地統治の残滓（ざんし）であり、「東海」とする主張もあるようだ。しかし、長い歴史によって培（つちか）われた「日本海」の呼称と違って、「東海」は全くもって根拠のない名称である。寸分の敬意も感じられない。

「日本海」は、英語表記で「Sea of Japan」あるいは「Japan Sea」が使われているが、学術誌でも特にどちらか一方に定めているケースが少ないのは気になる。

31 竹島問題

歴史的な経緯は？

幕府も明治政府も朝鮮との問題化を避けましたが、竹島を韓国領と認めたことはありません。20世紀に入って両国が領有意志を公式に表明。日本は、韓国併合を経て、敗戦で権利放棄しましたが、その中に竹島は含まれていません。日韓基本条約で問題は棚上げされたはずが、実際には韓国の実力による占領が続いています。

日本海北部を調査したラペルーズ海軍大佐一行は、1787年5月25日に対馬海峡を通過して、一旦は朝鮮半島の東岸を北上して27日に海図にない大きな島を発見した。これを発見した乗組員の名前をとって、ダジュレ島と名づけた。今の韓国領の鬱陵島（うつりょうとう）である。当時、我が国では、この島を「竹島」、今の竹島を「松島」と呼んでいた。一方、韓国では、日本名の「松島」を「于山島」と呼んでいたり、あるいは鬱陵島を指すこともあったようである。

鬱陵島と竹島をめぐって

朝鮮王朝政府によって、鬱陵島は、1417年以来、渡航禁止の島とされ、禁止が解かれる1881年まで空島（朝鮮人の利用・居住を認めない島）として扱われていた。更に、その沖にある竹島までは、関心がなかったようだ。我が国では、1625年に江戸幕府の竹島渡海免許を受けた漁業者が、「竹島」に渡海し、途中にある「松島」を補助的に活用した、という史実がある。しかし、1693年に「竹島」で朝鮮人漁民との間で競合が表面化した。問題化を避けた江戸幕府は、1696年に「竹島」が朝鮮領であることを認めた。元禄竹島渡海禁令によってである。この禁令はその後も引き継がれ、明治政府は「竹島（鬱陵島）・松島（竹島）は本邦関係これ無き義と相心得べきこと」と明言した。１８７７年のことである。ただし、鬱陵島と竹島を韓国領と認めた、ということではない。したがって、我が国では歴史上、少なくとも今の竹島が韓国領となったことは一度もない。

両国の領有意志の表明

国際法上、領土権を確立するためには、その土地を自領の一部とする意志を持ち、その上にたって有効な管轄を施さなければならない。韓国は、１９００年10月に大韓帝国勅令で「鬱陵全島と竹島・石島を管轄する」としており、これをもって領有意志を公式に表明したことになっている。しかし、石島が何を指すのかは証明されていない。ましてや、今の独島という名称は使われていない。

一方、我が国では、１９０５年1月に竹島日本領編入が閣議決定され、同年2月に島根県告示40号で公にされた。ここが決定的な違いに、筆者には思える。

なお、竹島は、鬱陵島から87・4㎞沖合にあって、鬱陵島とは地理的に近い一体的な島にいわれることもある。しかし、両島の間は、水深２０００ｍの対馬海盆が切り裂いている。したがって、竹島と鬱陵島は、地形的にも地質的にも全く別の島である。竹島は、我が国の隠岐諸島と同じ大陸棚上にある島である。

併合と敗戦、講和条約

その後、我が国は、１９１０年8月29日に韓国を併合した。そのことによって、竹島では日本の漁業者による主体的な経営が継続されてきた。しかし、敗戦によってほぼすべての船舶の行動が禁止されたのである。１９４５年9月27日以降、マッカーサー・ラインの設定によって、一定の範囲での漁業が許可されたものの、竹島は許可区域には含まれなかった。そして、1951年9月8日、サンフランシスコ講和条約が調印され、我が国の主権が回復された。同時に、朝鮮に対しては、独立の承認と、鬱陵島などの権利が放棄された。しかし、我が国が権利を放棄した島の中に、竹島は含まれていない。

李承晩ラインと日韓基本条約

　マッカーサー・ラインの廃止を目前にして、韓国の李承晩（りしょうばん）大統領は、国際的には全く根拠のない海洋主権宣言「李承晩ライン」を突如として1952年1月18日に発した。朝鮮半島周辺に、竹島を取り込む広大な漁業管轄権を設けたのである。廃止されるまでの13年間にわたって、多くの我が国漁船が不当拿捕（だほ）されたのは、極めて遺憾なことである。こうした両国間の困難を乗り越えて、1965年6月22日に日韓基本条約が締結された。そして、竹島問題は、政府間では棚上げすることで、一応の落ち着きを図ったはずであった。ところが、韓国は、1954年頃から実力で竹島の占領を続けている。更に、2012年8月10日に時の李明博（イ・ミョンバク）大統領が自ら竹島に上陸した。このことによって、互いの国のナショナリズムが鼓舞され、火に油を注ぐ結果を招いたのは残念というほかない。

　以上が、これまでの竹島問題の経緯ではないだろうか。

第3章　日本海産アマエビの生態（研究結果から）

1 海洋特性

どんな所で調査した？

研究対象としたのは、能登半島の西部海域で、アマエビの主な生息場である３００ｍ以深の日本海固有水に覆われた大陸棚から大陸棚斜面です。

能登半島の東西の海の違い

まず、研究対象とした能登半島近海の海洋特性に触れておこう。能登半島は、日本海の中央部に突出する地形によって特徴づけられ、周辺海域は半島を挟んだ東西で海底環境が大きく異なる（図３—１）。半島の西部海域では陸棚が発達し、石川県金沢港北西ライン上で見ると、水深５００ｍまでの海底勾配は約１０００分の７となだらかである。水深５００ｍの等深線は、沖合約65㎞に達する。漁船で走ると４時間余りの距離になる。底質は、シルト分と粘土分が広く覆う泥場である。海底勾配は、水深５００ｍ以深で急になり、一挙に水深１０００ｍを超える大和海盆へと向かう。一方、能登半島の東部海域（富山湾）は、狭い陸棚とその外側は富山舟状海盆に向かう急な陸棚斜面を形成している。

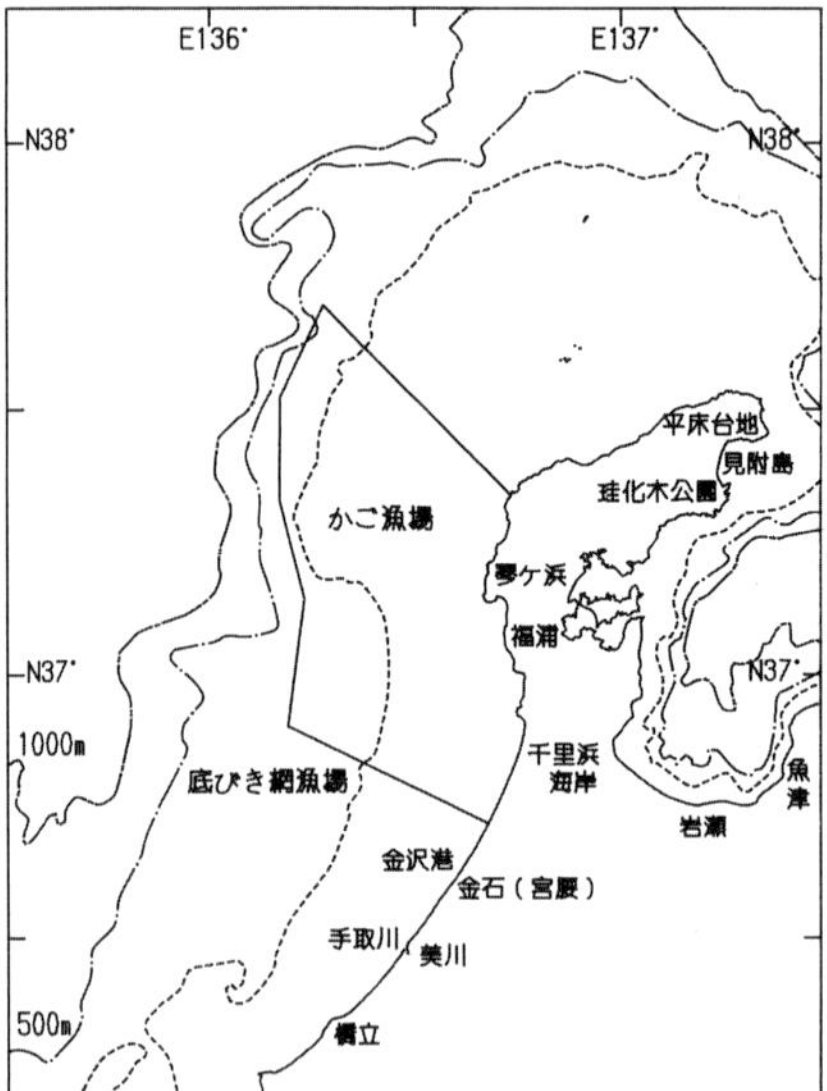

図 3-1　能登半島近海図（能登半島の西側はなだらかで、東側は急深な海底地形、西側でアマエビなどを目的に底びき網や籠漁業がおこなわれている、実線は籠漁業の操業区域）

アマエビ漁が盛んなのは西部海域

陸棚面積の広い西部海域は、底棲性の水産資源が豊かである。そのため、底びき網、吾智(ごち)網、刺網、籠漁業が盛んにおこなわれている。このうち、底びき網漁業による漁場利用は最も深くまで及んでおり、水深７００ｍ近くに達する。一方の東部海域は、藩政時代から定置網漁業が営まれ、全国有数の漁場を誇っている。したがって、本書で扱うアマエビの漁場は、能登半島近海でも西部海域が主ということになる。

暖流の影響で表層の水温・塩分が変化

能登半島西部海域の海洋構造の特徴を知るため、試験船（写真３―１）で石川県金沢港北西ライン上を観測した水温・塩分のうち、水深５００ｍでの季節別の鉛直分布を図３―２に比較した。水温は、夏から秋にかけて、水深が増すにしたがって急激に低くなる温度躍層が発達する。この時期の表層水温は、年間で最高値を示す。冬から春にかけて、温度躍層が消滅して、表層から水深１００ｍ層前後まで一定の水温となり、春には年間で最低値を示す。塩分は、冬から春にかけて、表層から底層まで比較的均一である。表層近くで

写真 3-1　調査で活躍した試験船：総トン数 189t（底びき網やイカ釣り機を装備して漁船と同じように操業できる）

は、春に年間で最高値を示すが、夏から次第に低下して、秋には年間で最低値を示す。日本海では、対馬暖流によって東シナ海を起源とする低塩分水が北上するため、秋の塩分最低値は、対馬暖流の影響を受けたものである。

以上のように、表層近くの水温・塩分は、対馬暖流の影響を受けた季節変化を示し、その強弱に

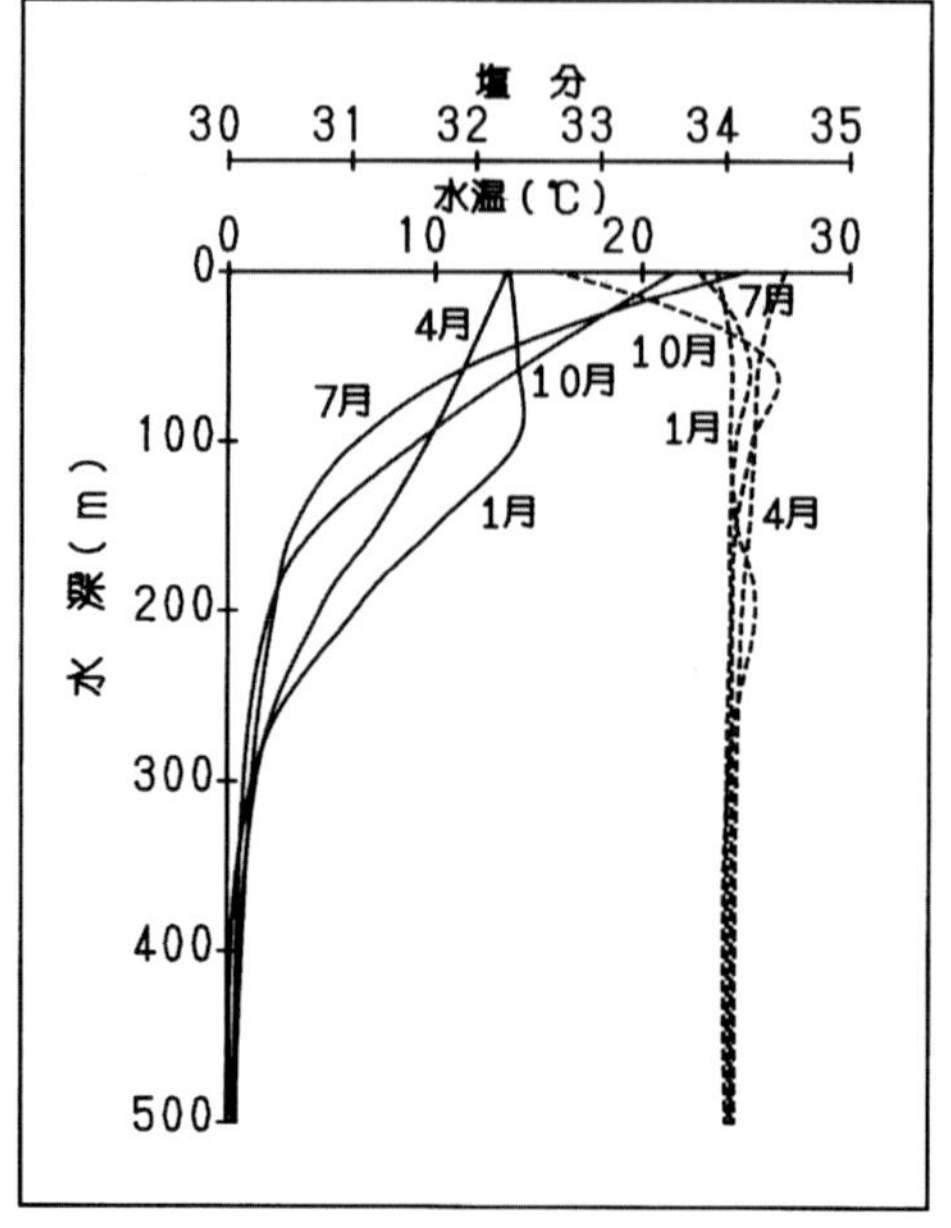

図 3-2　水温（実線）と塩分（破線）の鉛直分布図（水深300mより深い所は水温1℃以下、塩分34.0台で、周年変化の少ない「日本海固有水」の特徴を示す）

水深（m）
0
100
200
300
400
500
600
20.0°C
15.0
10.0
5.0
1.0
0.5
2001年7月金沢沖水温鉛直分布

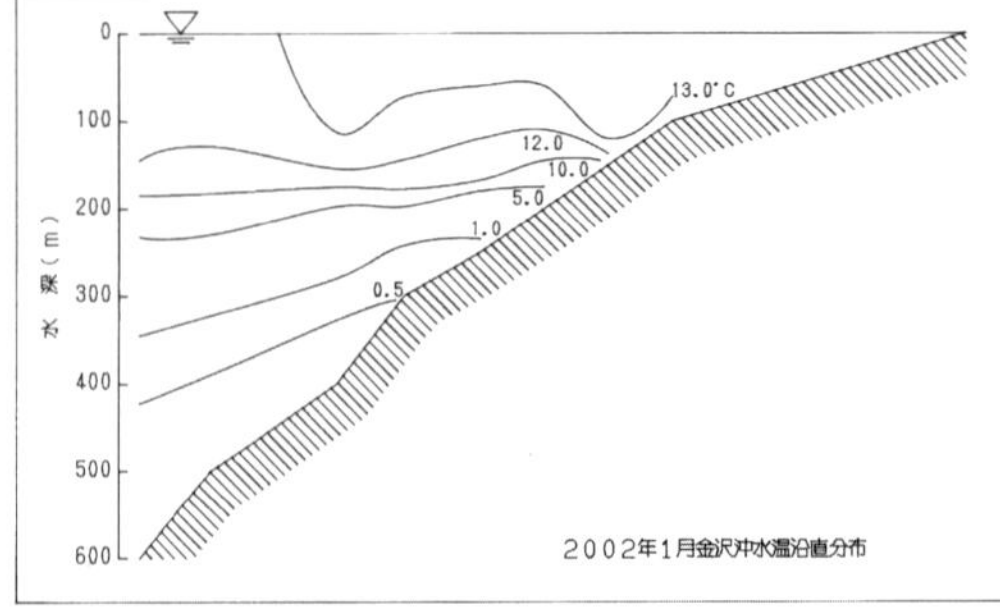

図 3-3　金沢港北西沖ライン上の水温断面図（上図は夏季、下図は冬季、アマエビが主な生息場とする水深500m前後では周年にわたって水温1℃以下と途方もなく冷たい海水で満たされている）

よって形成される冷暖水の水塊配置は、回遊性のマイワシ、ブリ、スルメイカなどの漁場形成と密接に関係する。

季節変化のない海底に棲むアマエビ

一方、底層水温の季節変化は（図３―３に夏と冬を示す）、水深２００ｍで2.8～5.6℃、水深３００ｍで0.8～1.4℃、水深４００ｍで0.4～0.7℃、水深５００ｍで0.3～0.6℃である。水深２００ｍでは、先述した温度躍層に掛かるため、季節変化の幅が比較的大きい。しかし、３００ｍ以深では、1℃を下回ることが多く、水深が増すにしたがって季節変化の幅が小さい、安定した海底環境を示す。底層塩分の季節変化は、水深２００ｍより深い所での変化の幅は小さく、水深５００ｍでは僅かに34・02～34・10である。このように、水温が1℃以下、塩分が34・０台で、季節変化のほとんど認められない極めて安定した海底環境は、序章と第２章で触れた日本海の３００ｍ以深を広く覆う「日本海固有水」と調和的である。アマエビは、まさしく日本海固有水に覆われた大陸棚から大陸棚斜面を主な生息場としている。したがって、能登半島近海で調べた研究結果は、日本海産アマエビの生態学的特性を表している、といって差し支えない。

水深の割に極めて低い水温

日本海は、水深の割に水温が極めて低く、安定している。地球上の中緯度で、このような海は他に見られない。この特異といってもよい海洋環境は、アマエビの生態学的特性にさまざまな形で影響を及ぼしているものと推察される。その詳細を見ていくことにしよう。

2 アマエビの生態学的特性

アマエビの調査が困難だったわけ

アマエビは水深500mの深海に棲み、しかも脱皮をするため年齢を読むのが難しく、その成長はよくわかりませんでした。能登半島近海での研究では、8年間にわたる350回の曳き網調査で4万6千尾余りのサンプルを得て、稚エビの採集にも成功。成長の解明にあたりました。

年齢を読めない甲殻類

海洋生物の生態学的特性の中でも、成長を明らかにすることは、極めて重要になる。特に、水産資源を合理的に利用するためには、同時に生まれた一定数の子供が、生涯にどれだけ成長して親となり、子供を残して死んで行くのか、この過程を知ることが不可欠である。ヒトでは、生命保険の算定などにも用いられる生命表である。最近では、少子化が問題になっているが、人口推計とも不可分の話だ。

成長を知るため、多くの海洋生物では、歯や脊椎骨や、鱗のような硬い組織に残るカルシウムなどの沈着リズムによって、年齢を読む方法が確立している。しかし、甲殻類では、そのような年齢形質が存在しない。そのため、成長を明らかにすることが極めて難しい。標識をつけて海に放流しても、脱皮してしまうと元も子もないからである。アマエビについても、同様の理由から、成長がよくわからなかった。そのため、研究者間で成長速度や寿命、あるいは性転換年齢の推定値に大きな差があった。結局、成長がわからないことには、アマエビの生活史の全容解明にはほど遠いのである。

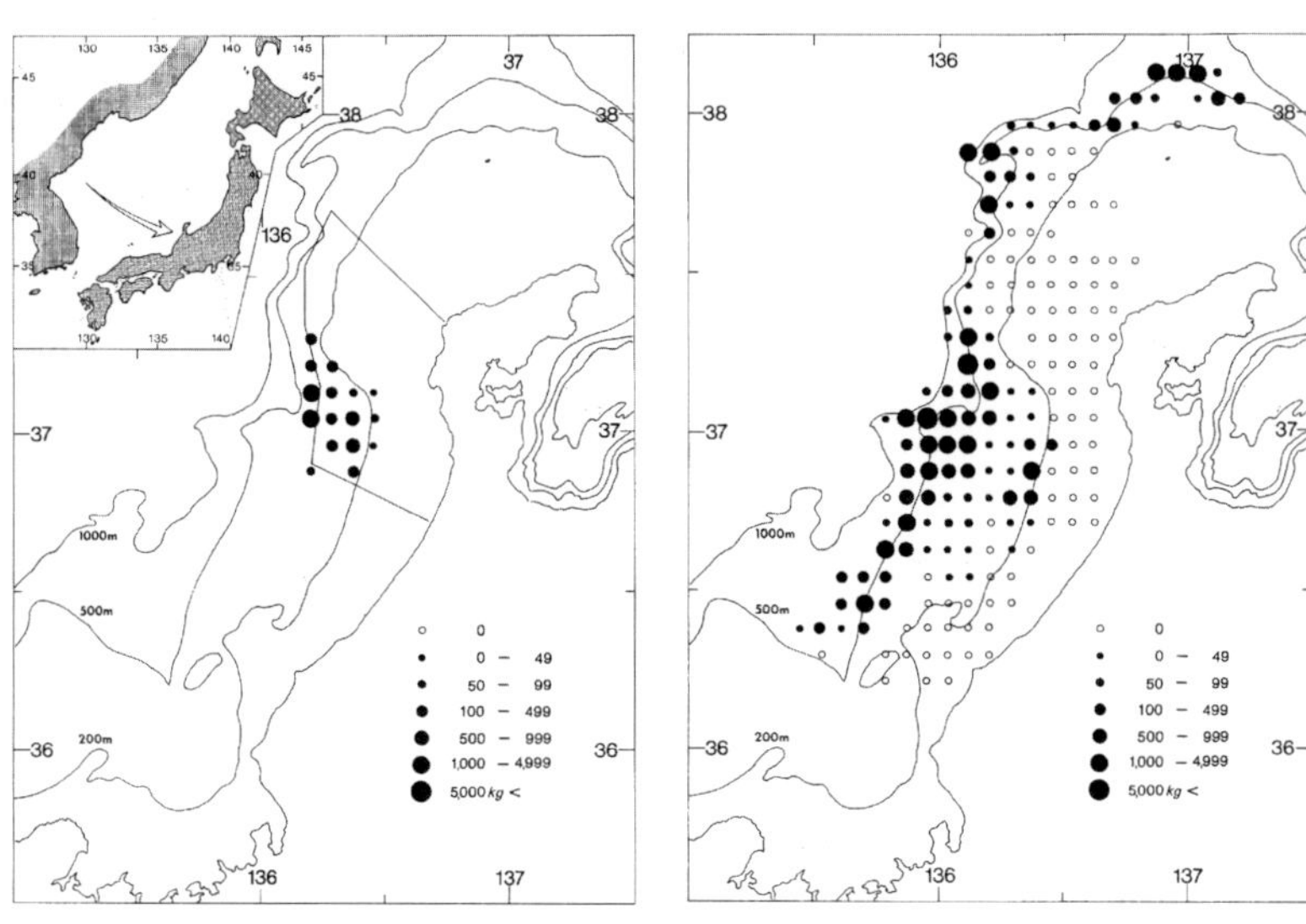

図 3-4　アマエビ漁場図（左図は籠漁業、右図は底びき網漁業の漁場図で、おおよそ水深500m前後と200m前後に好漁場を形成）

アマエビ研究の手法

そこで、研究では、⑴アマエビの繁殖生態を、試験船および標本漁船のデータを用いて継続的に調べた。次に、⑵研究期間中に偶然に発生した卓越年級群を追跡することによって、成長を実証的に解明した。そして、得られた成長式・寿命などから、生命表の作成に欠かせない自然死亡係数（生残率）を推定した。また、⑶前述の結果を受けて、分布と移動を含めた生活史を解明した。更に、⑷アマエビの性転換について、性転換年齢と群構造の関係に注目して解析した。最後に、⑸得られた結果について、他海域産との比較を通じて、日本海産アマエビの世界的位置づけをおこなった。

謎の多い日本海産アマエビの生態

研究対象とした能登半島近海は、日本海でも有数のアマエビ漁場である。図3—4の左側に籠漁業、右側に底びき網漁業の漁場を示した。底びき網漁業の主な漁場は、水深にして500m前後である。籠漁業の漁場は、操業区域を制限されている関係で、底びき網漁場より幾分浅めである。両漁業を合わせた年間の漁獲量は、250～800tの範囲で、近年は600t前後で推移している。金額にすると10億円弱になる。日本海の中でも、能登半島近海は、北海道沖に次ぐ漁場となっている。

日本海産アマエビは、国内有数のエビ類資源であることを第1章で述べたが、その生態については謎が多い。最大の理由は、主な生息場の水深が500m前後と極めて深いこと、年齢形質が存在しないこと、そして稚エビの採集に成功していなかったこと、などが挙げられる。

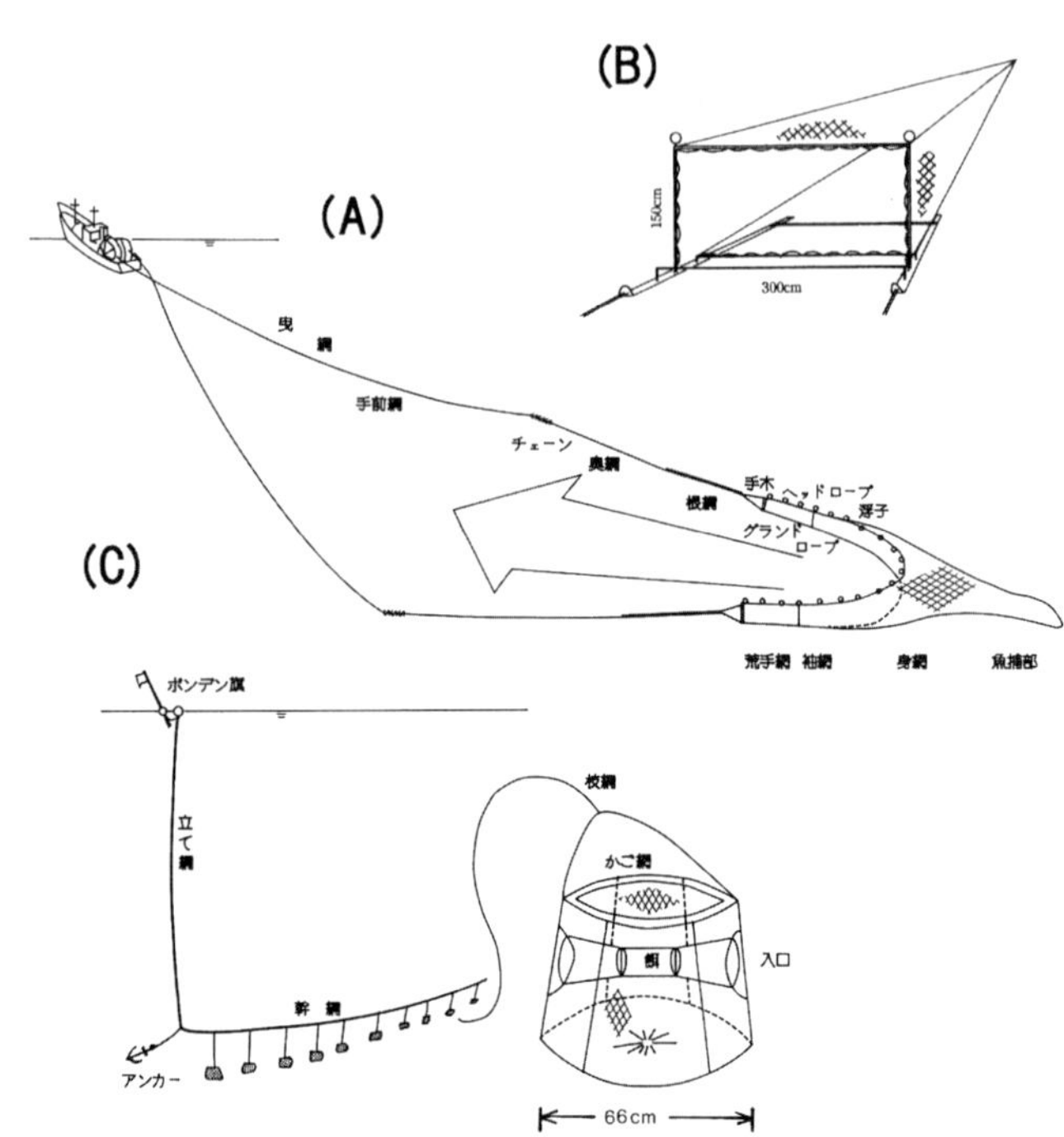

図3-5　アマエビを採集するための漁具（A：底びき網、B：ソリ付ネット、C：籠）

8年間で4万6千尾余りのサンプルを得る

研究ではまず、図3—5に示す底びき網（かけ廻し）と籠、それに稚エビ採集用に試作したソリ付ネットを用いて、図3—1に示す海域で

表 3-1　アマエビ採集試料（試験船で 291 回、標本漁船で 59 回の曳網調査の結果、合わせて 46,139 尾を採集して解析に供した）

西暦年	曳網回数			アマエビ採集個体数			
	試験船		標本漁船	試験船		標本漁船	合計
	底びき網	ソリ付ネット	びき網	底びき網	ソリ付ネット	底びき網	
1986	7	16	10	168	962	2, 498	3, 628
1987	7	26	11	797	1, 135	2, 774	4, 706
1988	6	28	12	2, 118	929	3, 317	6, 364
1989	29	25	12	2, 655	1, 008	3, 602	7, 265
1990	26	23	14	3, 995	1, 257	3, 787	9, 039
1991	21	21	–	1, 616	1, 278	–	2, 894
1992	25	21	–	5, 395	1, 137	–	6, 532
1993	10	–	–	5, 711	–	–	5, 711
合計	131	160	59	22, 455	7, 706	15, 978	46, 139

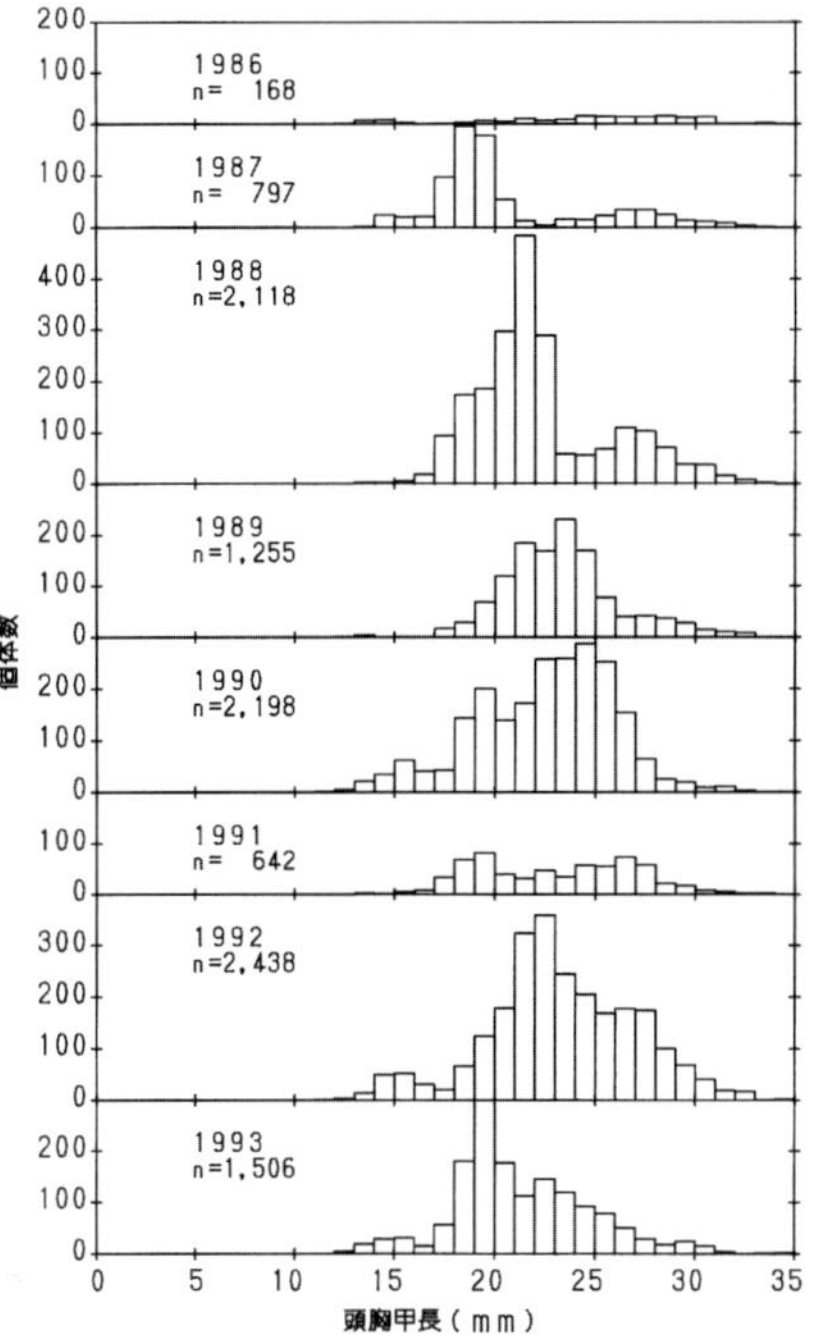

図 3-6　1 月に採集したアマエビ頭胸甲長組成の経年変化（1987・1988 年のように生まれた子供の数が多い卓越年級が出現すると、これを追跡することによって成長の解明に繋げることができる）

1986年から8年余りにわたって、水深別調査を繰り返し実施した。延べにして、試験船で291回、標本漁船で59回の曳き網調査を実施し、合わせて4万6139尾のサンプルを得て、これを解析した（表3―1）。この間、生まれて間もない稚エビの採集に成功したほか、幸運にも卓越年級群が発生して、これを追跡することで成長の解明に役立てることができた。卓越年級群とは、前後に生まれた年級群と比べて個体数が著しく多い年級群のことである。**図3―6**に1986年から8年間にわたって、1月に採集した個体サイズ（CL）の経年変化を

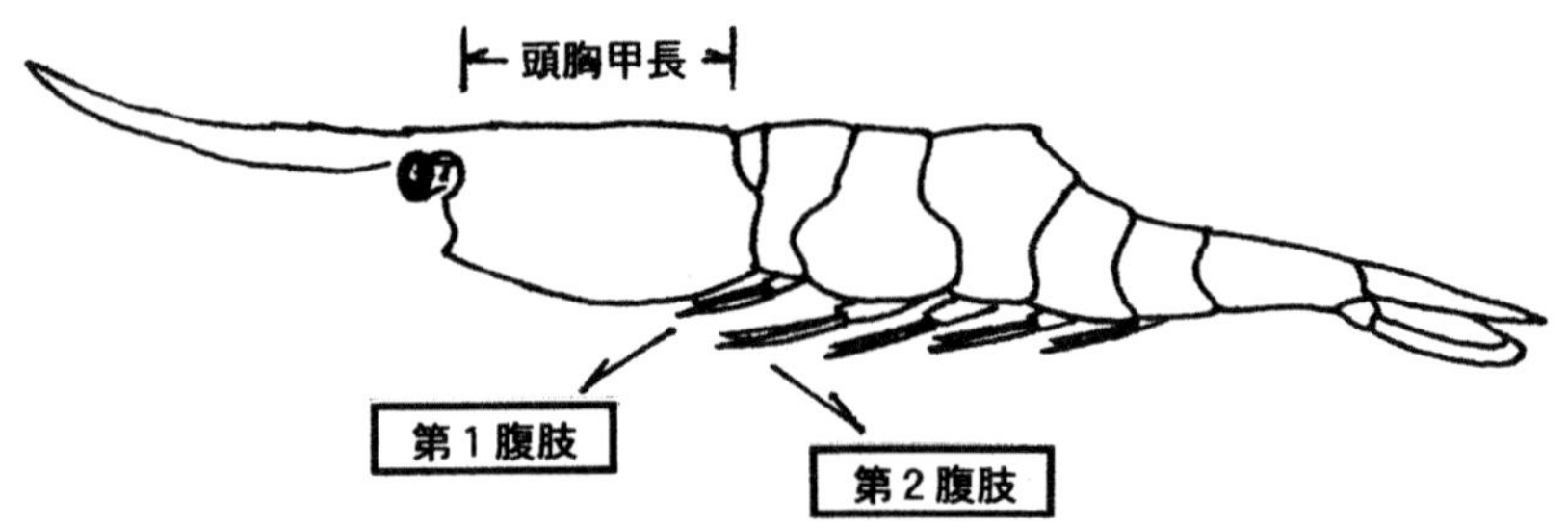

図 3-7 第 1 と第 2 腹肢（内肢側の小突起に第 2 次性徴が現われるので、これを観察して性を判別できる）

示したが、卓越年級群の存在を見て取れる。なお、CLは、頭胸甲長（Calapace Length）の略で、眼窩後縁から甲背末端までの距離である（図3―7）。頭胸甲長は、成長に比例して大きくなることから、大きさの指標として用いられることが多い。

（1）繁殖生態

【性転換】

オスは小型、メスは大型を確認

アマエビを含むタラバエビ属は、オスからメスに性転換することを第1章で述べたが、能登半島近海でもこれを検証した。まず、採集した全個体について、第2次性徴の現われる第1・2腹肢内肢側の小突起を観察した（図3―7）。その結果（図3―8）、第1腹肢内肢の copulatory organ（図中の c.o.）と第2腹肢内肢の appendix masculina（雄性突起、図中の a.m.）の形態変化から、僅かの例外を除いて(A)~(D)の４段階に区別できることがわかった。(A)はc.o.とa.m.が発達したオス、(B)はc.o.が縮小・退化し、a.m.の剛毛が消失して頭胸甲内に卵巣を保有する性転換個体、(C)は(B)が脱皮して腹肢に卵を付着させるためのてん絡糸をつけた抱卵または幼生孵化直後の初産メス、(D)はc.o.とa.m.が痕跡

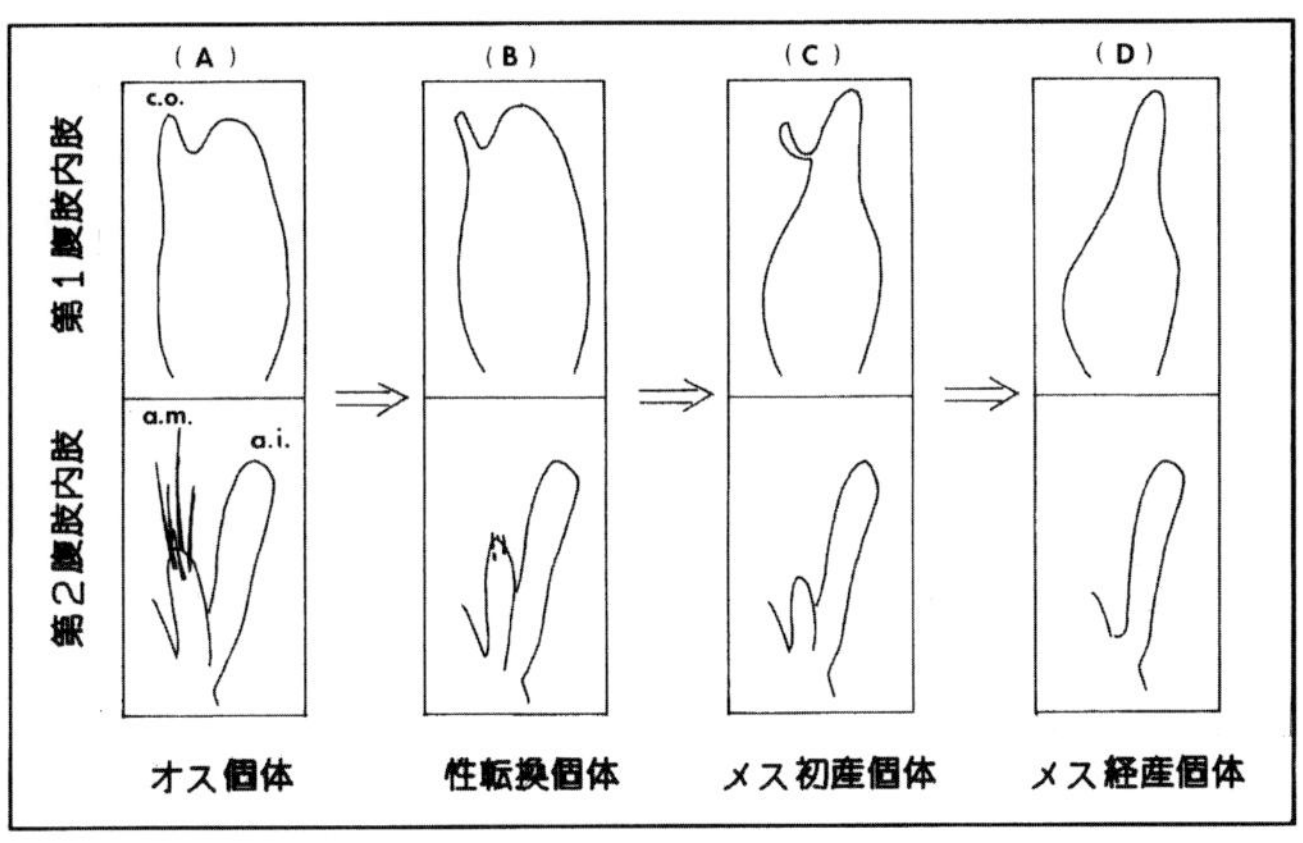

図 3-8　第１と第２腹肢内肢側の小突起に現われる形態変化（オス、性転換、メスの初産、メスの経産個体の判別が可能となり、年齢解析にも有用である）

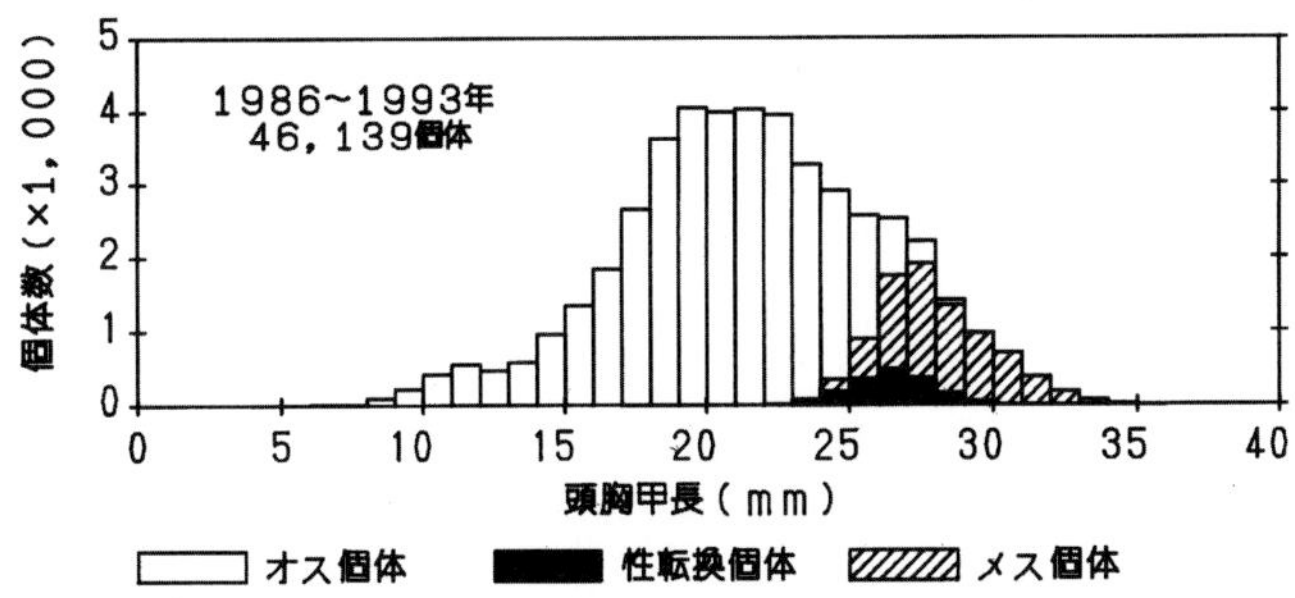

図 3-9　全測定したアマエビの性区分（頭胸甲長の小さい方にオス、大きい方にメス、その中間に性転換個体が出現することから、オスからメスへの性転換が確認される）

的に残るか完全に消失し、幼生孵化後の一時期を除いて抱卵または頭胸甲内に卵巣を保有する経産メスである。アマエビは、雄性先熟の隣接的雌雄同体現象を示すことから、(B)は機能的にメスとみなすことができる。すなわち、(A)から(B)に変わる段階に精巣が縮小して卵巣が発達し、いわゆる性転換が始まったことになる。なお、第2次性徴を有さない小型個体はオスと考えられるが、後述するように小型メスが僅かに存在した。以下、本書では、腹肢の形態(A)~(D)を記す場合は、本定義にしたがうものとする。

能登半島近海で採集した個体のすべてについて、オス(腹肢の形態A)、オスからメスへの転換期にある性転換個体(腹肢の形態B)、およびメス(腹肢の形態CとD)に分けた頭胸甲長組成を、**図3―9**に示した。通算8年間にわたる調査で採集した4万6139個体(CL5・0~37・4㎜)のうち、オスは3万7285個体(CL5・0~29・6㎜)、性転換は1658個体(CL21・0~30・5㎜)、メスは7171個体(CL22・6~37・4㎜)であった。そして、いずれにも属さない小型メスが25個体(全体の0.5%)であった。以上の通り、僅かの例外を除いて、オスが小型群、メスが大型群、そして性転換個体がオスとメスの間の頭胸甲長範囲に認められることから、能登半島近海産アマエビでも性転換が確認された。ここで、オスとメス個体はいずれも各月にわたって認められたが、性転換個体は5月前後を除く各月に認められた。性転換個体が一時的に存在しないのは、性転換の開始時期に起因すると考えられた。

【深浅移動】
子持ちエビは、春は深く、冬は浅くに移動

アマエビを漁獲する底びき網漁業の年間の操業形態は、7・8月の休漁期を挟んだ前後の春(3

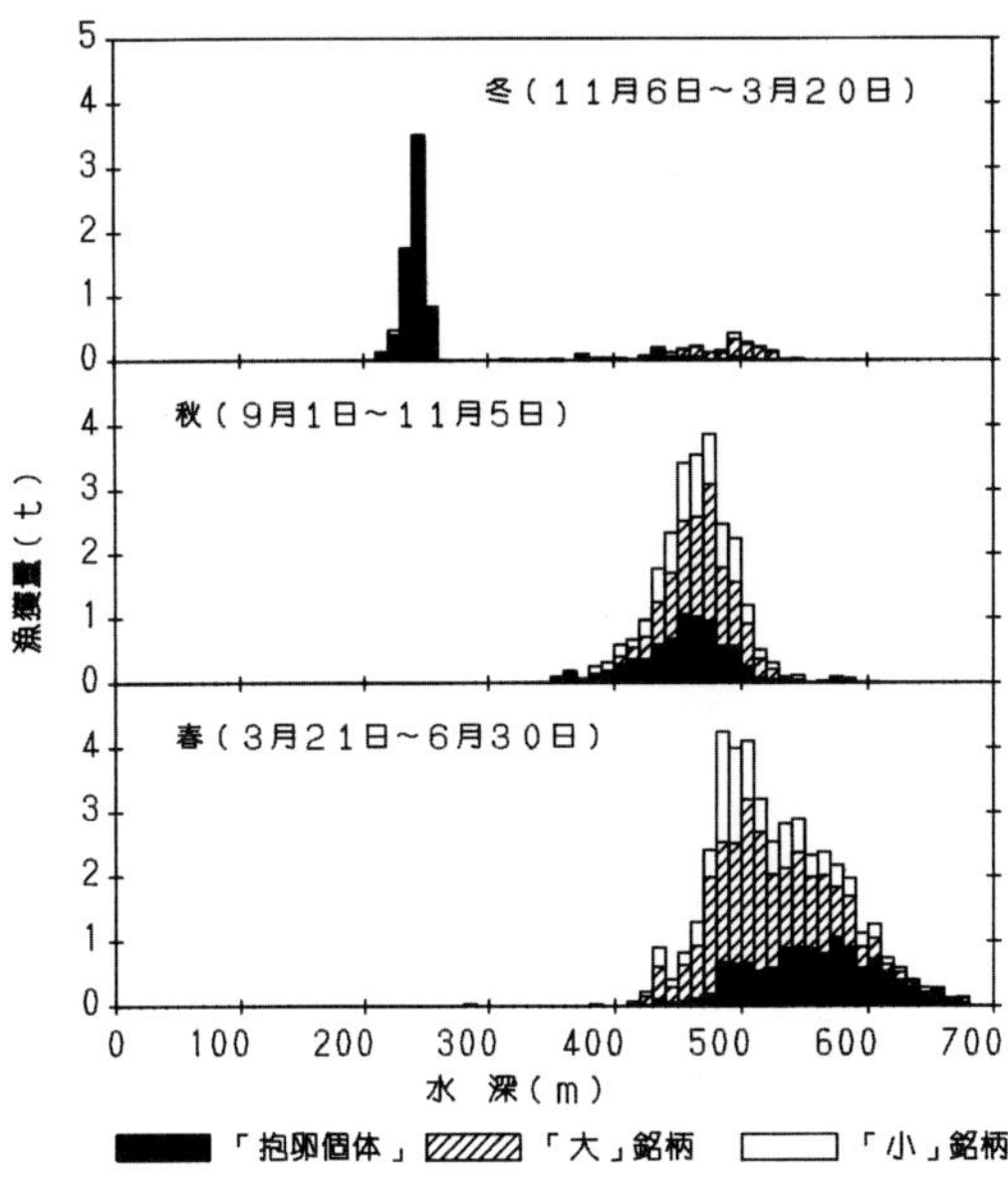

図 3-10　春・秋・冬の水深別漁獲量（春に水深 480 ～ 670m で漁獲された抱卵個体は、徐々に浅い海へ移動して、冬に水深 240m 前後で漁獲される）

月21日～6月30日）と秋（9月1日～11月5日）、そして冬（ズワイガニ漁期：11月6日～3月20日）の季節別に特徴づけられる。そこで、標本漁船の操業位置と漁獲記録から、水深別（10ｍ毎）の漁獲量を、季節別に**図3―10**に比較した。図では、横軸に水深、縦軸に下から春、秋、冬の順で水深別漁獲量を銘柄別（抱卵個体・大・小）に示した。図中の黒塗りは「抱卵個体」を表している。そこで気づくことは、漁獲量が春・秋とも水深４８０ｍ前後で多いが、春には深い方へ、秋には浅い方へそれぞれ裾を広げていることである。中でも「抱卵個体」は、春では水深４８０～６７０ｍ、秋では水深４００～５００ｍ、冬では水深２４０ｍ前後の水深帯で、それぞれ多く漁獲された。すなわち、「抱卵個体」の漁獲が、季節の進行に合わせて深い海から浅い海へ徐々に移動するという、極めて特徴的な変化が明らかであった。一方、銘柄「小」の漁獲は、春・秋ともに浅い海へ偏る傾向にあった。次に、緯経度５分枡目ごとの漁獲量

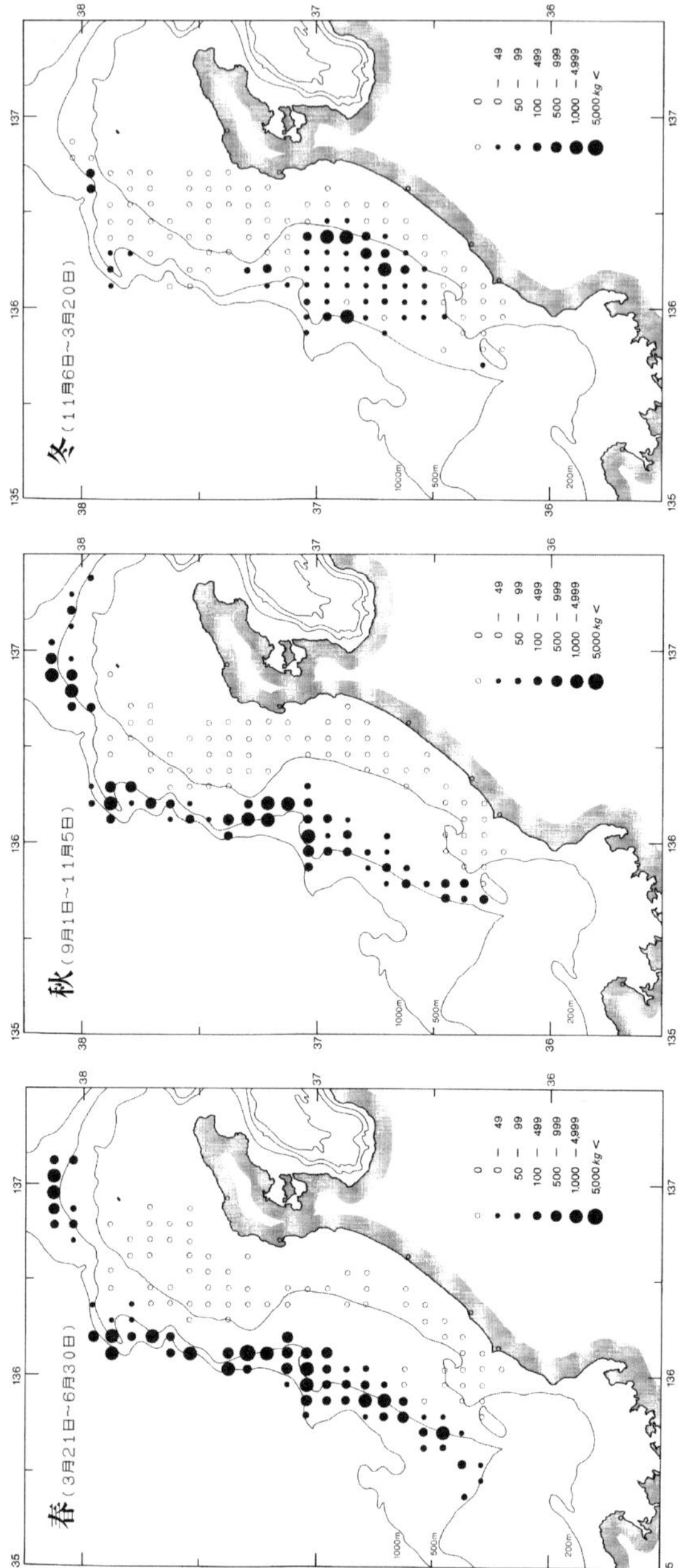

図 3-11　春・秋・冬の漁場図（主な漁場は水深 500m 前後であるが、冬はズワイガニ漁が主になるため春・秋よりも浅い水深帯での操業が多い）

を、季節別に図3―11に示した。主な漁場は、水深500mに沿う水深帯であるが、冬には水深200m近くにも形成され、季節的な変化が見て取れる。図3―10と合わせて、季節的に明瞭な漁場変化が、「抱卵個体」を中心とする深浅移動に起因することがわかる。

【産卵期と産卵海域（水深）】

産卵期は3~4月、海域は水深400~600m

アマエビの性転換の開始時期は、少なくとも5月以降であることを先に述べた。そして、頭胸甲

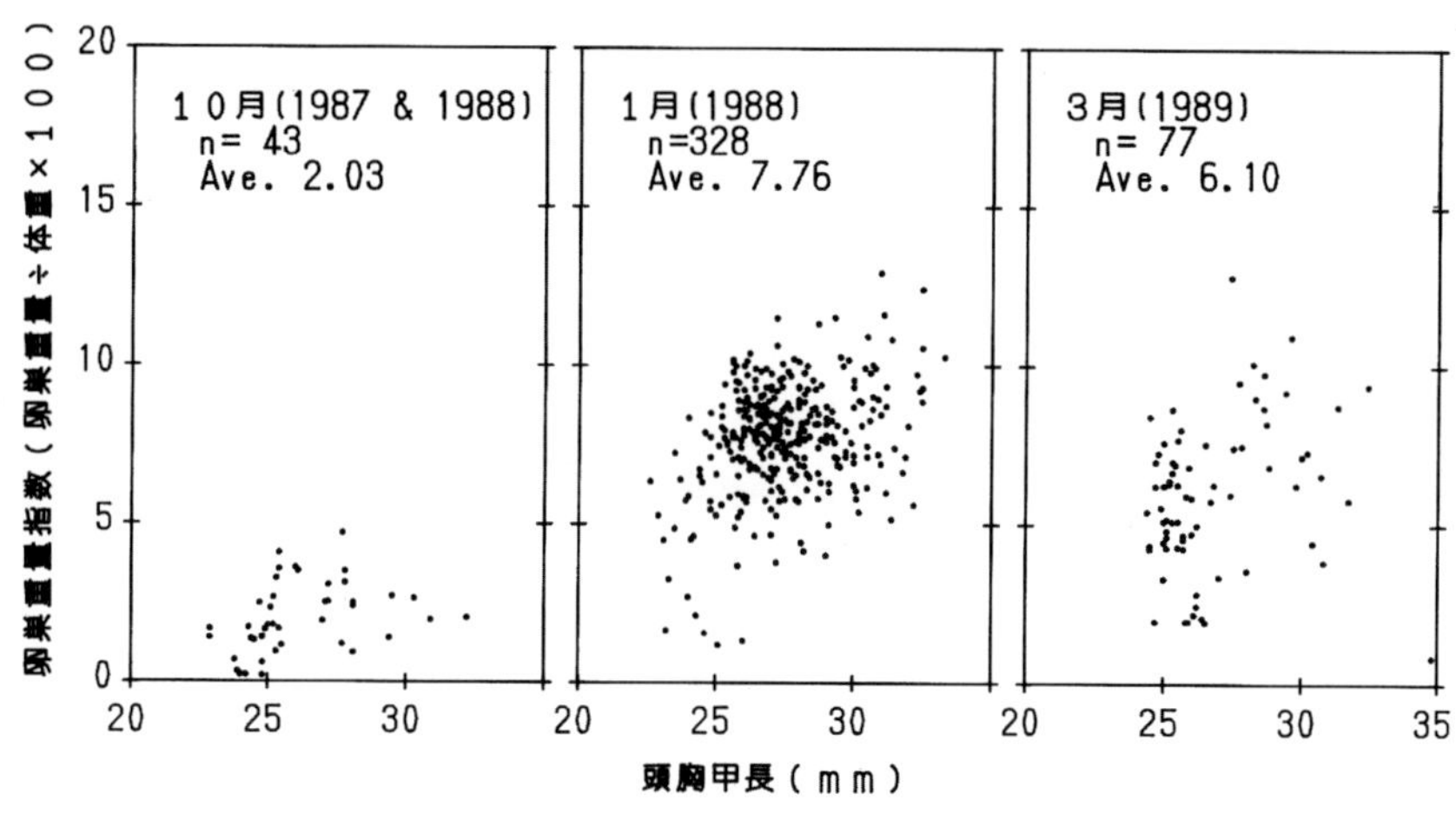

図 3-12　卵巣重量指数の月変化（10月以降に発達して、１月ではほぼ成熟状態に達し、３月では産卵が始まったことが窺える）

内に青緑色に発達した卵巣が、9月頃から視認できるようになる。そこで、おおよその産卵周期を掴むため、卵巣重量指数（卵巣重量÷体重）を、月別に比較した（図3―12）。その結果、卵巣重量指数は、10月から1月までの短期間で急速に増加し、3月では幾らか低下する傾向にあることがわかった。卵巣重量指数の低下は、卵巣重量指数の高い個体から順次、産卵が始まったことを示す、と考えられる。

次に、産卵期を見極めるため、卵巣の発達したメスが、交尾・産卵後に抱卵個体となる時期に注目した。そこで、それらの出現時期を検討するため、1～3月に採集したメスの頭胸甲長組成のうち、卵巣保有個体と産卵直後の抱卵個体（未発眼）の出現状況を月別に図3―13の左側に示した。更に、幼生孵化前の抱卵個体（発眼）と幼生孵化を終えたメスの出現状況を月別に同図の右側に示した。左側の図から、抱卵個体（未発眼）は1・2月には皆無で、3月になって認められた。この結果は、卵巣重量指数の発達とも整合的であった。また、卵巣保有個体は、4月にも認められた。これらのことから、産卵期は3～4月と推定された。

ここで抱卵個体は、交尾・産卵の直前に脱皮をおこない、初産のメスでは腹肢の形態が(B)から(C)に変化する（235ページ図3－8参照）。そして、初産も経産のメスも、脱皮して腹肢に卵を付着させるためのてんん絡糸をつける。てん絡糸は、次の脱皮まで残ることから、幼生孵化後のメスを識別する指標となる。

なお、1個体当たりの抱卵数は、1335～5865粒であった（平均と標準偏差で2803±738粒）。抱卵数は、頭胸甲長が大きくなるほど多い。そこで、両者の関係は、1次回帰式で表すことができる（図3－14）。なお抱卵数は、産卵から幼生孵化までの間に卵の脱落があるため、関係式は幼生孵化前に求めるのが適当で、

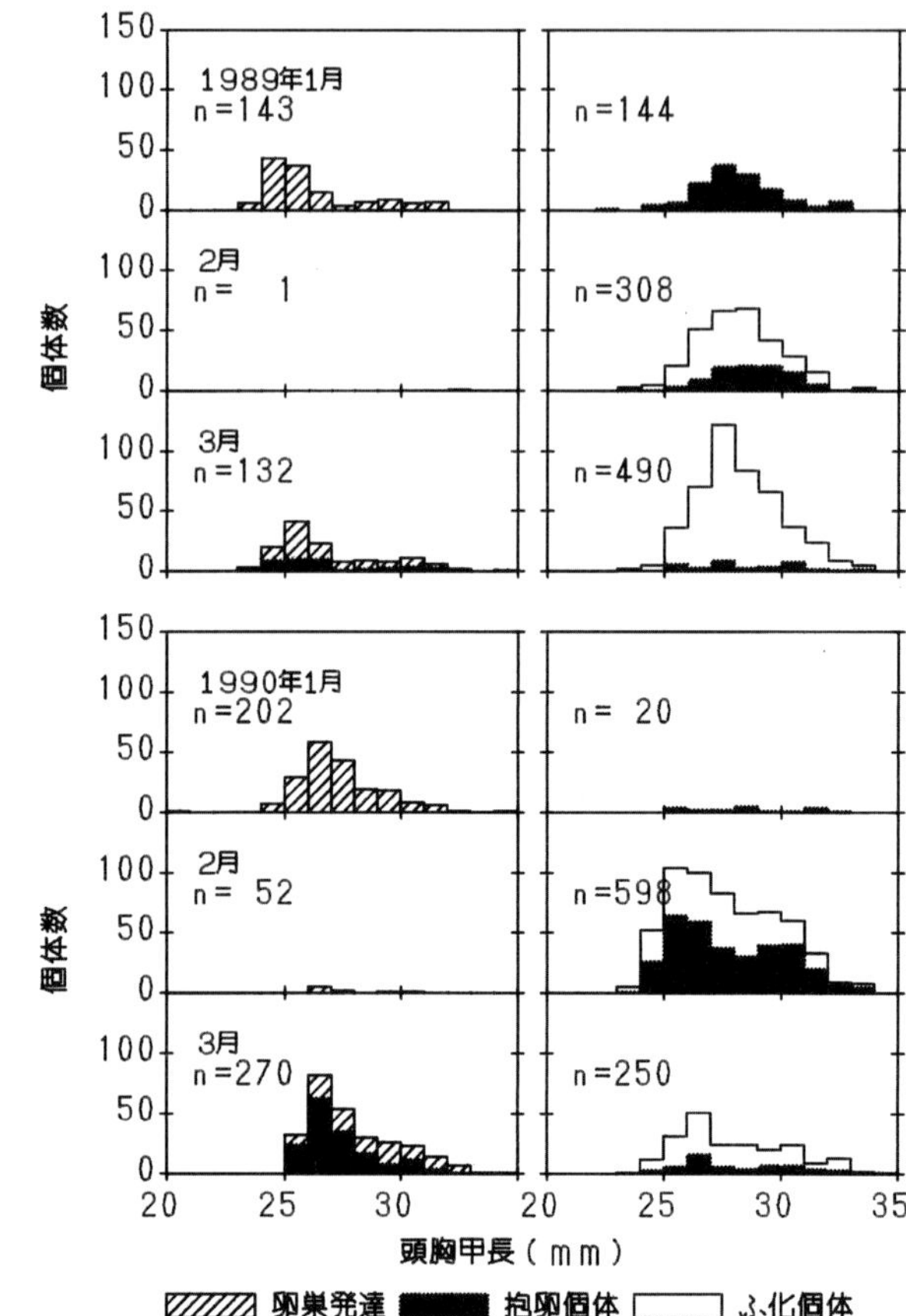

図 3-13 1～3月に採集されたメスの性状（左図：卵巣発達と抱卵個体（未発眼）の出現状況から3月には産卵が始まったことが窺える、右図：抱卵（発眼）と幼生孵化個体の出現状況から1～2月には幼生孵化が起こったことが窺える）

次式を得た。

***Y=-7414+359X* (*n=65,r=0.79*)**　………(1)

産出卵は、長楕円形で、平均短径０・94±０・06㎜、平均長径１・20±０・10㎜であった。

産卵海域の推定では、産卵期前の１月の卵巣重量指数を水深別に比較した（図３―15）。その結果、

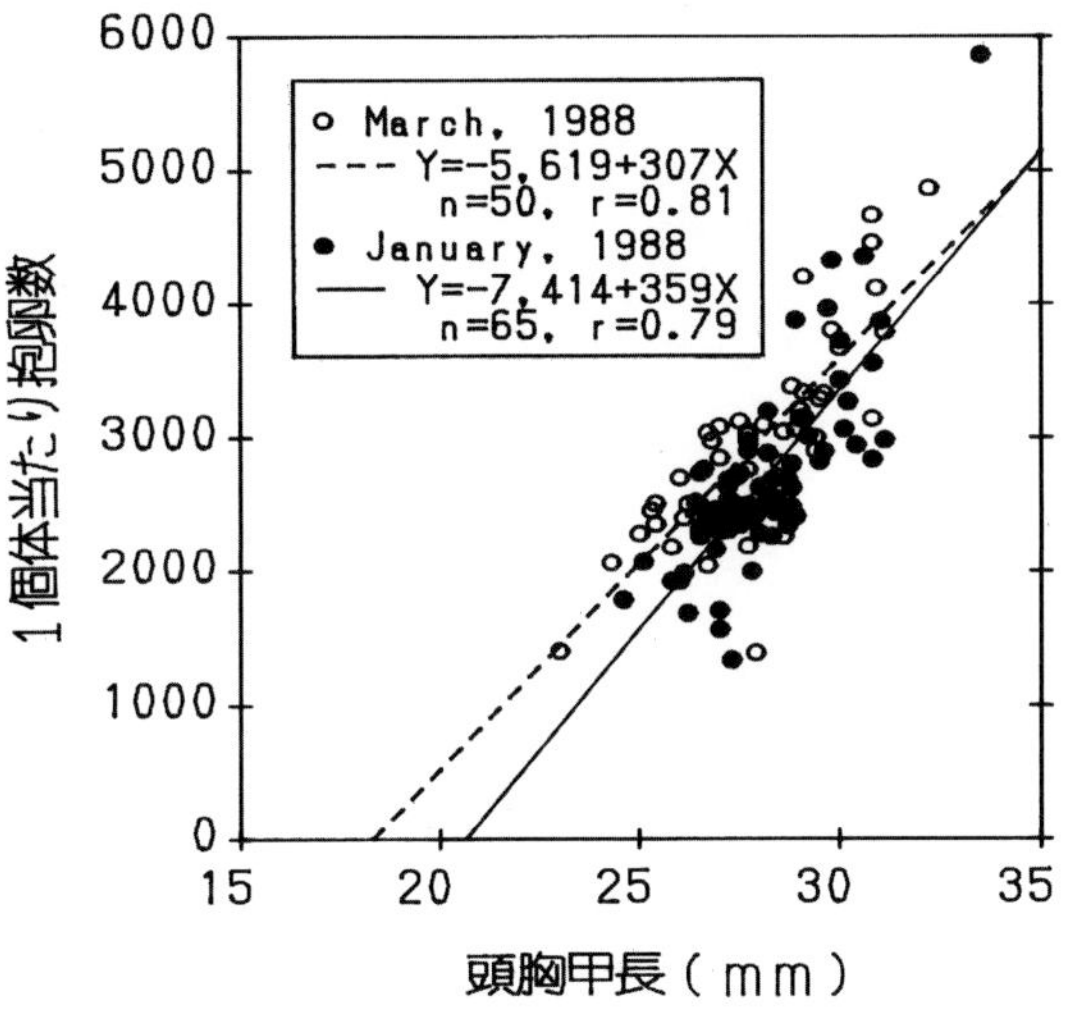

図 3-14　頭胸甲長と抱卵数の関係（頭胸甲長が大きくなるにしたがって抱卵数が増加、産卵後（白丸）と幼生孵化前（黒丸）では約１割の卵の脱落がある）

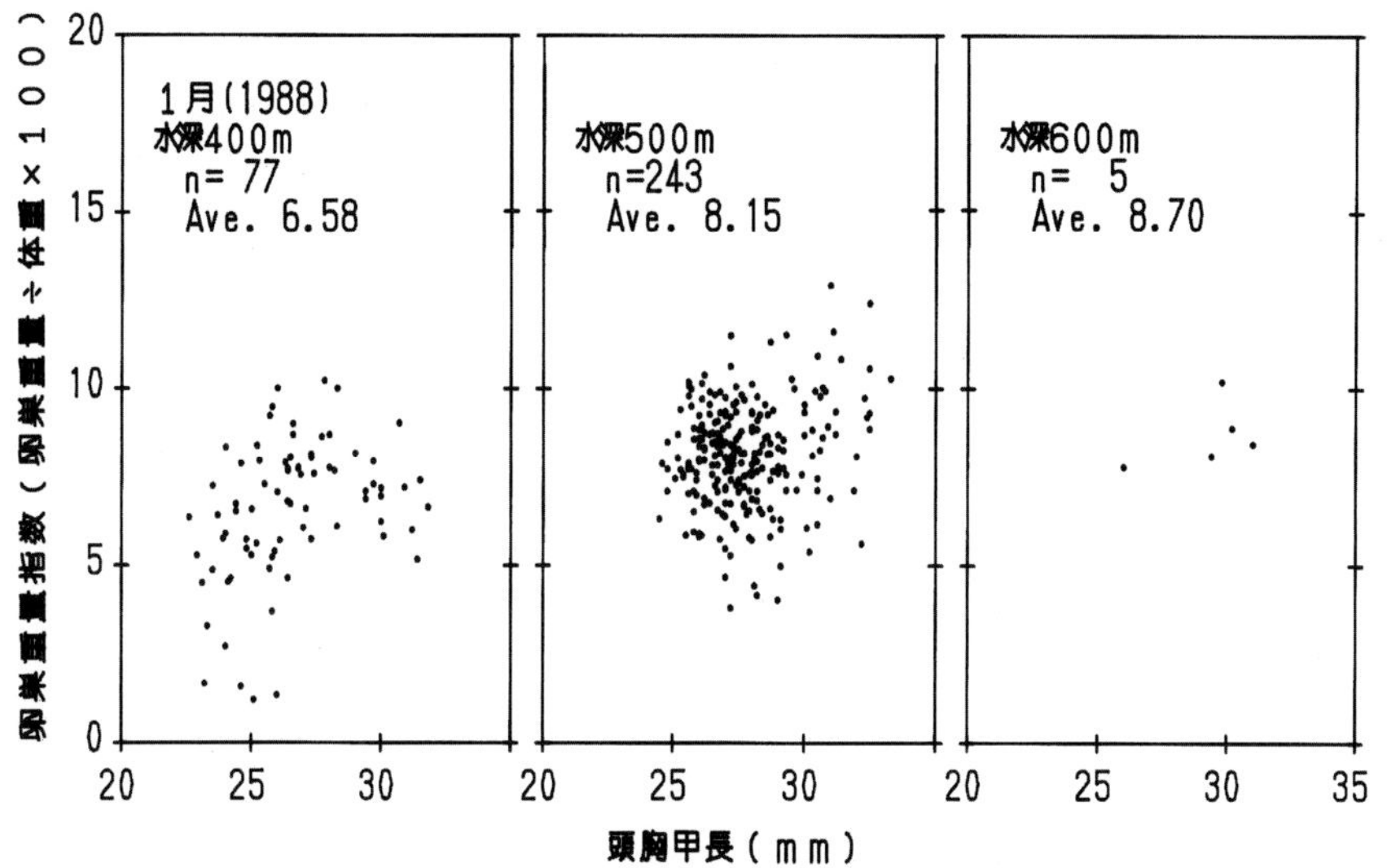

図 3-15　１月の水深別の卵巣重量指数（成熟個体が多く分布する水深 400 〜 600m が交尾・産卵海域と推定される）

卵巣の発達したメスは、水深500mを中心に400〜600mで多かった。先に示した図3—10の深浅移動で、春の銘柄別の分布水深を見ると、「抱卵個体」は水深480〜670m、成熟オスを含む「大」は水深420〜610mで、それぞれ多かった。交尾・産卵後の抱卵メスは、一時的に深い海へ移動する傾向にあり、600m以深に分布する個体のほとんどを占めた。そのため、交尾・産卵海域は、もう少し浅い水深400〜600mと推定された。なお、交尾・産卵期が3〜4月で、それほど間を置かずに5月頃から性転換が始まる。そこで、オスからメスへの性転換も、ほぼ同じ海域でおこなわれるものと推察される。

【幼生孵化期と幼生孵化海域（水深）】

孵化期は1〜2月、海域は水深200〜300m

抱卵個体は、冬に水深200〜300mに移動して来る。そこで、これらの抱卵個体を主に漁獲する籠漁業によって、幼生孵化期と幼生孵化海域を推定した。まず、市場の水揚伝票から銘柄別漁獲量（抱卵個体・大・中）の経月変化を調べた（図3—16）。その結果、「抱卵個体」が1〜2月、「大」が2〜3月、「中」が3月以降に多かった。「大」は、「抱卵個体」が幼生孵化を終えたメスが主である。したがって、幼生孵化期は1〜2月と推定された。先に示した図3—13の右側の図で、幼生孵化を終えたメスの出現

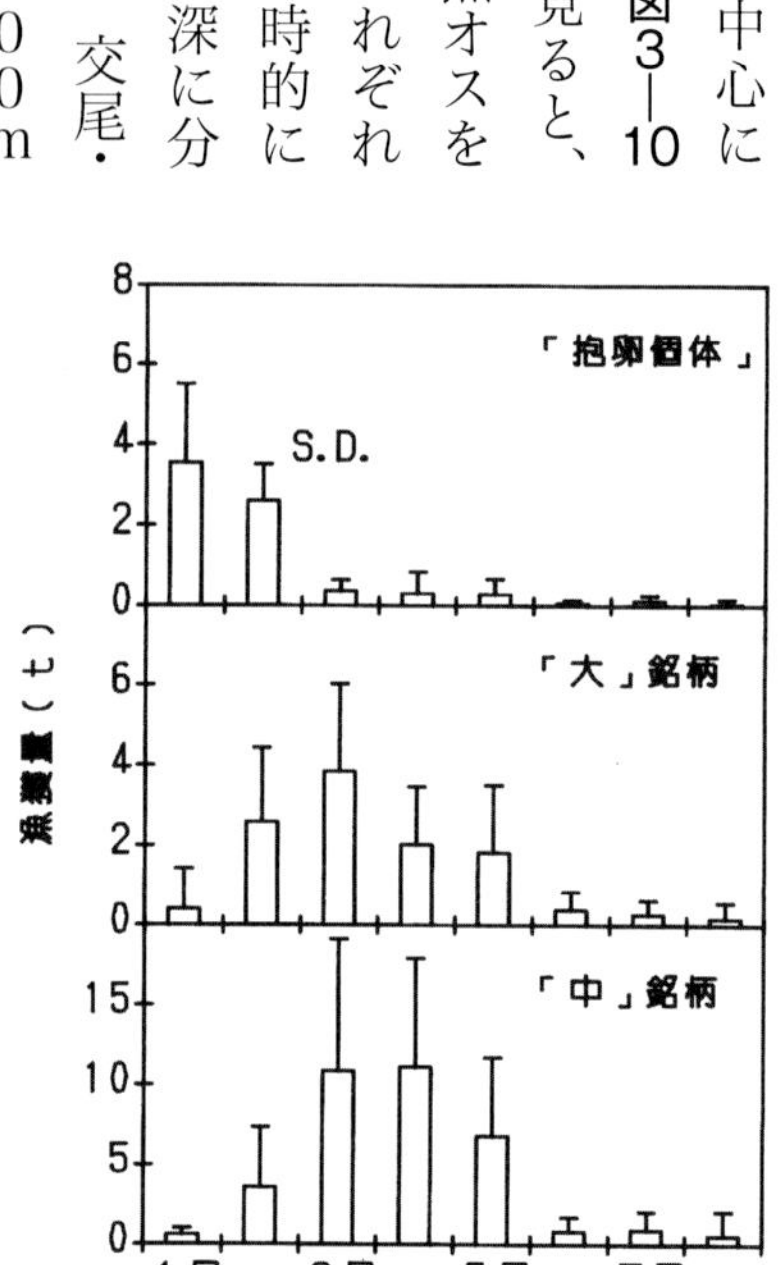

図 3-16　籠漁業の銘柄別漁獲量の経月変化（「大」は「抱卵個体」が幼生孵化を終えたメスで、2月頃から増加し、幼生孵化期に当たると考えられる）

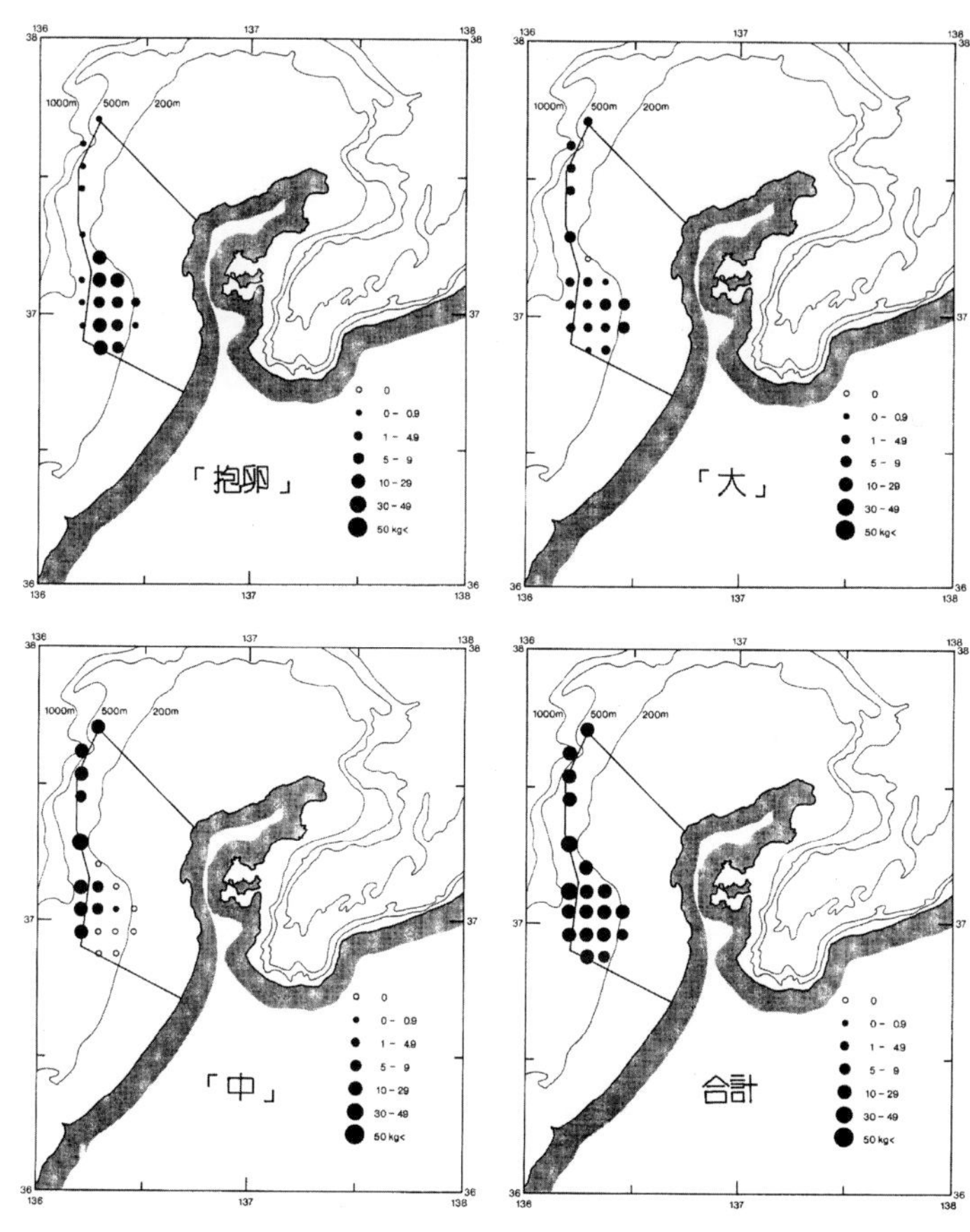

図 3-17　籠漁業の銘柄別の漁場（「抱卵」と「大」が浅い海、「中」が深い海に分布、抱卵個体は幼生孵化後、すみやかに深い海へ移動すると考えられる）

状況が、1～2月に多いこととも整合的であった。

次に、標本漁船の操業位置と漁獲記録から、緯経度5分桝目ごとの漁獲量を、銘柄別に**図3－17**に示した。主な漁場は、「抱卵個体」と「大」が水深２００～３００ｍ、「中」が操業区域の外縁線（水深３５０～４００ｍ）に沿う海域に形成された。これらの結果から、幼生孵化海域は水深２００～３００ｍと推定された。先に示した**図3－10**の深浅移動で、「抱卵個体」が冬に水深２４０ｍ前後で多く漁獲されたこととも整合的であった。また、「大」の漁獲量が、４月には急激に少なくなることから、幼生孵化を終えたメスは、すみやかに深い海へ移動するものと推察される。

【抱卵期間】
抱卵期間は約10カ月で隔年産卵

産卵期が3～4月、幼生孵化期が1～2月と推定された。したがって、抱卵期間は約10カ月になる。なお、幼生孵化を終えたメスは、卵巣が未発達で、すぐに産卵することはなかった。1～2月に幼生孵化を終えたメスは、半年余りの休止期を経て、図3―12で示したように、その年の秋頃から再び卵巣が発達する。そして、翌年の3～4月に交尾・産卵期を迎える（表3―2）。したがっ

表 3-2 アマエビの産卵周期（3～4月に産卵後、約10ケ月の抱卵期間を経て翌年の1～2月に幼生孵化、幼生孵化を終えたメスは卵巣が未発達でその年の秋頃から発達し、更に翌年の3～4月に交尾・産卵する、前回の産卵から1年を置くということで隔年産卵になる）

1月 - 2月	3月 - 4月	5月 - 8月	9月 - 12月
	産 卵 ―――	（抱卵：10カ月）	―――
――― 孵 化 ………	………	休 止 ………	卵巣発達 ………
……… 成 熟 ………	産 卵 ―――	（抱卵：10カ月）	―――
――― 孵 化			

表 3-3 多層曳ネットで採集した幼生の内訳（1月には採集されず、2・3月に採集されたが量的には少なかった、全体としてゾエアⅠ期が25～150m、Ⅱ期が75～100m、Ⅳ期が125m層に分布）

調査日	水深	曳網層	水温	塩分	幼生採集個体数	うち幼生発育期（ゾエア）Ⅰ	Ⅱ	Ⅲ	Ⅳ
1986年2月13日	100m	25m	10.4℃	33.99	1	1	-	-	-
	100m	50	10.4	33.99	1	1	-	-	-
	200m	125	10.2	34.01	1	-	-	-	1
	300m	150	10.3	33.99	1	1	-	-	-
1987年3月20日	200m	75m	10.7℃	34.21	3	2	1	-	-
	200m	100	10.8	34.27	2	-	2	-	-
	300m	75	11.0	34.32	1	-	1	-	-
1989年2月13日	200m	100m	12.0℃	34.27	2	2	-	-	-
	200m	125	11.7	34.22	1	1	-	-	-
1990年3月 5日	200m	50m	10.8℃	34.13	1	1	-	-	-
	200m	125	10.4	34.20	1	1	-	-	-

て、前回の産卵から1年の間を置くということで、隔年産卵になる。

【幼生の分布】水深２００～３００ｍで幼生孵化

幼生孵化が、1～2月に水深２００～３００ｍでおこなわれることを先に述べた。そこで次に、幼生の分布を多層曳ネットで調べた。調査は、幼生孵化期を踏まえて、1～3月に水深１００・２００・３００ｍで、１９８６年から5年間にわたって延べ9回実施した。その結果（表3―3に幼生採集分を記載）、第一章アマエビの生物学で触れた幼生の採集は、１月では皆無、2月と3月で延べ15個体と、幼生孵化期とも整合的であった。調査を通じて採集した幼生は、ゾエアⅦ期のうち、Ⅰ・Ⅱ・Ⅳ期であった。水深別には、水深１００ｍでゾエアⅠ期が2個体、水深２００ｍでゾエアⅠ期が7個体、ゾエアⅡ期が3個体、ゾエアⅣ期が1個体、そして水深３００ｍでゾエアⅠ期が1個体、ゾエアⅡ期が1個体であった。発育期別の採集水深層を見ると、ゾエアⅠ期が25～１５０ｍ層、ゾエアⅡ期が75～１００ｍ層、そしてゾエアⅣ期が１２５ｍ層であった。幼生が採集された水深層の水温は10・2～12・０℃で、底層に近

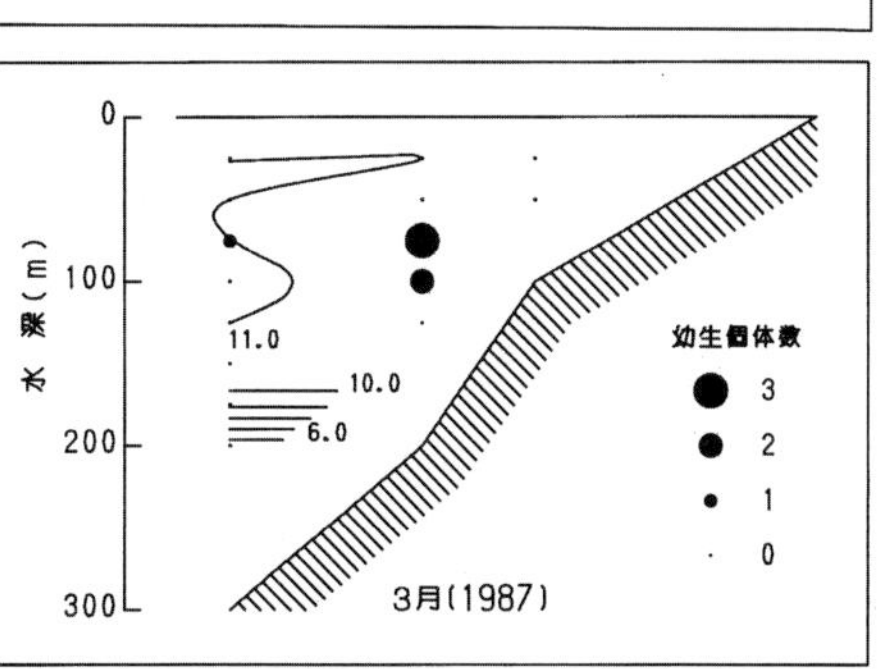

図 3-18　多層曳ネットで２月と３月に採集された幼生の分布水深と水温（水温 10 ～ 12℃の表層近くに分布、発育期が進むにしたがって深い海へ徐々に移動すると考えられる）

い5〜10℃の水温帯では全く採集されなかった（図3—18）。幼生は、鉛直的に見て、水温の高い方へ分布する傾向にあった。その結果、幼生は浮遊生活の期間が短期化することによって、捕食圧が弱まるなど、生育条件に正の効果が働いている、と考えられる。

調査では、幼生の量的な採集には残念ながら成功しなかった。しかし、全体として、幼生は水深200〜300mで水温10〜12℃の表層近くに厚みをもって分布する。そして、幼生の発育期が進むにしたがって、鉛直的な分布範囲が徐々に下層に狭くなる傾向が窺われた。

【幼生の浮遊期間】

1カ月程度と推定

幼生の浮遊期間は、自然海域で明らかにすることが極めて難しい。そこで、既往文献にある飼育実験の結果から推定した（図3—19）。それによると、能登半島近海で採集した抱卵個体から孵化した幼生を、ビーカー内で飼育した実験では、水温10℃で稚エビになるまでに要した日数は52日間であった。北大西洋産の飼育実験では、水温と飼育条件（ビーカーとトレイ）によって、浮遊期間が

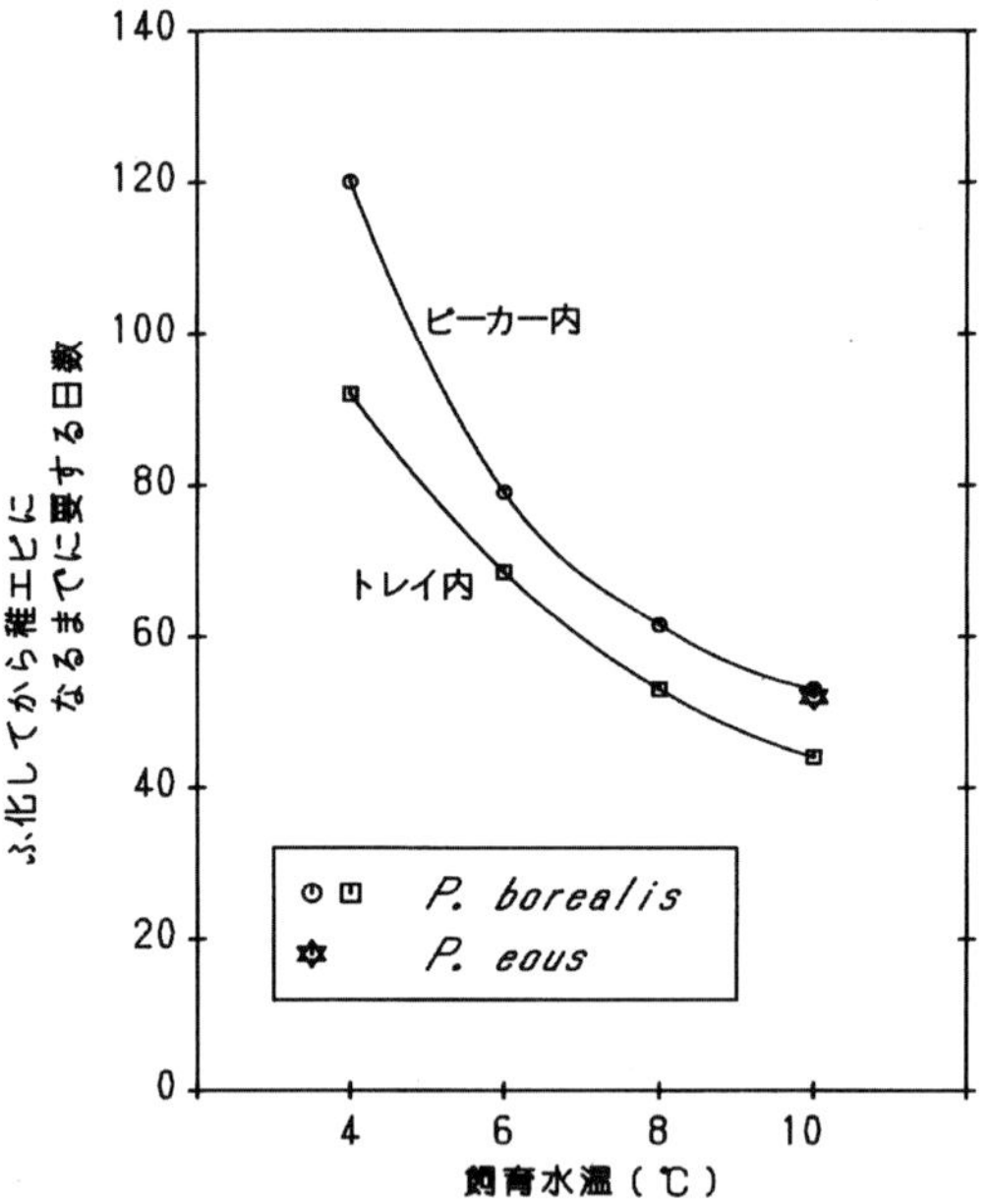

図3-19　ビーカーとトレイ内で飼育した幼生が水温の違いによって稚エビになるまでに要した日数の比較（能登半島近海で幼生が分布した水温（10〜12℃）を当てはめると、浮遊生活を1ケ月程度送るものと推定される、図はStickney & Perkins, 1977 と 皆川ほか,1975を参考に作成）

異なる結果が示されている。これに、能登半島近海で幼生が分布する海域の水温（10～12℃）を当てはめてみた。その結果、稚エビになるまでに要する日数は、ビーカー内で約50日間、トレイ内で約40日間であり、能登半島近海産の実験結果ともほぼ同様であった。幼生の発育速度は、トレイ内の方がビーカー内よりも早く、少なくとも自然海域の方が飼育実験を上回ると考えられる。これらの結果を踏まえると、能登半島近海での幼生の浮遊期間は、1カ月程度と推定された。

【幼生の着底水深と稚エビの分布】

水深300m前後に着底後、徐々に深い海へ

ソリ付ネットで4～10月に採集した個体の頭胸甲長組成を、月別に図3―20、水深別に図3―21に示した。ここで、小型個体の出現に注目すると、月別には7月の水深300mでCL5.9㎜が1個体、8月の水深350mでCL5.0㎜が1個体などであった。全体として7・8月にCL5㎜台、9・10月にCL7㎜前後の個体が採集された。稚エビ直前のゾエアⅦ期の頭胸甲長は、既往の飼育実験によるとCL3.4～4.4㎜であった。したがって、ソリ付ネットで採集した小型個体は、1～2月に孵化した幼生が、約1カ月の浮遊期間を経て着底後に、成長した個体と考えられる。水深別には、200mでは全く採集されず、300m以深で採集個体数が増加した。そして、水深の増加とともに、大型個体が主群を占めるようになった。図から、着底後の稚エビは、翌年の4月にはCL9㎜付近にモードを置く群に、更に翌年の4月にはCL15㎜付近にモードを置く群に繋がるものと推定された。これらの結果、約1カ月の浮遊生活を送った幼生は、水深300m前後に着底後、成長とともに深い海へ徐々に移動するものと考えられた。

以上で、アマエビのおおよその繁殖生態がわかった。そこで次は、成長を解明する。

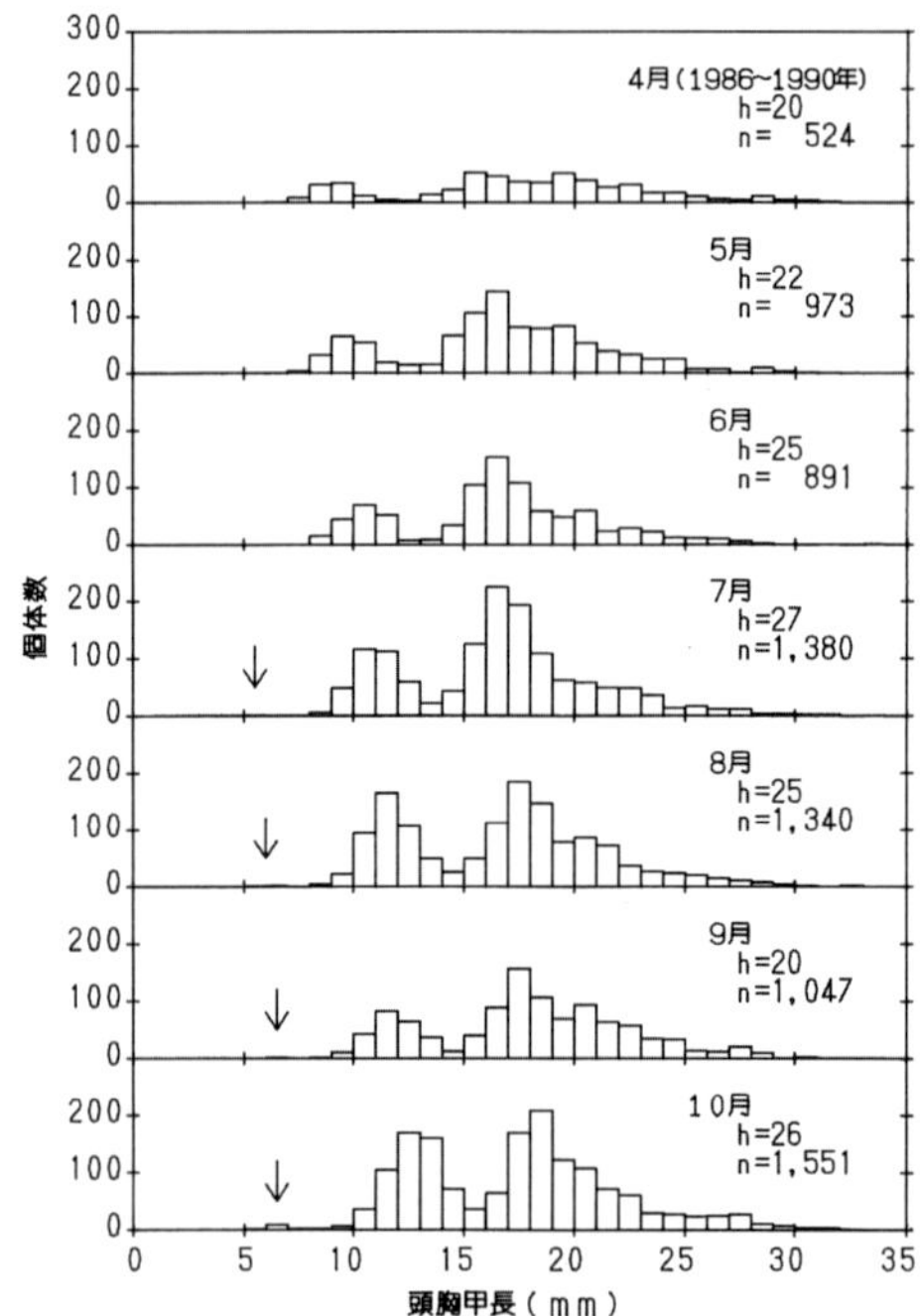

図 3-20　ソリ付ネットで採集した個体の月別頭胸甲長組成（着底して間もないCL5mm台の稚エビ（矢印）が7月から採集され始め、これらは1～2月に幼生孵化したと考えられる）

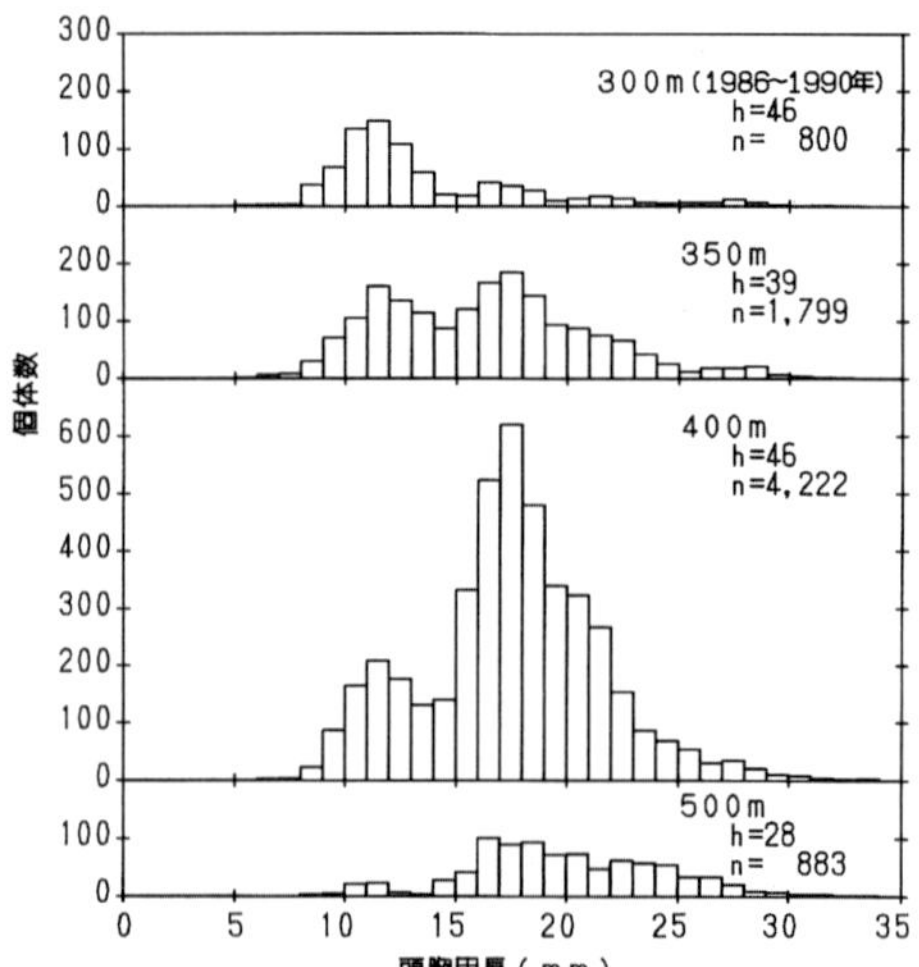

図 3-21　ソリ付ネットで採集した個体の水深別頭胸甲長組成（成長とともに深い海へ移動する様子が窺える）

（2）成長

【オス期の年齢群】3歳でCL18㎜、5歳でCL23㎜

１９８６〜１９９３年に採集した個体（4万６１３９尾）について、頭胸甲長組成の経月変化を追跡することによって、以下の結果を得た。頭胸甲長組成は（図3—22、１９８６〜１９８９年分を記載）、複数のモードを置く群で構成され、頭胸甲長の小さい方では、幾つかの明瞭なモードを置く群に分けられた。また、これらの群の出現時期は、個体数に差はあっても各年ともほぼ同様で、月の経過とともに頭胸甲長の増大が認められた。特に、１９８６年1月にCL14㎜台にモードを置く群に注目すると（図中の▽印）、頭胸甲長組成の継続的な変化によって、1年後の１９８７年1月にはCL18㎜台、2年後の１９８８年1月にはCL21㎜台に、それぞれモードを置く群に成長することがわかった。他の年の群についても、ほぼ同様な頭胸甲長組成の経月変化が認められ、これらのモードを示す群は年級群を表していると考えられる。また、年による各年級群の個体数の違いは、年級群の大きさに起因すると推察される。ここで、CL14㎜台にモードを置く群は、先の稚エビ調査の結果から、幼生孵化後2年を過ぎた個体である。したがって、幼生孵化期に当たる1月を成長の基準月とすると、１９８６年1月にCL14㎜台にモードを置く群は、１９８４年生まれの2歳群で、しかもその後の頭胸甲長組成の推移から、量的にも卓越した群とわかる。この卓越年級群を中心とする成長経過（図中の▽印）から、2歳に続く年級群のモードは、3歳でCL18㎜台、4歳でCL21㎜台、および5歳でCL23㎜台に出現した。そして、5歳になるまでの腹肢の形態は、オス期の特徴を表す(A)であった。しかし、5歳の秋頃からは、腹肢の形態が(B)（２３５ページ図3—8参照）で、卵巣の発達が始まる性転換個体が出現した。

なお、１９８４年生まれの卓越年級群の発生は、

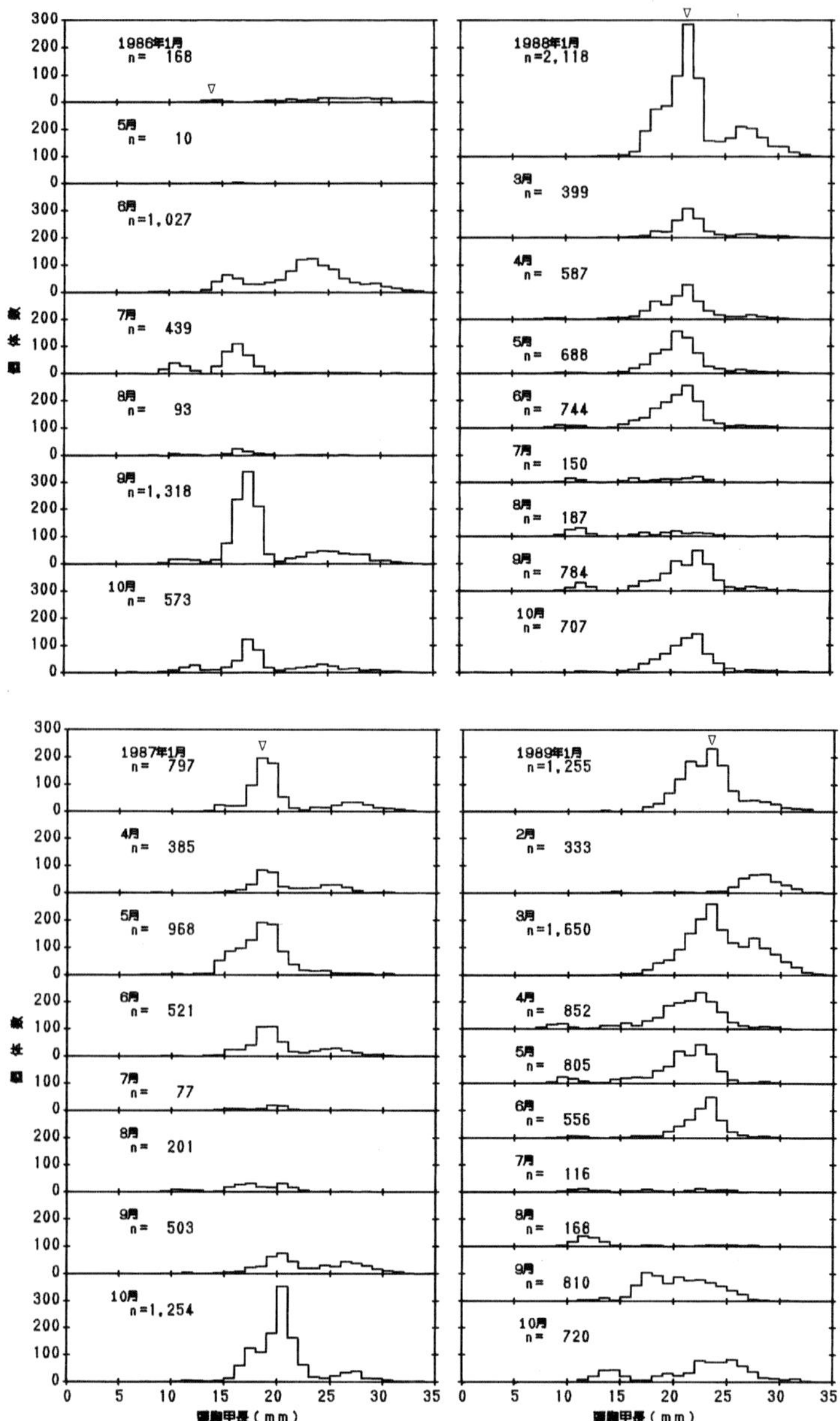

図 3-22 採集個体の頭胸甲長組成の経月変化（1986 年 1 月に CL14mm 前後に出現した個体（▽印）は、1 年後に CL18mm 台、2 年後に CL21mm 台、3 年後に CL23mm 台に成長、この群は図 3-20 によって 1984 年 1 月生まれと推定される）

第2章でも触れたように、日本海の異常冷水の年に符合し、その後の日本海の漁獲量の増加に好影響を及ぼした（25ページ図1―6参照）。

【メス期の年齢群】
5歳でメスに、産卵は3回以上、寿命は11歳以上

これまでに、５歳のオス期までの成長がほぼわかった。しかし、６歳以上になると、成長量が低下して、個体数も少なくなるため、卓越年級群の追跡は難しくなった。ここで、先述した隔年産卵が役に立つ（２４４ページ表3―2参照）。成長の基準月とした1月では、メスは抱卵（幼生孵化後を含む）または卵巣保有のいずれかになる。そこで、各年1月に採集した個体を①オス、②卵巣の発達したメス、③抱卵（幼生孵化後を含む）したメス、に分けた。そして、１９９０年と１９９２年の1月に採集した個体の頭胸甲長組成と、それを先の基準で３つに区分した頭胸甲長組成を図3―23に示した。次に、各年齢郡の頭胸甲長組成は正規分布するものと仮定して、各頭胸甲長組成を年齢群に分解した。その結果、オス期では、おおよそ4年齢群に分けられた。先の稚エビ調査の結果と合わせると、既知の通りオス期は5年齢群になる。メス期では、腹肢の形態から、初産（BとC）と経産(D)を区別できる。そのことを踏まえて、各頭胸甲長組成を年齢群に分解した。その結果、卵巣の発達したメスと抱卵したメスは、それぞれ少なくとも3年齢群に分けられた。すなわち、オス期では5歳、メス期では少なくとも3回にわたる隔年産卵によって6歳を過ごすと考えられる。よって、5歳でオスからメスへ性転換し、産卵は3回以上、寿命は11歳以上と推定された。日本海産アマエビの寿命が、11歳以上と確信を持てた瞬間であった。

１９８８年頃のことであるが、当時の寿命の推定値は、３年から長くても8年であった。今回の

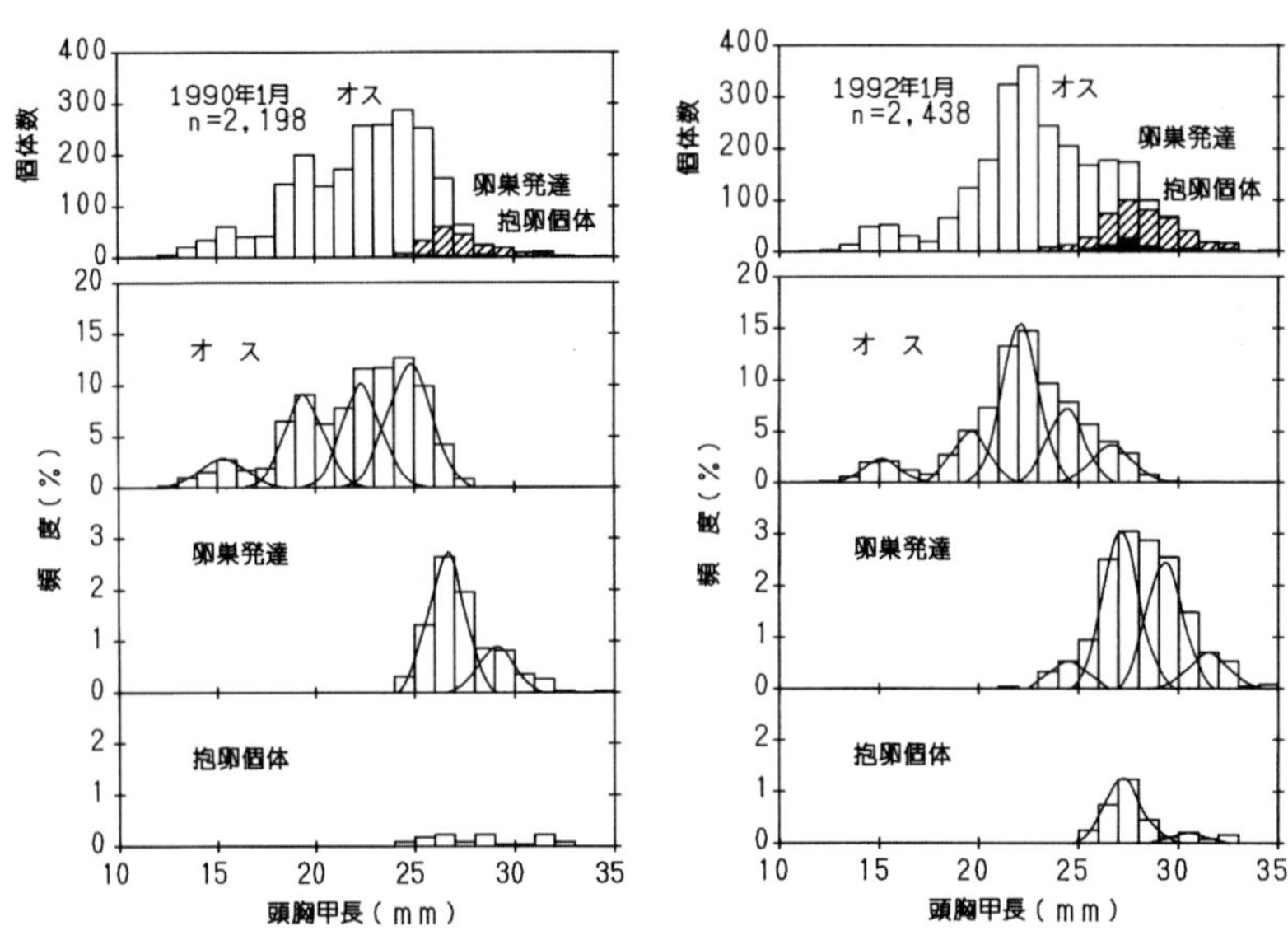

図 3-23 採集個体の年齢組成（1990 年と 1992 年の 1 月に採集した個体の頭胸甲長組成をオス、卵巣発達、抱卵個体に分けて正規分布の当てはめにより年齢群に分解した結果）

結果によって、日本海産アマエビの成長は、従来考えられた以上に遅く、しかも寿命は長いことが明らかになった。ただ、詳しく観察すると、5歳で既に卵巣の発達したメスや、6歳になったオスも出現した。これらのことから、日本海産アマエビのオスからメスへの性転換年齢は、5歳が主である。しかし、4歳から6歳まで幅があるものと判断された。この性転換年齢のバラツキは、一見何の意味も持たないように思われるが、アマエビの性転換の進化にとっては、不可欠の仕組みである。そのことについては、本章後段および次章で詳しく述べる。

【成長式の推定】

アマエビの一生を表にすると

以上で、オス期とメス期を通じた年齢群構成がわかった。そこで次に、各年齢群の平均頭胸甲長を求めて、成長式を推定した。まず、1月を成長の基準月として、１９８６～93年の１月に採集した個体の頭胸甲長組成（先の基準で３つに区分）に、正規分布を当てはめて年齢群に分解した。そして、各年の年齢群の平均頭胸甲長と標準偏差を求めた。自然海域から採集した個体には、誤差がつきものである。そこで、その誤差を解消するため、各年の年齢群の平均頭胸甲長と標準偏差を一枚の図面上にプロットして、年級群別の成長を追跡した（図3―24）。そして、偏りのある値を除外して、その結果を表3―4に整理した。更に、各年の年齢別の頭胸甲長を、平均化した値を求めた。こうして得られた年齢別の頭胸甲長に、水産生物でよく用いられている ***von Bertalanffy*** の成長式を当てはめた。まず、l_t と l_{t+1} が直線関係にあることを確かめて、定差方程式を最小二乗法で決定した（$l_{t+1}=7.61+0.777\,l_t$）。ここで、l_t は t 年齢時の頭胸甲長（㎜）である。その結果、極限頭胸甲長は34・2㎜、成長係数は $0.252\,year^{-1}$、頭胸甲長が０である時の年齢は **−0.016** と求められた。これらの結果から、成長式は次式で表すことができる。

$$l_t=34.2\ [1-\exp\{-0.252\ (t+0.016)\}]\ \cdots\cdots(2)$$

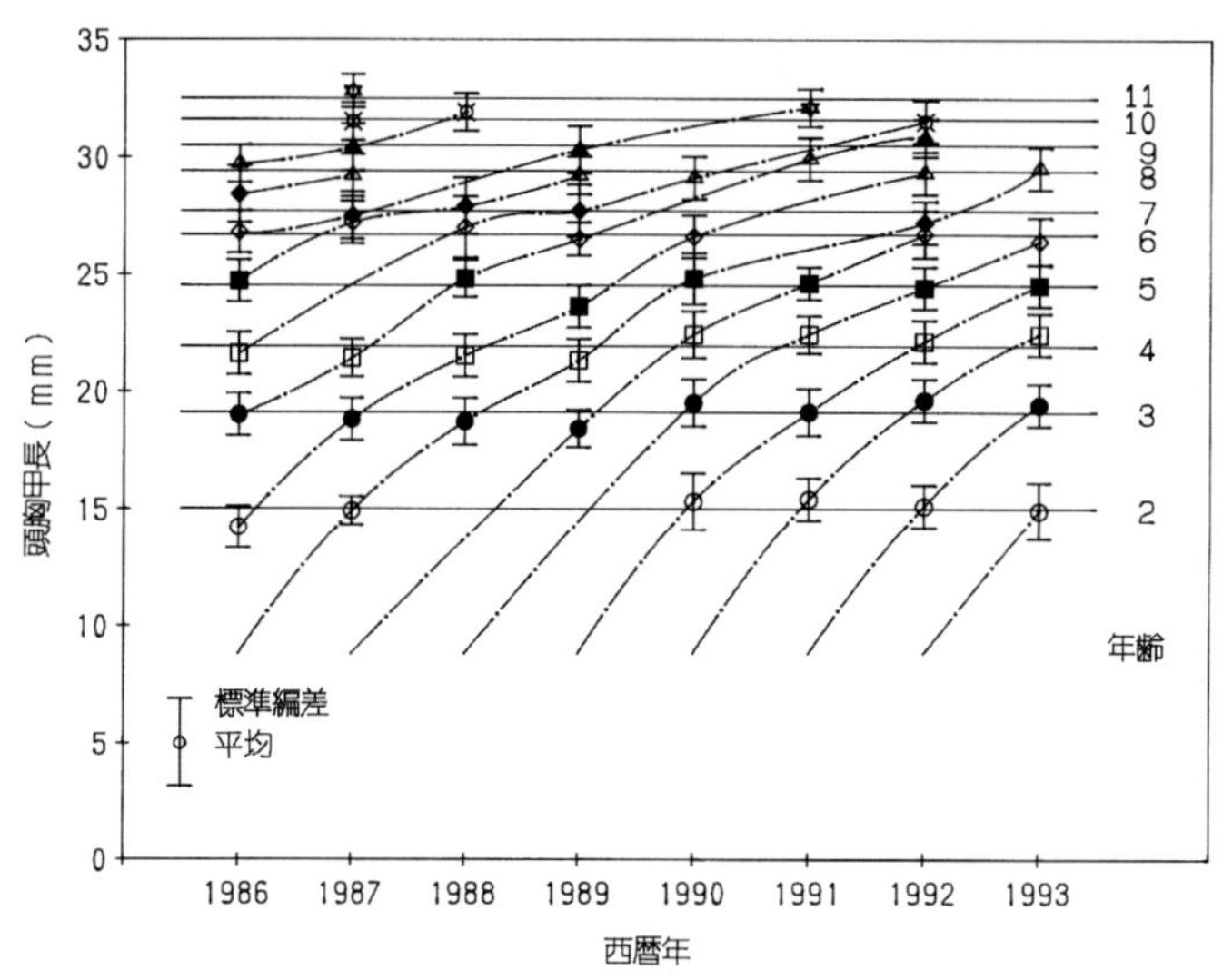

図 3-24　年級群別の成長（図 3-23 の方法で得られた年齢別の頭胸甲長を年級群別に追跡、この際に偏った値を除外）

表 3-4　年齢別の頭胸甲長±標準偏差（図 3-24 の追跡結果、単位：mm）

年齢／西暦年	1986	1987	1988	1989	1990	1991	1992	1993	平均
1	－　－	－　－	－　－	－　－	－　－	－　－	－　－	－　－	8.8
2	14.2±0.9	14.9±0.6	－　－	－　－	15.3±1.2	15.4±0.9	15.1±0.9	14.9±1.2	15.0
3	19.0±0.9	18.8±0.9	18.7±1.0	18.4±0.8	19.5±1.0	19.1±1.0	19.6±0.9	19.4±0.9	19.1
4	21.6±0.9	21.4±0.8	21.5±0.9	21.3±0.9	22.4±1.0	22.4±0.8	22.1±0.9	22.4±0.9	21.9
5	24.7±0.9	－　－	24.8±0.8	23.6±0.9	24.8±1.1	24.6±0.7	24.4±0.9	24.5±0.9	24.5
6	26.8±0.9	27.2±0.9	27.0±1.3	26.5±0.7	26.6±0.9	－　－	26.7±1.0	26.4±1.0	26.7
7	28.4±1.2	27.5±1.0	27.9±1.2	27.7±1.1	－　－	－　－	27.2±0.9	－　－	27.7
8	29.7±0.8	29.2±0.9	－　－	29.2±0.8	29.1±0.9	29.9±0.9	29.3±0.9	29.5±0.9	29.4
9	－　－	30.4±1.0	－　－	30.3±1.0	－　－	－　－	30.8±0.8	－　－	30.5
10	－　－	31.5±0.8	31.9±0.8	－　－	－　－	－　－	31.5±0.9	－　－	31.6
11	－　－	32.8±0.7	－　－	－　－	－　－	32.1±0.8	－　－	－　－	32.5

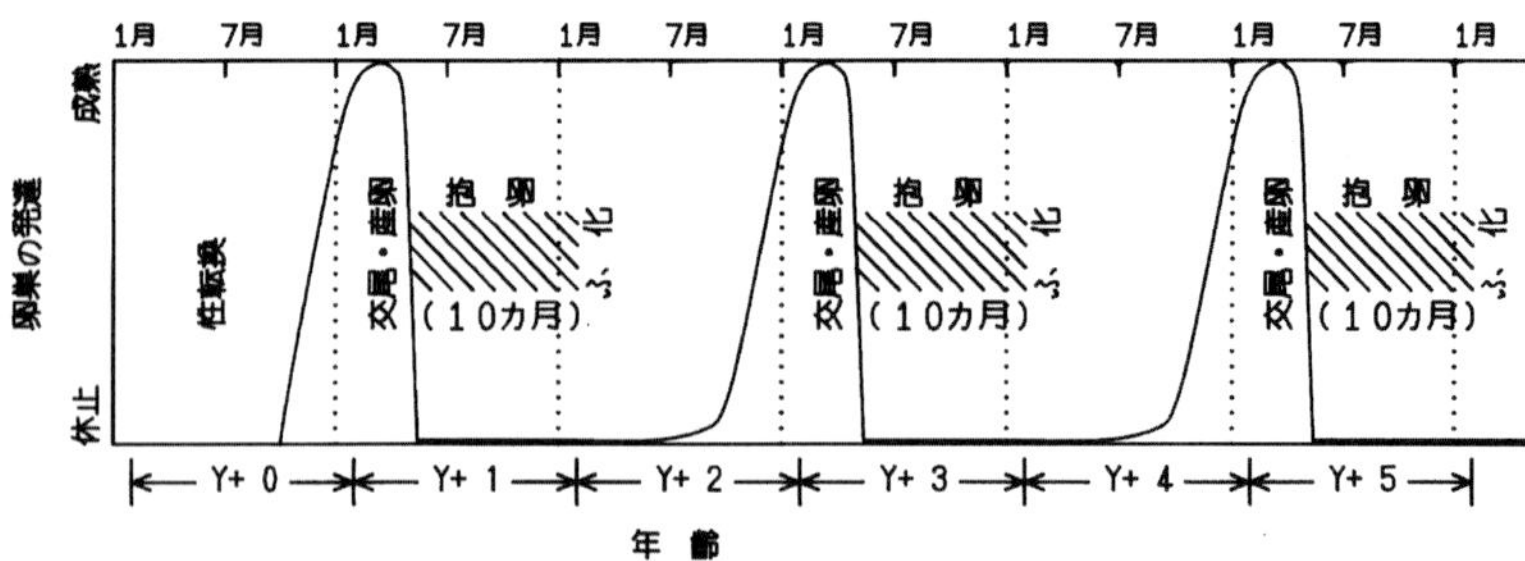

図 3-25　性転換（年齢 Y）以降の産卵周期（性転換以降、産卵と幼生孵化を少なくとも 3 回繰り返すと考えられる）

表 3-5　アマエビの成長（年齢別の頭胸甲長と体重、標準的には生まれて 5 歳でオスからメスに性転換し、3 回以上の産卵、寿命は 11 歳以上と推定される）

年齢	頭胸甲長	体重	性別	抱卵数	特徴
1	7.7㎜	0.23g	オス		未成熟
2	13.6	1.38	オス		未成熟
3	18.2	3.42	オス		成熟
4	21.8	6.00	オス		成熟
5	24.5	8.63	オス		成熟・性転換
6	26.7	11.29	メス		産卵
7	28.4	16.42	メス	2,782	幼生孵化
8	29.7	15.74	メス		産卵
9	30.7	20.75	メス	3,607	幼生孵化
10	31.4	18.72	メス		産卵
11	32.1	23.72	メス	4,110	幼生孵化

また、頭胸甲長（X：mm）と体重（Y：g）の関係は、無抱卵と抱卵個体別に、回帰曲線を当てはめて次式を得た。

無抱卵個体：

$Y=4.00\times10^{-4}X^{3.12}$ （$n=2036, r=0.97$）……(3)

抱卵個体　：

$Y=7.17\times10^{-4}X^{3.00}$ （$n=83, r=0.93$）……(4)

以上によって、性転換年齢（Y）以降の産卵周期は図3—25、成長と繁殖生態の関係は、これまでに得られた関係式(1)〜(4)から、表3—5のように整理できる。

【自然死亡（生残率）】

若いエビを獲り過ぎればすぐ枯渇

生命表の作成に不可欠な自然死亡は、自然海域では測定困難なパラメータである。しかし、おおよその自然死亡係数**M**は、寿命 t_λ の逆数に比例する関係式　$M=2.5/t_\lambda$ ……(5)

で表すことができる。この方法に習って、日本海産の寿命を11歳と仮定すると、年当たりの自然死亡係数**M**は**0.227**と求まる。年間の生残率**S**に置き換えると**0.797**である。しかし、この値を若齢個体に適用するには無理がある。若齢個体では、捕食圧を受けて、生残率はもっと低い値をとることが予想されるからである。そこで、成熟年齢に達した３歳以降に適用すると、各年齢群の生残数は、３歳の個体数が１０００尾とすれば、１年後（４歳）に７９７尾、２年後（５歳）に６３５尾となることを意味する。

このようにして、各年齢の生残数を一覧表にまとめたのが生命表で、それを図化したのが図3—26である。図では、生残率が0.5から0.9までの値をとったときの、３歳以降の個体数と重量の変化を模式化して示した。水産資源では、個体数のほかに、重量に換算して表しているのがミソである。図では、一つの年級群を扱ったにすぎないが、実際には年齢群の構成を調べて、より現実に近づけ

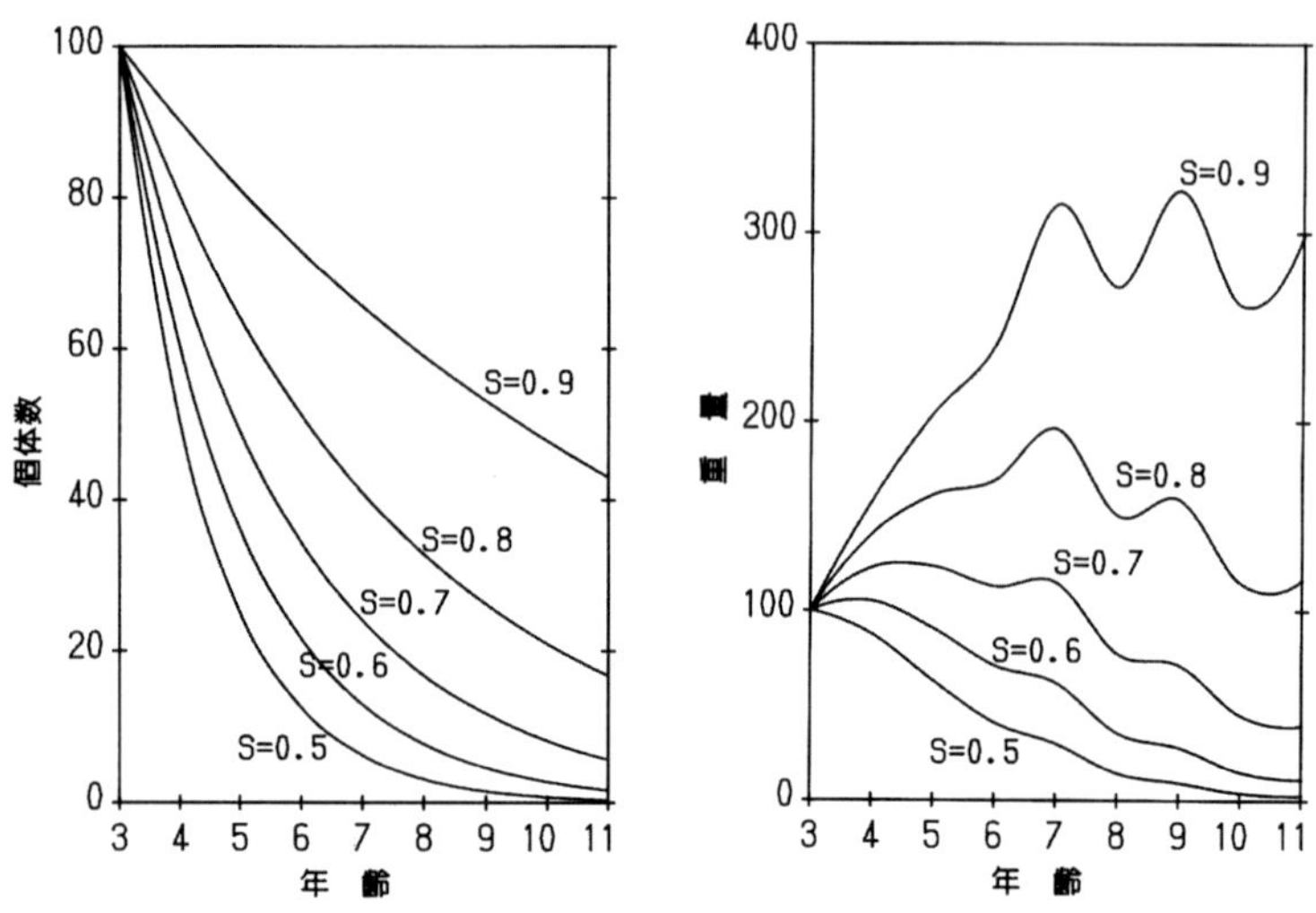

図 3-26 3歳以降の生残率の違いによる個体数と重量の変化（現状を踏まえて最も漁獲量を多くし、かつ一定量の繁殖個体（親）を残して、資源を枯渇させないことが重要になる）

て推定することが大切になる。そして、水産資源がどのような状態にあって、どの時点で漁獲を始めるのが、最も漁獲量を多くして、かつ一定量の繁殖個体(親)を残せるか、シミュレーションする。

寿命が長く、世代交代に時間が掛かるアマエビのような水産資源では、若齢個体を獲るにまかせてしまうと（図で生残率が0.5に近づくと）、資源重量が増大する前に獲り尽くして、資源がたちまち枯渇してしまうことは明らかだ。そこで、生命表を踏まえて、じょうずな資源利用に繋げることが望まれる。

シミュレーションでは、数字上はメスの産卵数から次世代の個体数を予測できる。しかし、自然界で個体数を制御できるはずもないことは第2章でも触れた通りで、ここでは調査に基づく現状把握と数年先の予測に留めるのが適当であろう。その際、次の第4章で述べるように、繁殖期にあるオスとメスの個体数維持にとっても、予測は有効な資料になり得ると考えられる。

（３）分布と移動

産卵と幼生孵化にともなう深浅移動を繰り返す

これまでに得られた生態学的知見に基づき、日本海産アマエビの生活史を図3―27に要約した。すなわち、水深２００～３００ｍで１～２月に抱卵メスから孵化した幼生は、約１カ月の浮遊生活を経て水深３００ｍ前後に着底する。着底後の稚エビは、成長とともに深い海へ徐々に移動し、水深４００～６００ｍでオスとして生殖をおこなう。なお、オスの精子形成は２歳位から認められるが、交尾するオスの主群は３・４・５歳と考えられる。その後、オスの多くは５歳の中程でメスに性転換する。性転換したメスは、その年の秋頃から卵巣が急速に発達し、６歳となった翌年の３～４月に水深４００～６００ｍで最初の交尾・産卵をおこなう。ここで、メスは、交尾・産卵前に脱皮して、腹肢に卵を付着させるためのてん絡糸を

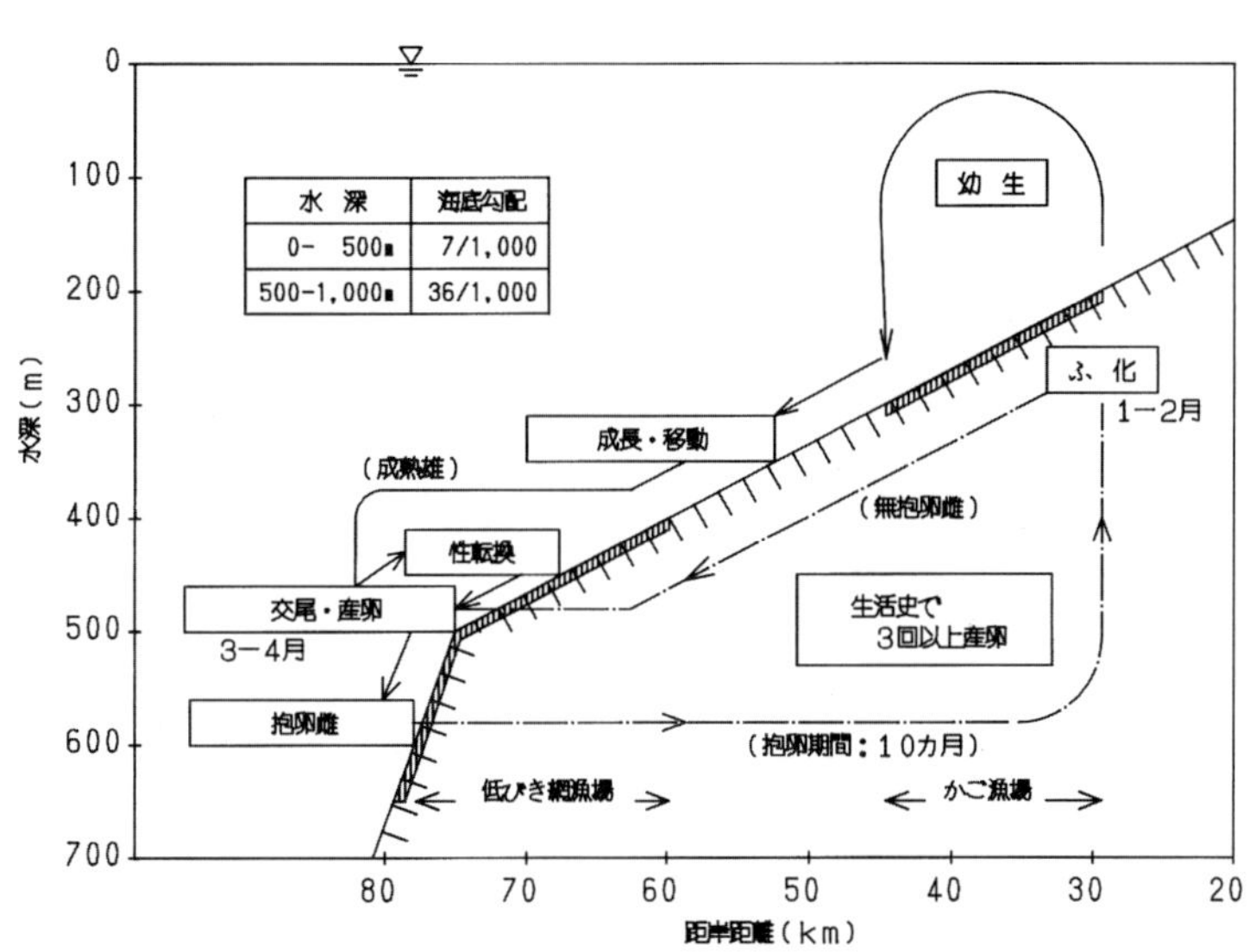

図 3-27　アマエビの生活史（1 ～ 2 月に水深 200 ～ 300m で孵化した幼生は約 1 ケ月の浮遊生活を経て水深 300m 前後に着底、その後は成長しながら徐々に深い海へ移動することが注目される）

つける。産卵後の抱卵メスは、一時的に深い海へ移動して水深600m前後に分布するが、秋頃から徐々に浅い海へ移動する。そして、抱卵期間が約10カ月を経て7歳となった1~2月に、先の幼生孵化海域に達する。幼生孵化を終えたメスは、卵巣が未発達で、深い海へすみやかに移動し、脱皮して腹肢のてん絡糸を落とす。そして、幼生孵化から半年余りの休止期を経た秋頃に再び卵巣が発達して、産卵と幼生孵化をおこなう。以上のような産卵と幼生孵化にともなう深浅移動を、生涯に少なくとも3回繰り返す。

この間の移動距離は、水平距離にして約40km、鉛直距離にして約300mに達する。そして、能登半島近海では、成長個体が最も多く分布する水深400~600mに底びき網漁場、抱卵個体が最も沿岸に近づいて分布する水深200~300mに籠漁場が形成される。これは、本章冒頭の漁場図（図3—4）で示した通りである。

（4）性転換と群構造の関係

繁殖成功を最大化するのは何歳？

【最適性転換年齢】

アマエビのオスからメスへの性転換について、性転換年齢は、5歳が主で、前後に1歳の幅のあることを先に述べた。ここで、オスとメスの繁殖能力について、オスは年齢に関係なくメスとの間に子供を残せる。これに対して、メスは年齢とともに産卵数が増加する。そのような数理モデルをつくって、生涯の繁殖成功を最大化する性転換年齢（最適性転換年齢）を計算によって求めた。これまでに得られた繁殖生態と成長に関する知見に基づいて、年齢xまでの生残率を$l(x)$、オスの相対的繁殖能力を$m(x)$、メスの産卵数を$f(x)$、繁殖開始年齢をα、寿命をω、性転換して最初の交尾・産卵年齢をt（$t>\alpha$）とすると、生まれた個体が一生を通じて寄与する、オスとしての相対的繁殖能力の期待値は、

$$M(t) = \sum_{x=\alpha}^{t-1} m(x+0.17)\, l(x+0.17) \quad \cdots\cdots(6)$$

で表せる。なお、繁殖の基準年齢(x)は1月、交尾・産卵期は3～4月の中央値（$x+0.17$)、10カ月の抱卵期間を経た幼生孵化期は1月（$x+1$）とした。ここで、$m(x)$ は前述した通り年齢に依存しない定数 m に置き換えられる。

一方、メスの産卵数は、

$$F(t) = \frac{1}{2} \sum_{x=t}^{11} f(x+1)\, l(x+1) \quad \cdots\cdots(7)$$

で表せる。ここで、年齢 x に対する産卵数 $f(x)$ の関係は、先の関係式(1)で与えられる。なお、産卵は、隔年であるが、産卵数の半分ずつを毎年産卵するものとした。寿命ωは、11歳と仮定した。

更に、繁殖開始年齢αは3歳とした。よって、年齢 x までの生残率 $l(x)$ は、$l(3)\, S^{x-3}$ に置き換えられる。すなわち、S は繁殖開始年齢以降の年間生残率が一定であることを示す。これらによって、任意の生残率 S に対して、繁殖成功が最大となる性転換年齢を計算して求めたのが図3―28である。ここで、自然死亡による年間生残率 S は、関係式(5)から 0.797 を得ており、このときの最適性転換年齢は5.7歳と求まる。ただ、性転

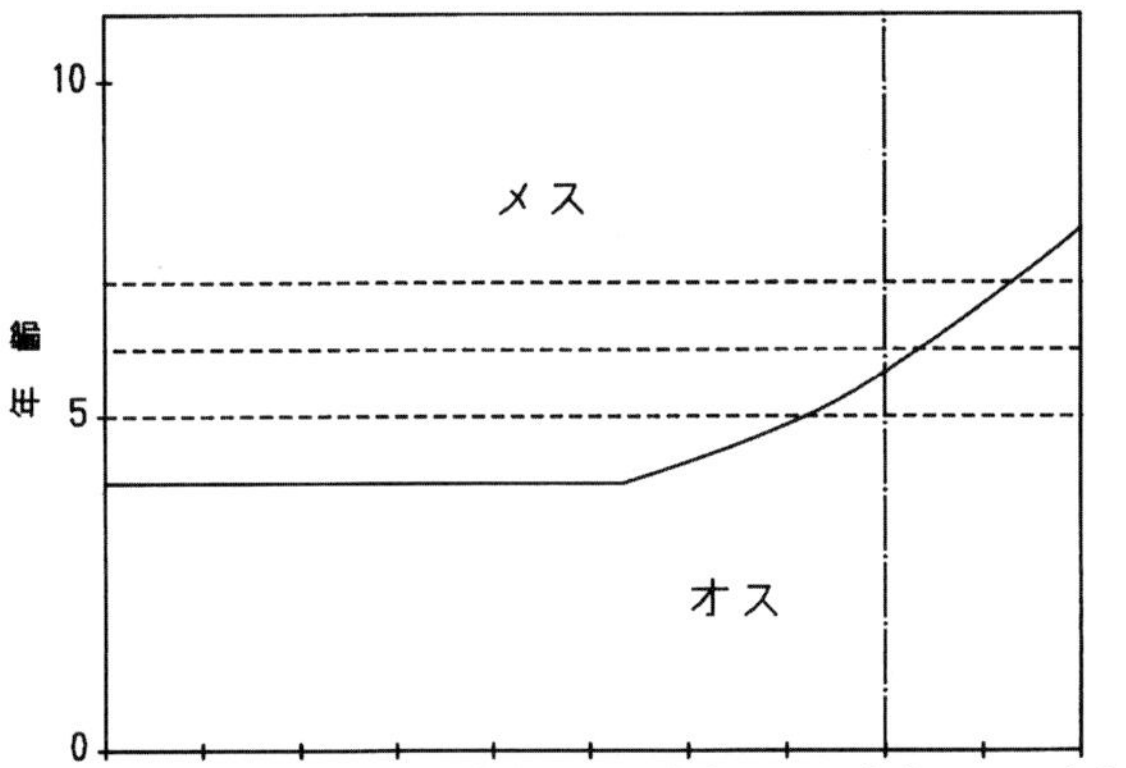

図 3-28　生残率の違いによる最適性転換年齢（生残率S=0.797 に対する最適性転換年齢は 5.7 歳と求まる、生残率が低いほど性転換年齢は早くなる傾向を見いだせる）

換年齢は5歳とか6歳とか離散的に起こるため、6歳でメスとして機能する可能性が高い。繁殖生態に基づくと、理論的な最適性転換年齢は5歳で、6歳で産卵ということになる。この結果は、能登半島近海産の性転換年齢とも一致した。更に、図から、最適性転換年齢は、生残率が低いほど早くなる関係を見いだせる。すなわち、漁業などの影響を受けて生残率が低下すると、メスの個体数が減少して、性転換年齢が早まることを示唆する。尤も、この関係は、毎年の加入量が一定であることを前提にしている。実際には、加入量は経年で変化しているため、最適性転換年齢は、その年の群構造に注目しなければならない。

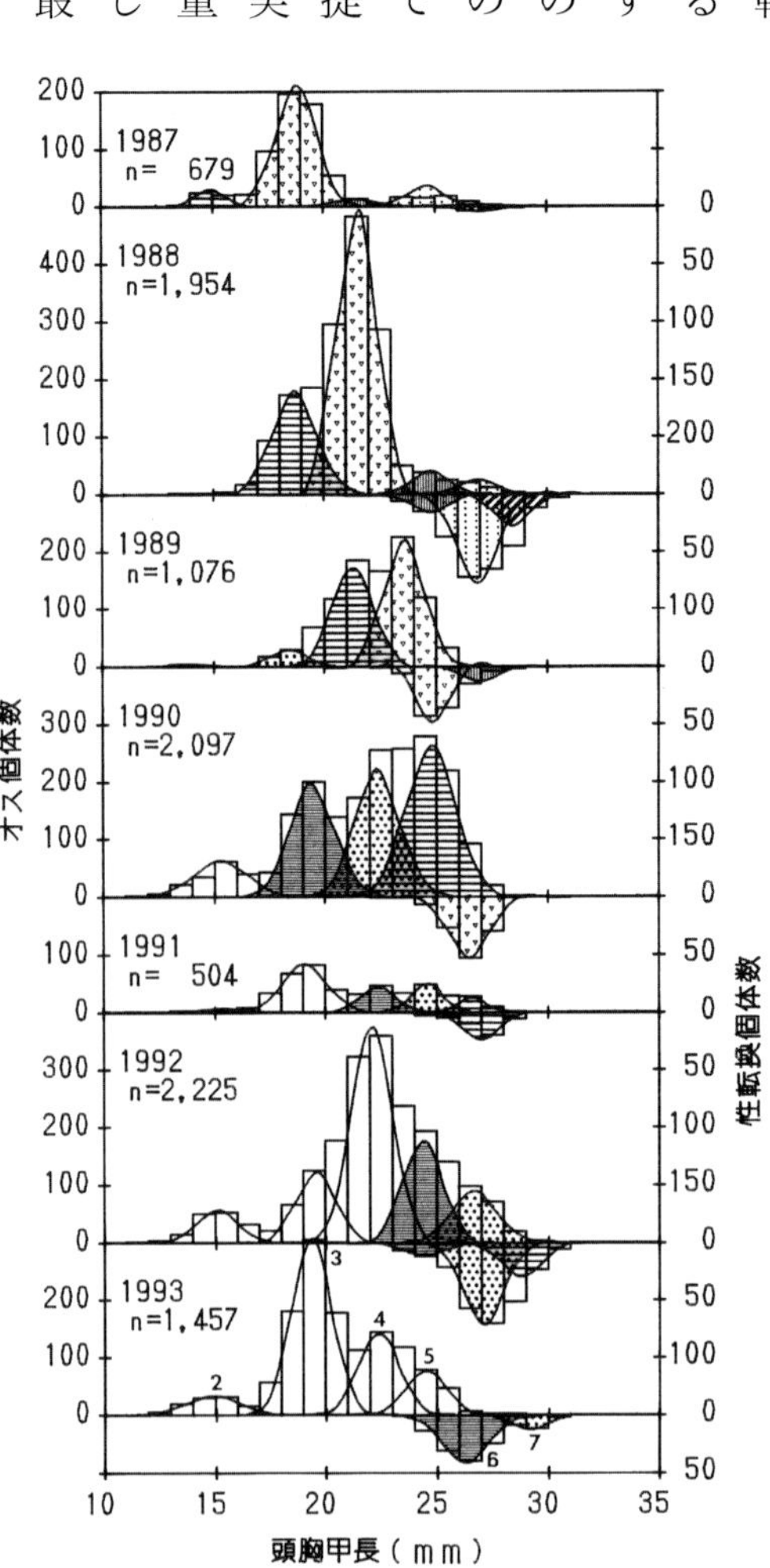

図 3-29　オスと性転換個体の頭胸甲長組成を年齢分解した結果と経年変化（図中の影の違いは同一年級群、1993 年の図中の数字は年齢を表す、詳しく観察すると性転換の年齢群は６歳（繁殖生態に基づくと５歳）を中心に前後で１歳の幅のあることが窺える）

【性転換年齢の変化】

性転換年齢は2年にわたる

能登半島近海で、1987〜93年の1月に試験船で採集した個体のうち、オスと性転換個体の頭胸甲長組成と、それを年齢群に分解した結果を図3―29に示した。ここで、性転換個体は、頭胸甲長でＣＬ21・０～30・５㎜、年齢で５～７歳群の範囲に認められた。なお、性転換個体は、採集が１月であることから、前年のうちにオスからメスに性転換して、卵巣の発達した初産前のメスである。したがって、繁殖生態に基づく言い方をすると、性転換年齢は４歳と５歳と６歳のいずれか、ということになる。更に、図から、性転換個体は５歳からの年（１９８８・89・92年）と６歳からの年（１９８７・90・91・93年）が認められた。また、性転換個体は１年齢群で構成される場合と、２～３年齢群で構成される場合があった。１年齢の場合は６歳群、２年齢にわたる場合は５歳群と６歳群あるいは６歳群と７歳群、そして３年齢にわたる場合は５・６・７歳群で占められた。次に、これらの年齢群を年級群別に見ると、性転換個体は５歳群と６歳群あるいは６歳群と７歳群、というように２年にわたる場合の多いことがわかった。１年で終わったり、３年にわたる場合はほとんどなかった（図3―30）。これらの結果、性転換個体は６歳（繁殖生態に基づくと５歳）が最も多く、性転換年齢の変化が６歳を中心に起こっていることが明らかである。

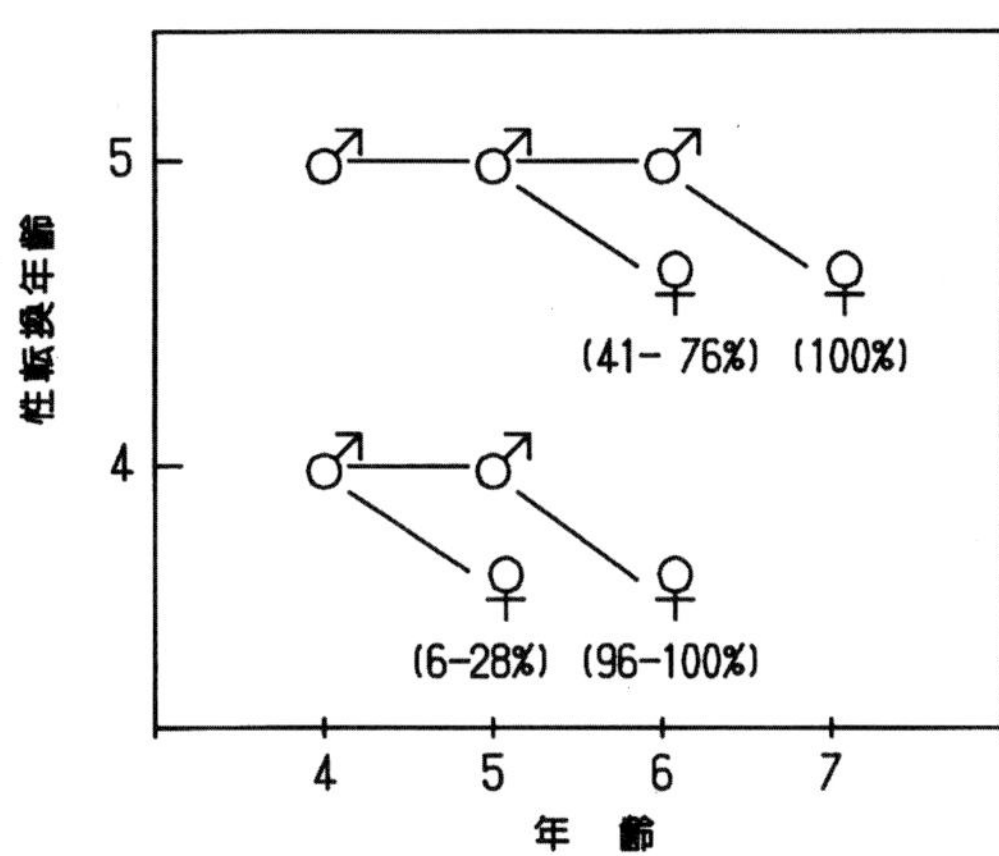

図 3-30　性転換の模式図（性転換の開始は４歳または５歳で２年にわたると考えられる、図中の数字は図 3-29 から推定された性転換率）

【群構造と性転換サイズ】
交尾するメスが少ないと性転換年齢が早まる?

能登半島近海で、1987〜93年の1月に試験船で実施した水深別調査のうち、交尾・産卵海域の中心部に位置する水深500m付近で採集した個体を解析した。まず、採集個体の頭胸甲長組成を、オス、性転換、およびメスに分けて図3−31に示した。図には、各年の平均頭胸甲長(CL)を破線で示した。図から、性転換個体のサイズは、平均頭胸甲長の小さな年ほど小さい傾向が窺われた。そこで、各年の頭胸甲長別の性転換率(性転換個体/(雄+性転換個体))を計算し、その

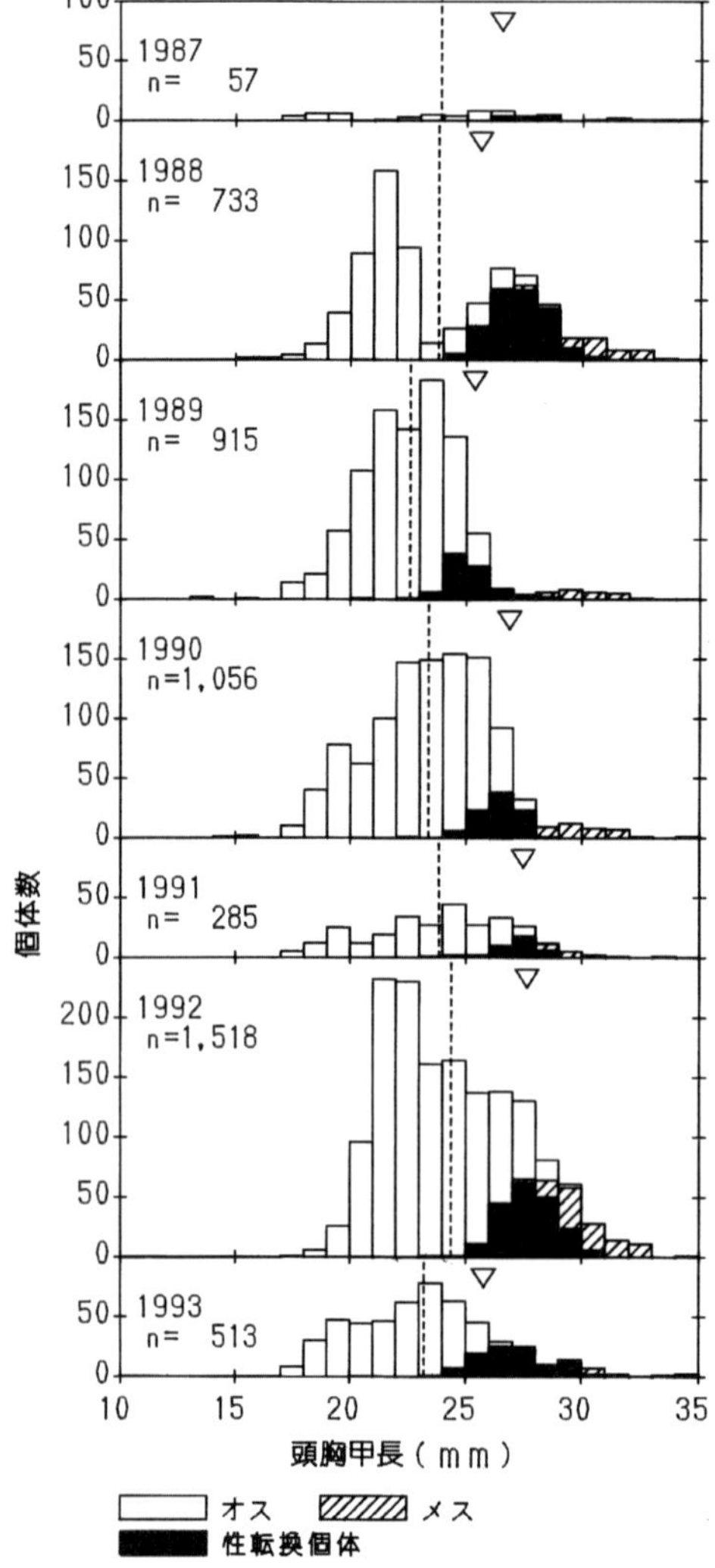

図 3-31 交尾・産卵海域で採集した個体の頭胸甲長組成の経年変化(図中の破線は平均頭胸甲長(CL)、▽は性転換サイズ(CL0.5)を示す、メスの個体数が相対的に少ないと平均頭胸甲長は小さくなり性転換が早まる傾向にある)

結果にロジスティック型の増加曲線を当てはめた。そして、性転換率が50％に達する性転換サイズ（$CL_{0.5}$）を求めた（図中の▽印）。次に、平均頭胸甲長（$\overline{CL}$）と性転換サイズ（$CL_{0.5}$）の関係を図3—32に比較した。その結果、両者の間には概ね正の相関が認められた。ここで、各年の平均頭胸甲長は、メスの個体数が少ない年ほど小さくなるのは明らかである。すなわち、成熟オスに対して交尾するメスの個体数が少ないと、性転換年齢が早まるものと考えられる。そこで次に、この推論を確かめるべく、漁業現場の側から検証した。

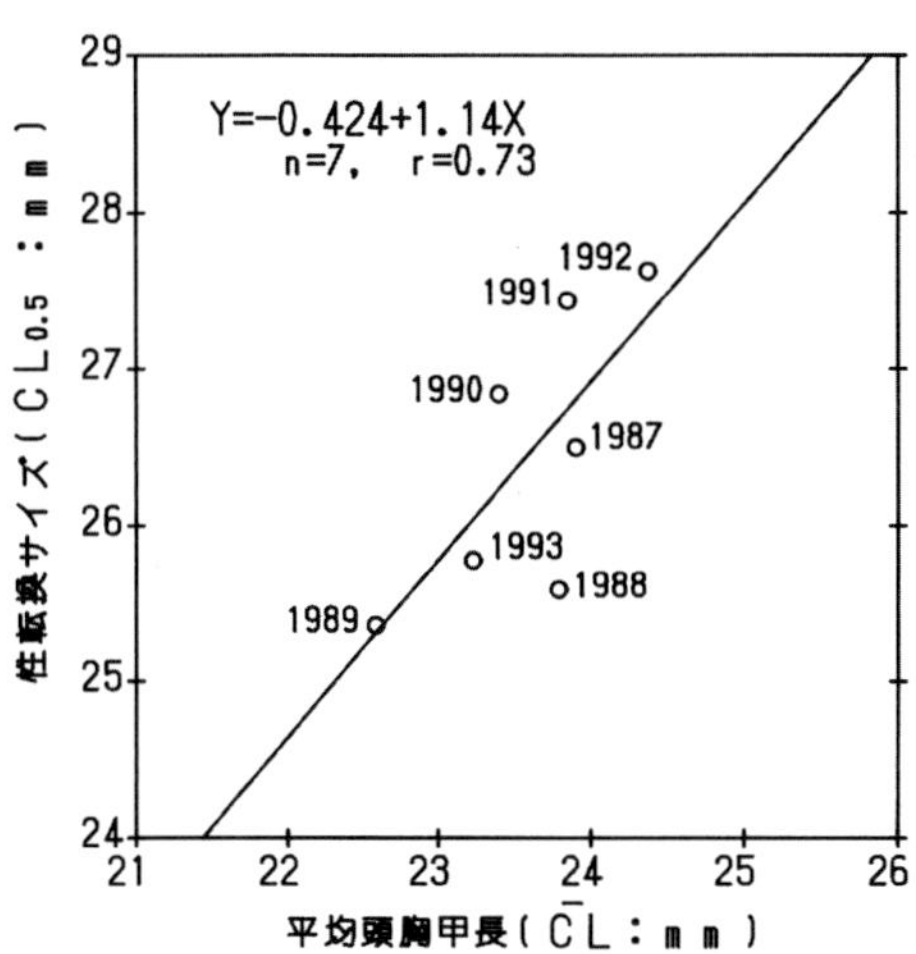

図 3-32　交尾・産卵海域で年別に採集した個体の平均頭胸甲長 ($\overline{CL}$) と性転換サイズ ($CL_{0.5}$) の関係 (図 3-31 の結果を図示したもので、平均頭胸甲長が小さいほど性転換が早まる傾向にあることが窺える)

【漁業と性転換】

漁獲量（メス）が減少すると性転換が早まる

アマエビ漁では、商業的に大型個体、すなわちメスが選択的に漁獲される。したがって、漁獲量の減少は、メスの個体数の減少といってもよい。そこで、能登半島近海における漁獲量と、先に求めた性転換サイズ（$CL_{0.5}$）の年変化を図3—33に比較した。その結果、両者の間には関係性が窺われ、漁獲量の減少が顕著となった2年後に、性転換サイズの小型化が認められた。すなわち、メスの個体数が少なくなると、性転換年齢が早まるも

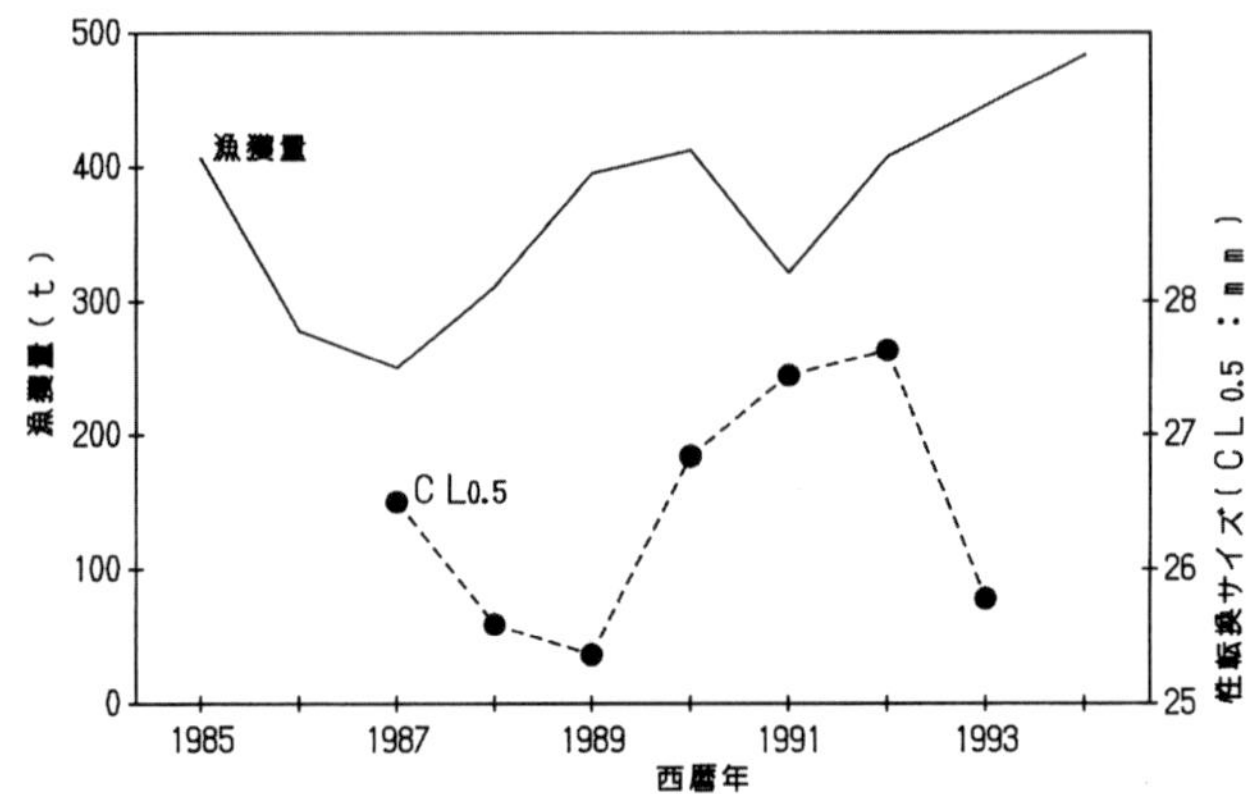

図3-33　能登半島近海における漁獲量（実線）と性転換サイズ（$CL_{0.5}$、破線）の経年変化（漁獲量が減少、すなわちメスが減少すると、一定の遅れをもって性転換が早まる傾向にあることが窺える）

のと推察される。具体的には、交尾・産卵期の3～4月に、成熟オスに対して交尾するメスの個体数が少ないと、直後の5月前後に通常の5歳に加えて、4歳のオスでも性転換が起こると考えられる。ここで、性転換サイズは、1月に採集した個体によって求めたものであり、実際には前年のうちに性転換を終えている。更に、漁獲量のほとんどが春と秋で占められる（図3—10参照）。したがって、交尾・産卵期（3～4月）のメスの個体数は、更に1年前の漁獲量に反映されていると見るべきである。この2つの理由によって、漁獲量の減少と性転換サイズの小型化との間には、見掛け上2年の時間差ができたと考えても無理はないであろう。これらのことから、日本海産アマエビの性転換年齢は、漁業あるいは資源の加入量の影響を受けた、その年の群構造によって変化する可能性が高い、といえそうだ。

（５）日本海産アマエビの世界的位置づけ

【繁殖生態】幼生孵化期が冬にあるのは日本海産だけ

世界の主だった海域の繁殖生態を、図3—34に比較した。図では、縦軸に生息場の水温、横軸に産卵期から幼生孵化期に至る抱卵期間を、黒で北太平洋産、白抜きで北大西洋産を示した。更に、産卵周期を右側に添え書きした。図から、日本海産は、北大西洋では最も北に位置するスピッツベルゲン産と並んで、生息場の水温が最も低く、抱卵期間が最も長い。いずれも、隔年産卵である。そして、北太平洋産と北大西洋産を通じて、生息場の水温が高くなると抱卵期間は短く、産卵周期は隔年産卵から毎年産卵となる傾向が見いだせる。隔年産卵と毎年産卵の境は、水温によって説明可能で、おおよそ３℃以上では毎年産卵、以下では隔年産卵と見て取れる。北太平洋産と北大西

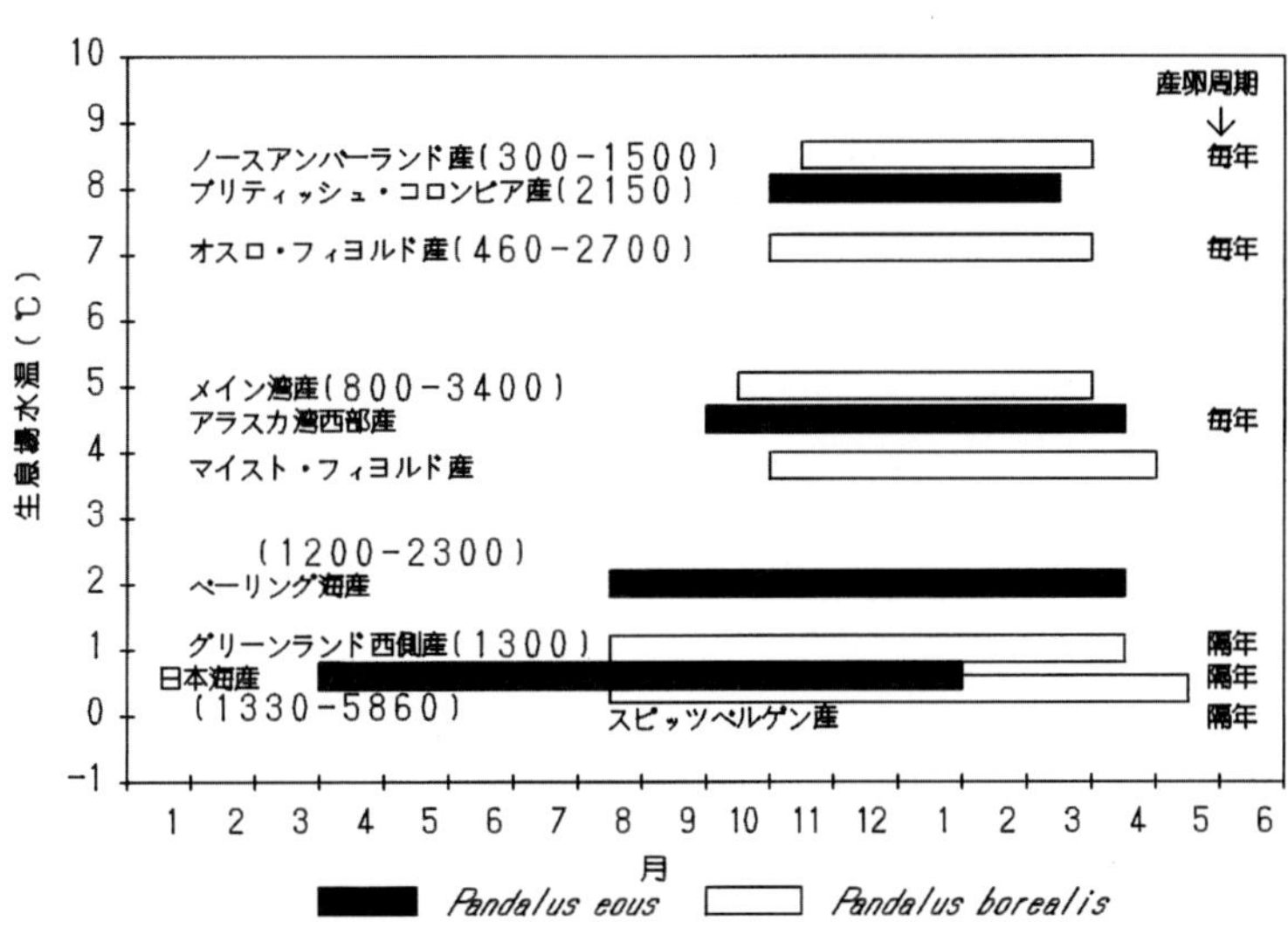

図 3-34　繁殖生態の比較（黒塗：北太平洋産、白抜：北大西洋産、（　）内は１個体当たりの抱卵数、日本海産は北大西洋のスピッツベルゲン産と並んで生息場の水温が最も低い）

洋産とも、抱卵期間と産卵周期には、生息場の水温が影響しており、環境への適応の仕組みがかなり似通っていることが窺える。

しかし、産卵期については、日本海産が3〜4月であるのに対して、他海域産が8〜11月と大きく異なっている。また、幼生孵化期についても、日本海産が1〜2月であるのに対して、他海域産が3〜4月と異なっている。すなわち、幼生孵化期が冬にあるのは、両種を通じて日本海産だけということになる。日本海産の産卵期と幼生孵化期が他海域産と大きく異なるのは、日本海の海洋環境が影響していると考えられるが、詳しいことは次の第4章で触れる。

1個体当たりの抱卵数は、成長サイズにもよるが、北太平洋産と北大西洋産を通じて、日本海産（1330〜5860粒）が最も多い傾向にあった。これは、日本海産の寿命が長く、産卵開始年齢が高いためと考えられる。

【成長】
低い水温、成長遅い

世界の主だった海域の成長様式を、図3―35に比較した。図では、縦軸に成長サイズ、横軸に年齢、参考として各生息場の主だった水温を示した。

これから、北太平洋のうち、カナダのブリティッシュ・コロンビア産では生息場の水温が8℃、4歳でCL24㎜、1・5歳で性転換、アラスカ湾産では生息場の水温が4〜5℃、5歳でCL26・5㎜、4歳で性転換、ベーリング海産では生息場の水温が2℃、7歳でCL31㎜、5歳で性転換、などであった。いずれも、成長が生息場の水温と密接に関係することを示している。北大西洋のうち、ノルウェー海域の最も南に位置するスカゲラーク産では4歳でCL28㎜に達するが、最も北に位置するスピッツベルゲン産では7歳でCL26・5㎜と、北に位置するほど成長の遅いことが示された。グリーンランド西側海域産では、スピッツベルゲ

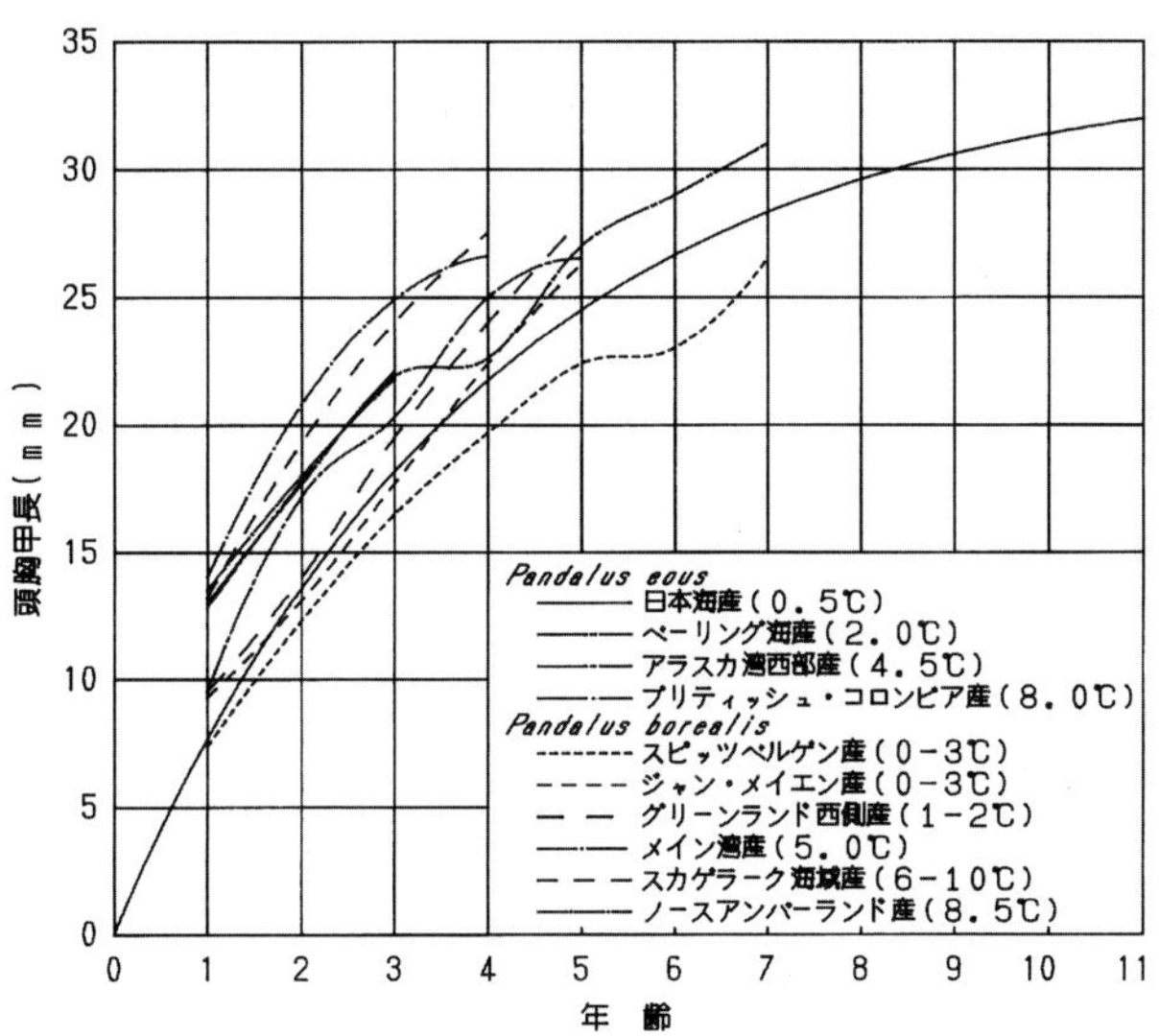

図 3-35　成長の比較（実線で示した日本海産は、世界的に見ても生息場の水温が低く、成長が遅く、寿命が長い）

ン産やジャン・メイエン産の成長に類似する傾向が示された。北海のノースアンバーランド産では、南ノルウェーのオスロ・フィヨルド産と並んで成長が比較的早かった。同海域における生息場の水温は6・0〜11・1℃と、これまで知られている中では最も高かった。更に、カナダのメイン湾産では、生息場の水温が1・9〜9・0℃（平均5・0℃）、4歳でCL27㎜に達し、南ノルウェー海域産と並んで、これまでに知られている中では成長が最も早かった。

　北太平洋産と北大西洋産を通じて見ると、いずれも成長は北へ行くほど遅くなる傾向にあり、その最も大きな要因は水温であった。尤も、日本海産の成長は、北大西洋産の分布の北限に近いスピッツベルゲン産やグリーンランド西側海域産に類似して、成長が遅く、寿命が長い。両種を通じて、分布の最南端に位置する日本海産の成長が遅いのは、主な生息場の水温が0・5℃前後と、世界的に見て最も低いためである。

　以上の通り、北太平洋産と北大西洋産を通じて、成長は生息場の水温と密接に関係することが明らかである。そこで、世界の主だった海域の生息場の水温と成長、そして寿命との関係を図3―36に比較した。図では、横軸に生息場の水温と寿命、縦軸に成長係数K（成長係数は大きいほど成長が早いことを示す）を示した。この結果、生息場の水温と成長係数の関係は、おおむね正の相関で表すことができた。一方、寿命と成長係数の関係は、負の相関が認められた。すなわち、生息場の水温が低いほど、成長が遅く、寿命が長い、という関係が見いだせる。寿命と成長係数が負の直線関係を示すことは、タラバエビ科（6種）を通じても認められるようだ。中でも日本海産は、成長が最も遅く、寿命が最も長い方に位置づけられる。魚類では一般に、成長係数と平均成熟開始年齢あるいは寿命との積が一定になる傾向が示されている。日本海のように、アマエビの成長と寿命の関係が突き止められた海域は、実のところまだ少ない。今後、北太平洋産と北大西洋産の生活史が海域別に一層明らか

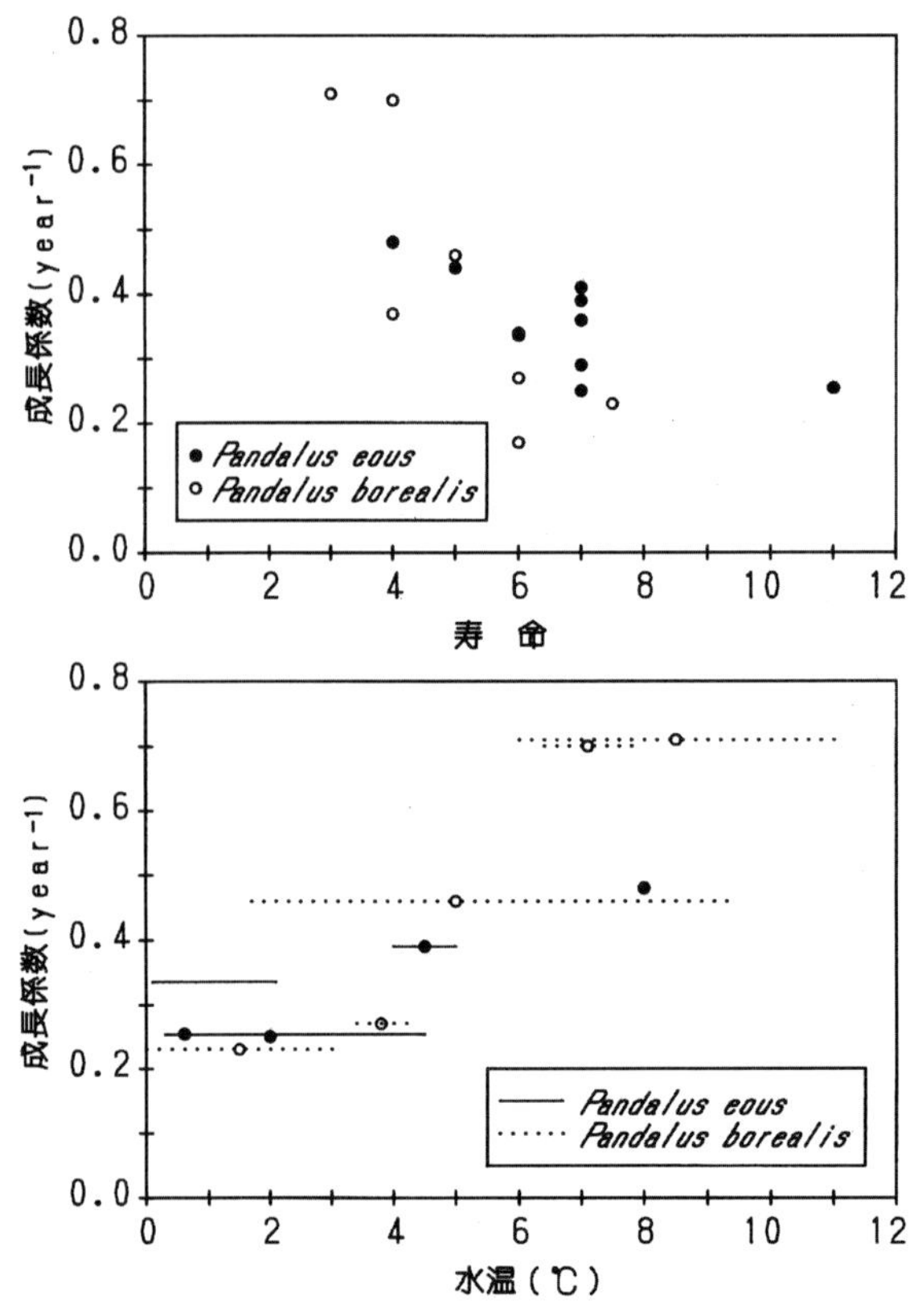

図 3-36　水温および寿命と成長係数の関係（北太平洋産と北大西洋産を通じて、生息場の水温が低いほど成長が遅く、寿命が長い傾向にあることが窺える）

になれば、生息場の水温と成長係数、自然死亡係数、寿命、性転換年齢などとの間に、更に明瞭な関係を見いだせるようになると考えられる。

ところで、日本海産は、１個体当たりの抱卵数が他海域産と比較して多い傾向にあった。そこで、日本海産のように、生息場の水温が低くて、成長の遅い群は、産卵開始年齢が高くて再生産に不利となる。しかし、産卵数が多くなることで、再生産の不利を補っている、ということになる。

【分布と移動】

日本海産は分布水深が極めて深く、大きい水深差を移動

日本海産の主な分布水深は、石狩湾で５００m、留萌沖で３００～３４０m、本州の日本海中部沿岸海域で５００m前後、大和堆で３７０m前後であった。おおよそ３００mから５００m前後で、大陸棚斜面あるいは堆礁域が主な生息場となっている（表3―6）。北太平洋産では、西カムチャッカ沖で２００～３００m、カナダのブリティッシュ・コロンビアで65～２３４m、ベーリング海で85～１００m、アラスカ湾で95～１４５mであった。北大西洋産では、南ノルウェーのオスロ・フィヨルドとスカゲラーク80～１００m、スピッツベルゲンで１５０～３３１m、グリーンランド西側で３００～４００m、北海で１２１～１７０mであった。以上のように、主な分布水深は、日本海を除く北太平洋産で65～３００m、北大西洋産で80～４００mであった（表3―7）。すなわち、日本海産の分布水深は、北太平洋産と北大西洋産を通じて、極めて深いことがわかる。

なお、北太平洋産では、分布水深は南へ行くほど深くなる傾向にある。同様にして、生息場の水温も南へ行くほど高くなる傾向にあるが、最南端の日本海産では一転して生息場の水温が極めて低い。北大西洋産では、分布水深に必ずしも一定の傾向は見られないが、生息場の水温は南へ行くほ

表 3-6　日本列島近海産アマエビの生態学的特性（日本列島近海の中でも、日本海産の主な生息場の水深は 500m 前後と深い）

	分布位置	分布水深	生息場水温	生息場塩分
日本海	日本海	200-550m	-	-
	石狩湾	500	0.3 - 5.0 ℃	-
	留萌沖	300-340	-	-
	日本海中部	500	-	-
	大和堆	370	-	-
	能登半島近海	500	0.5	34.0
太平洋	ベーリング海	-	1.04 - 4.84	-
	カムチャッカ半島西側	200-300	0.1 - 2.1	33.0 - 33.5

表 3-7　北太平洋産と北大西洋産の生態学的特性（表 3-6 と合わせて、主な生息場の水深は北太平洋産で 65 ～ 300m、北大西洋産で 80 ～ 400m であり、日本海産の 500m 前後というのは極めて深い）

種名	分布位置	分布水深	生息場水温	生息場塩分
Pandalus eous（北太平洋産）	ブリティスシュコロンビア、カナダ	65-234m	8 ℃	-
	アラスカ湾西部	85-145	4 - 5	32.29
	プリビロフ諸島、ベーリング海	85-100	2	-
Pandalus borealis（北大西洋産）	オスロ・フィヨルド、ノルウェー	80-100	6.28 - 7.86	33.15 - 33.60
	スカゲラック海域、ノルウェー	80-100	-	34.5
	マイスト・フィヨルド、ルウェー	-	3.4 - 4.26	-
	オフォーチュン・フィヨルド、ノルウェー	-	-	34.7
	スピッツベルゲン、ノルウェー	150-331	0 - 3	-
	グリーンランド西側	300-400	1 〉	-
	ノースアンバーランド、イギリス	-	6 - 11.1(8.5)	-
	メイン湾、カナダ	-	1.7 - 9.4(5)	-
	フラーデン海域、北海	121-170	-	-

ど高くなる傾向にある。水温は、海洋生物の時空的分布を規制する最も基本的な要素の一つである。そこで、冷水性の北太平洋産と北大西洋産は、より深い水深、あるいはより高い水温に適応することで、分布海域を南へ拡大したと考えられる。その中で、緯度的に分布の最南端に位置しながら、水温の極めて低い海洋環境に適応したのは日本海産だけである。日本海産が、他海域産と比較して分布の最南端で低い水温環境に適応したことは、成長、寿命、産卵・幼生孵化期、抱卵数、分布水深などが、世界的に見ても特異となった要因である。

　移動については、北太平洋のベーリング海産で55〜74kmの水平移動が示されている。北大西洋産についても、グリーンランド西側海域でフィヨルドと外海との出入りが示されており、冷水を回避するための移動とされている。南ノルウェーのスカゲラーク海域では、孵化した幼生が、表層流に乗って北へ輸送された後、親エビとして回帰する。そこでの移動規模は、水平的には大きいものの、水深差は１００～２００ｍであった。成長や繁殖にともなう移動は、ノルウェー海域、グリーンランド西側海域、カナダのメイン湾でも知られている。しかし、日本海産のように、産卵海域と幼生孵化海域が隔たって、しかも水深差の大きい移動（広深度性）は、世界的に見ても少ないようだ。

【性転換と群構造の関係】

漁業や加入量の影響を受けても性転換年齢が変化する

タラバエビ属の性転換について、アラスカからカリフォルニア沖にかけて分布する ***P. jordani*** では、性転換年齢が群構造によって変化することや、性転換年齢が漁獲量の減少によって若齢化することが示されている。また、アマエビとは生態が全く異なるが、同属で沿岸の海草域を生息場とするホッカイエビの性転換年齢の変化が、漁獲圧の影響を受けたものであることを示す有力な証拠も見つかっている。北太平洋産に関しても、アラスカ半島南のパブロフ湾で、１９７２年から16年間にわたって漁獲された個体の性転換が調べられた。その結果、平均頭胸甲長の小さい年ほど、性転換サイズが小さくなる傾向が見いだされている。

北大西洋産でも、性転換年齢が2～3年の幅を持って起こることが示されている。その原因について見ると、性転換が年齢よりもサイズに関係することを挙げているようだ。具体的には、水温が低くて成長が遅いと性転換も遅れる、水温や餌の条件で成長がよくなると性転換も早まる、などである。更に、性転換サイズ・年齢は遺伝的にプログラムされたもので、何らかの要因で大型メスの個体数が減ったときに、小型メスの遺伝子を持つ個体が有利となる、との見方をした報告書もある。しかし、それを裏づける証拠が見つかっているわけではない。

日本海産に当てはめてみると、主な生息場の環境要素のうち、水温については0.5℃前後と極めて安定している。日本海固有水によってである。また、分布水深の有機炭素量を見ても、比較的安定している。したがって、性転換年齢の変化が、北大西洋産で指摘されているような、水温や餌の条件を原因としているとは考えにくい。第4章で詳述するが、性転換年齢に幅があるのは、性転換の進化の観点から検討を加える必要があるように思われる。

これまでに述べた日本海産の性転換現象は、アラスカ半島南の結果や、同属のエビ類で得られた知見を支持するものである。おそらく、日本海産に特別なことではなくて、アマエビが有する一つの特性として広く見られるに違いない。そこで、これまでの知見を整理して、より具体的に記すならば、「アマエビの性転換年齢は、成長が遅く、寿命が長いと遅くなる傾向にある他、漁業あるいは資源の加入量の影響を受けた、その年の群構造によっても変化する可能性が高い」ということになる。

なお、能登半島近海で採集した個体のうち、性転換個体よりも小型の年齢群のメスが、先述したように僅かに存在した。小型メスの頭胸甲長は、CL20㎜前後で4歳群に相当し、抱卵・幼生孵化後と卵巣の発達した個体の、いずれもが認められた。4歳で幼生孵化したとすれば、既知の成熟周期を当てはめると、2歳でメスとして性成熟が始まったことになる。北大西洋産について、スウェーデンのグルマー・フィヨルドでは、①一次メス、②二次メス、③雌雄同体、が見いだされ、性転換をせずに生まれながらのメスの存在が示されている。更に、北海で採集された個体について、同様の観点から腹肢の形態整理がおこなわれている。日本海産の小型メスの腹肢の形態を当てはめると、①に類似している。したがって、日本海産でも北大西洋産と同様、一次メスが僅かに存在するといってよく、これも日本海産に特別なことではない。

第4章　アマエビの生態と日本海

第3章では、日本海産アマエビの生態学的特性に関する研究を紹介した。そして、次のことがわかった。

アマエビは、北太平洋の北部を主な生息場とする冷水性のエビで、日本海は分布の最南端に位置する。その結果として、日本海産は、▽生息場の水温が低い▽成長が遅い▽寿命が長い▽抱卵期間が長い▽産卵数が多い▽幼生孵化期が冬にある▽生息場の水深が極めて深い▽顕著な深浅移動――などが特徴として挙げられた。そして、これらの生態学的特性を、北太平洋の他海域産および近縁の北大西洋産と比較してみると、著しい偏りが認められた。そこには、多くの生態学的情報が隠されているはずである。

そこで、本章では、これらの生態学的知見を手掛かりに、日本海産が現在の姿に分布するようになった歴史を、第2章で記述した日本海の形成史を踏まえて考察した。

1 北太平洋産（*Pandalus eous*）の分布史

いつ、どのように広まった

タラバエビ属は適応放散を受けて100万年以上前から日本列島近海に分布したと想像できます。このうちアマエビは日本列島近海に分布を広げる過程で、沿岸から深海へ分布域を移したと考えられます。

北米大陸側に9種、ユーラシア大陸側に12種

図4―1は、北太平洋におけるアマエビの分布をドットで示したものである。図では、31ページ表1―1でリストアップした現生タラバエビ属19種について、海域別に分布する種数を丸数字で示した。現生タラバエビ属は、第1章で述べた通り、北太平洋に17種、北大西洋に2種が分布して

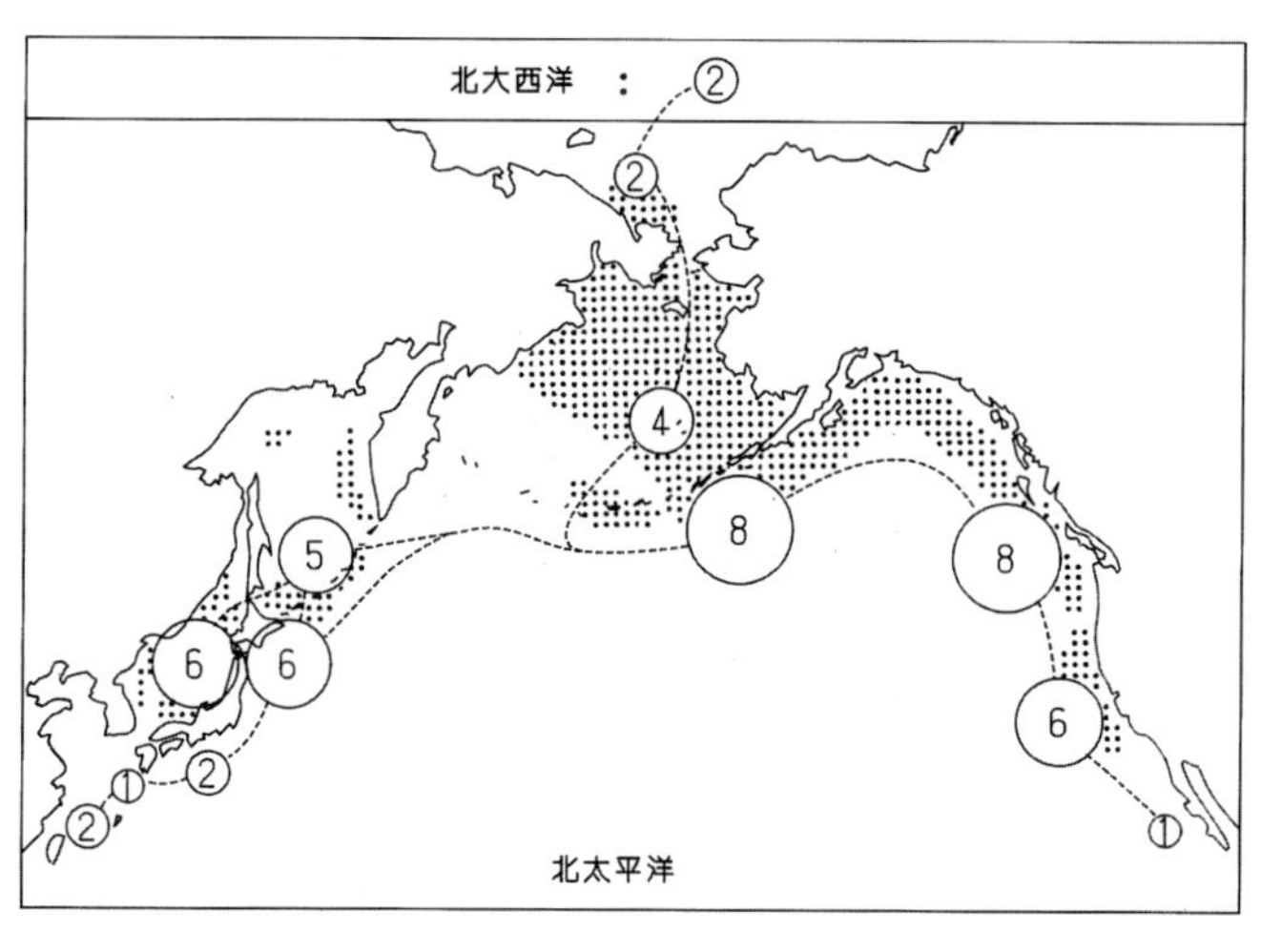

図 4-1　タラバエビ属の分布（丸数字は種数を示す、アマエビはドットの部分で、北太平洋の北部を中心に東西に分かれて分布し、日本海は分布の最南端に位置する、表 1-1 を参考に作成）

いる。北太平洋と北大西洋の共通種は存在しない。そして、北太平洋では、北米大陸側に9種、ユーラシア大陸側に12種が分布し、いずれも南へ行くほど種数が少なくなる傾向にある。このうち、北太平洋の両側海域に共通する種は、アマエビを含めて4種である。いずれも、分布海域は北太平洋の北部である。これらのことから、現生タラバエビ属の分布は、北太平洋の北部を中心に東西に分かれて種が分化したと考えられる。その中で、日本海には6種が分布するが、いずれも太平洋側ないしはオホーツク海側と共通しており、日本海独自の種は存在しない。したがって、日本海にアマエビをはじめとするタラバエビ属が分布するようになったのは、地史的にはかなり新しいと考えられる。

日本列島近海には100万年以上前から分布？

なお、我が国では、群馬県吾妻郡沢田村折田の第三紀の地層からタラバエビ属の化石が発掘されている。したがって、少なくとも新生代新第三紀末（鮮新世末）の約258万年前には、同属のエビが日本列島近海に分布していたことを窺わせる(50ページ表2―1参照)。鮮新世末期から更新世前期にかけて、系統上は全く無関係な多くの動物群に、北米西岸からユーラシア大陸東岸に至る分布パターンが共通して見られる、ということがいわれている。本化石種も、いきなり日本列島近海に出現した、とは考えられない。多くの動物群と同様、適応放散を受けて日本列島近海に分布するようになった、と推察される。タラバエビ属は、100万年以上の長い歴史を有することになる。しかし、その割には種分化の程度が低く、現生種はいずれも冷水性で、性転換が大きな特徴となっている。

日本は分布の最南端、適応放散を受けた地

アマエビは、第1章で述べたように、北太平洋ではタラバエビ属のうち最も繁栄を遂げている現生種である。日本列島近海における分布は、緯度的には最南端にあり、発祥の地としてよりも、適応放散を受けた地として位置づけられる。しかし、アマエビの発祥の地が、北太平洋の北部にあったと推測できても、日本列島近海にはいつ頃から分布するようになったかとなると、証拠に乏しい。アマエビは、現生タラバエビ属の中では、古い種族とされている。しかし、日本列島近海に100万年以上も前から分布していたとは、周辺海域における種分化の程度が低いことからも考えにくい。

分布を広げる過程で沿岸から深海へ

ところで、アマエビは、深海底の低水温に適応していることが特徴として挙げられた。そこで、第2章で触れた深海魚類群集の分布史に照らしてみると、地史的にはごく新しく深海に適応した二次的深海魚に近いと考えられる。すなわち、アマエビは、北太平洋の北米西岸からアラスカ海流、

アリューシャン海流、親潮海流の影響を受けて日本列島近海に到達する過程で、沿岸から深海へ分布域を移したと考えられる。

なお、北太平洋の北部でも、東側と西側ではアマエビの尾節の突起に僅かな違いが認められている。この事実からも、発祥の地と適応放散を受けた地とでは、分布史に時間的な差のあることを窺わせる。

他方、浅海へ分布海域を移したのが、第1章で触れたホッカイエビと考えられる。その分布海域が、日本列島の北部を含む北西太平洋に限られているのも興味深い。いずれも、比較的長期にわたる浮遊生活を通じて分布海域を拡大したと考えられる。すなわち、海流に運ばれて長距離移動を繰り返しているうちに進出に成功した、ということだ。第2章で触れた、いわゆる死滅回遊である。

なお、本邦で発掘されたタラバエビ属の化石種とアマエビとの間では、地史的に大きな差があることは明らかだ。そこで、この地史的な差を埋める要因として、氷河期の激しい気候変動の影響を挙げることができるのではないだろうか。後述するように、氷河期には、祖先種のほとんどが死滅を繰り返したと考えられる。そして、アマエビを含めて現生タラバエビ属に種分化を遂げたのは、かなり後の方になってからであろうということは、十分に推測がつく。

2 日本海産の分布史
なぜ他の海より深い所に

アマエビは、日本海の深海が酸欠だった氷期が終わってから侵入して来たと考えられます。水深が浅く水温が高い宗谷・津軽海峡も、幼生なら海流に乗って越えられたのです。また日本海の深海底には冷たい日本海固有水があったため適応に成功。ただ、表層の対馬暖流の影響で幼生孵化は冬となり、競争種を避けて沿岸から、より深海へ移ったと考えられます。

日本海は、約2300万年前（新第三紀中新世）にユーラシア大陸の縁で地溝帯が形成されて拡大が始まり、約1400万年前に拡大をほぼ終えた。尤も、拡大を終えた以降も、北に開いた巨大な入り江の形成（原日本海）、無酸素海盆、東北日本弧の隆起、対馬海峡の開通による暖流の流入、氷期（淡水湖化・還元的環境）と間氷期の繰り返しなど、大きな環境の変遷があった。前述の化石種も、この間の日本列島の隆起によってもたらされた、と推察される。

北太平洋北西部から遅れて分布？

ところで、本邦周辺海域における現生タラバエビ属の分布を見ると（表4―1）、東シナ海・台湾近海でも固有種の分化が認められている。すなわち、太平洋側では、低緯度に向けた分布海域の拡大が示唆される。これに対して、日本海のタラバエビ属（6種）は、いずれも太平洋側ないしはオホーツク海側に共通して分布していることから、北太平洋の北西部の要素が強い。これらのことも、日本海の形成が、地史的にはごく新しいことを裏づけている。すなわち、日本海産アマエビは、地史的な位置づけが上述のことだけからは難しいも

表 4-1　タラバエビ属 19 種の分布リスト（北太平洋に 17 種、北大西洋に 2 種が分布し、共通種は存在しない。北太平洋では南へ行くほど種数が少なくなっており、南へ分布を広げる過程で種が分化したと考えられる、表 1-1 を参考に作成）

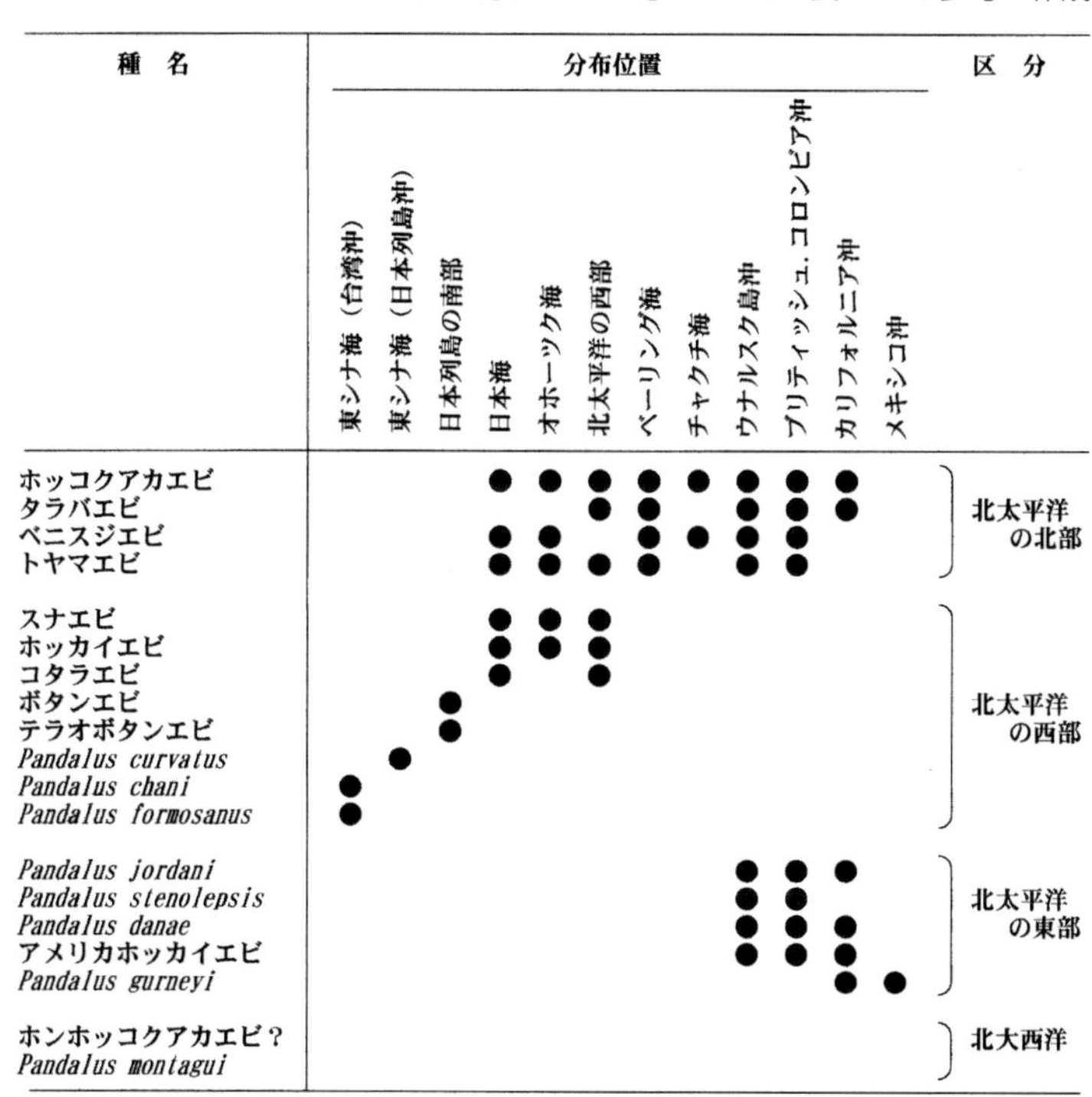

種名	東シナ海（台湾沖）	東シナ海（日本列島沖）	日本列島の南部	日本海	オホーツク海	北太平洋の西部	ベーリング海	チャクチ海	ウナルスク島沖	ブリティッシュ.コロンビア沖	カリフォルニア沖	メキシコ沖	区分
ホッコクアカエビ				●	●	●	●	●	●	●	●		北太平洋の北部
タラバエビ						●	●		●	●	●		
ベニスジエビ				●	●		●	●	●	●			
トヤマエビ				●	●	●	●		●	●			
スナエビ				●	●	●							北太平洋の西部
ホッカイエビ				●	●	●							
コタラエビ				●		●							
ボタンエビ			●										
テラオボタンエビ			●										
Pandalus curvatus		●											
Pandalus chani	●												
Pandalus formosanus	●												
Pandalus jordani									●	●	●		北太平洋の東部
Pandalus stenolepsis									●	●			
Pandalus danae									●	●	●		
アメリカホッカイエビ									●	●	●		
Pandalus gurneyi											●	●	
ホンホッコクアカエビ？													北大西洋
Pandalus montagui													

のの、北太平洋の北西部から遅れて生息分布するようになった、と考えられる。

深海底の溶存酸素量が豊富となってから

そこで次に、アマエビは、いつ頃から日本海で生息分布するようになったのか、検討してみる。日本海は、拡大を終えて以降、深海底では何度かにわたって還元的環境が形成された。そして、最後の還元的環境の形成は、ウルム氷期であった。となると、アマエビは、ウルム氷期までは侵入できなかったか、侵入できたとしても、ウルム氷期には死滅したと考えねばならない。すなわち、アマエビが日本海に生息分布するようになったのは、深海底の溶存酸素量が豊富となってから、という推論が成り立つ。

他の魚はどうだったか

ところで、タウエガジ科とトクビレ科の魚は、日本海の内部で種分化を遂げるほど、長く生息分布していることを第2章で述べた。これらの魚は、ウルム氷期を越せたことになる。その理由としては、生物の生活を拒絶するような還元的環境が、深海底に限ったものであったに違いない。

また、カレイ科、ゲンゲ科、カジカ科、ビクニン科の魚の中には、新しく深海に適応した二次的深海魚が見られた。いずれも、オホーツク海の比較的浅い海を起源に南下して来た魚で、地史的にはごく新しいことを第2章で述べた。これら二次的深海魚が日本海へ侵入できたのも、ウルム氷期(約1〜6万年前)がピークを過ぎてからということになる。

日本海では、ウルム氷期がピークを過ぎると、浅海が暖かくなり、深海底が還元的環境から酸化的環境へ徐々に変わった。それにつれて、水圧の変化にも耐えられる魚が深海へ入り込み、進化速度の速い一部の魚が亜種のレベルまで分化した、と考えられることも第2章で述べた。

氷期に棲み着いて生き延びた生物

陸の話になるが、北海道大雪山などに生息するエゾナキウサギは、氷期にシベリアなどの高緯度地方から樺太を経由して北海道に棲み着くようになった。氷期が終わって暖かくなると、北へ帰るべきところを涼しい高山に避難して生き残り、独自の発展を遂げたとされている。

国の特別天然記念物に指定されているニホンライチョウも、氷期が終わって温かくなると、北アルプスや南アルプスなどの高山に残ったことで、今では同じ仲間の中では、世界で一番南に隔離分布するようになった。

第2章でも触れたが、ほぼ同時代に、台湾まで南下したサクラマスは、河川の上流に陸封された。また、東シナ海まで南下したニシンやマダラは、黄海へ北上した。いずれも、ウルム氷期を経て、新しい生息適地を見つけたことによって、生き延びたと考えられる。

アマエビはウルム氷期の後(後氷期)に日本海へ

ただ、アマエビが二次的深海魚と同じように日本海へ侵入して来たかとなると、事情は少し異なるようだ。ウルム氷期に侵入して来たとしても、深海底はまだ還元的環境にあったため、生き長らえることはできなかった、と考えられるからである。

すなわち、アマエビが、北太平洋の北西部から日本海へ侵入できたのは、二次的深海魚よりも遅れて、ウルム氷期が終わった後の後氷期ということになる。後氷期になると、日本海は、対馬海峡から暖流が本格的に流入するようになった。そして、熱塩循環によって日本海固有水が形成され、深海底は溶存酸素量の豊富な海水で満たされるようになった。

幼生期なら高水温の海峡も越えられた

一方、日本海と北太平洋の北西部を繋ぐ宗谷海峡と津軽海峡は、後氷期の海水準の上昇によっても、ごく浅い海峡を通じてしか連絡していなかったと考えられる。アマエビの方は、既に深海に適応しており、底棲生活期に浅い海峡を越えることは難しかったに違いない。ところが、幼生期は、表層近くに分布して、高水温域への耐性も、底棲生活期に比べると遥かに強いことを第3章で述べた。この生態学的特性が、低緯度への分布海域の拡大に有利に働いたと考えられる。すなわち、生活史の中でも水温耐性が強い幼生期を通じて、北太平洋の北西部から海流（寒流の親潮系水）による散布を受けて、日本海へ侵入を果たしたと考えられるのである。

そして、侵入に成功した幼生が、底棲生活期に移っても、優れて適応することができたのは、溶存酸素量の豊富な日本海固有水の形成があったからに他ならない。これらのことが、日本海産アマエビが、地史的には短期間で、侵入と繁栄を遂げることができた要因ではないだろうか。

暖かすぎる暖流の影響で幼生孵化は冬に

なお、日本海では、ウルム氷期よりも前に、アマエビ幼生が海流によって運び込まれる機会は何度もあった。しかし、侵入できたとしてもウルム氷期には死滅したことから、侵入に成功することはなかったと考えられる。

ただ、日本海に侵入したアマエビは、冷たい日本海固有水に出会ったことで、成長速度は低下し、抱卵期間は長期化を余儀なくされた。一方、対馬暖流が本格的に流入するようになると、表層水温は夏～秋には20℃近くになる（228ページ図3―2参照）。さすがに、これだけ水温が高いと、幼生が生き長らえることは難しかったに違いない。その結果、幼生孵化期は、生存に有利な冬（1～2月）に次第に収束する自然選択が働いたのではないだろうか。世界的に見ても、幼生孵化期が冬にあるのは日本海産だけであるが、こう考えると納得がいく。

競争種を避けて沿岸から深海へ

また、北太平洋の北西部から日本海へ侵入した当初の主な分布水深は、北太平洋北西部における分布水深が200～300mであることを考慮すると、現在ほど深くはなかったと推察される。日本海における現在のような分布と移動は、沿岸域から競争種を避けて徐々にニッチェ（生態的地位）が大きく空いた深海へ向かって分布深度を広げた結果であろう。そして、遂には水深４００～６００ｍを適地として今日まで生き長らえたと考えられる。一方、幼生孵化海域が、水深２００～３００ｍと、主な分布水深と比べてかなり浅いのは、日本海へ侵入して来た当初の環境で繁殖しなければならない保守性によるもの、と考えればうまく説明できそうだ。産卵のために、海から川へ遡上するサケ科の仲間や（遡河回遊）、逆に川から海へ降るウナギのようなもの（降河回遊）、というわけである。

侵入してからの歴史はごく浅い

いずれにしても、日本海産アマエビは、種分化を遂げずに当初の性質を多く残しており、侵入してからの歴史がごく浅いことを示している。したがって、北太平洋の北西部から日本海へ侵入したのは、上述したように後氷期で、しかも対島暖流が本格的に流れるようになった８０００年前以降（１１４ページ・１２６ページ参照）というのが妥当と考えられる。また、日本海に分布する現生タラバエビ属の他の5種（２８１ページ表4―1参照）についても、日本海固有の種形成が認められない。したがって、アマエビと同様、後氷期に北太平洋の北西部から侵入して定着したと考えられる。

3 北大西洋産（*Pandalus borealis*）の分布史
酷似する東西両種の起源は？

北大西洋産は、北太平洋産とは別種ですが非常に似通っていて、共通の祖先を持つと思われます。北太平洋産が、かなり後になってから、北極海を経由して北大西洋に侵入したと考えられます。

北太平洋産と共通の祖先

北大西洋産は、北太平洋産とともに、商業的に利用されているエビ類としては、世界でも有数の資源である。いずれも、それだけの資源を維持するための幾つかの生態学的特性が挙げられる。中でも、水温の低い環境に適応することで、両種は多くの類似性を持つ生活型を獲得したことが特筆されよう。そこで、両種は、形態も生態も非常に似通っていることから、北極海を経由して北太平洋と北大西洋に分かれて進化した共通の祖先をもつ双生種（twin species）とみなされている。このように、北極海を挟んで北太平洋と北大西洋に似通った種が分布する類縁関係は、同じタラバエビ属で北太平洋産 ***P. tridens***（タラバエビ）と北大西洋産 ***P. montagui*** との間（表4―1参照）や、他の動物群（ヤメエビ属、介形虫類など）にも認められている。

起源は北太平洋？　北極海を経由か

ところで、北大西洋産の起源は、もともと北大西洋にあったのではなく、北太平洋にあった、と考えられるのではないだろうか。その理由として、北太平洋産と北大西洋産が共通の祖先から枝分かれして、それぞれ独自の方向に進化したとすれば、同所的に分布する海域があってもよさそうだ。しかし、そのような海域は全く見られない。また、北太平洋産と北大西洋産の２つの集団が地理的に隔離され、それぞれ遺伝的に独立した集団に分化したとしても、両種のあまりの類似性故に、並行進化を遂げたというには出来過ぎだ。すなわち、北大西洋産は、北太平洋産が北極海を越えて北大西洋に分布を広げる過程で、独自の分化（分岐）を遂げて固有種が形成された、と考える方が自然である。地史的には、ベーリング海峡が開通して北太平洋と北大西洋が本格的に交流するようになった約３００万年前の新第三紀鮮新世中期以降、と想定される。しかし、北大西洋への侵入は、北大西洋産の種分化の程度が低いことから、かなり後の方になってから、と考えるのが妥当であろう。

北大西洋起源説には疑問

なお、現生タラバエビ属に関しては、北大西洋産 ***P. montagui*** が起源種で、北太平洋へ侵入して種分化を遂げた、という説があることにも触れておかねばならない。しかし、筆者はこの見方に対しては否定的である。その考えとはこうだ。先述したように、タラバエビ属は、１００万年以上も前に北太平洋に生息分布していたことを示す化石記録がある。そうすると、北太平洋の現生タラバエビ属は、少なくとも鮮新世中期のベーリング海峡の開通によって、あるいはその後の間氷期に北大西洋から侵入したことになる。しかし、当時の海洋生物の移動は、ほとんどが北太平洋から北大西洋への一方的な移住であった。

北太平洋からは、ベーリング海峡を抜けて北極海に流入する弱い流れがある。そして、北太平洋北部の海水は、塩分が低いことから北極海の氷の分布に影響を及ぼしているようだ。北太平洋北部では、蒸発した水蒸気が北米大陸のロッキー山脈によって移動を遮られて、淡水の流入量が多いためである。海面から蒸発した水蒸気を大量に含んだ大気が、山脈によって行く手を阻（はば）まれるのは、日本海と同じ構図である。

北極海の海氷は北大西洋へ流出

その後、北極海の海氷は、北極海を横断する流れや、風によって北大西洋へ流出する。現在の海洋構造の枠組みが、既に出来あがっていたとすれば、これらの事実も、北太平洋産がベーリング海峡を越えて北大西洋産に種分化した、という理由に考えられそうだ。

ちなみに、寒冷化によって、ベーリング海峡（最短の幅はおよそ１００km）が閉ざされることはあっても、北大西洋側は北極海と常に繋がっていた。したがって、北大西洋で、タラバエビ属の移動は容易であったのである。ところが、北大西洋に生息分布する現生タラバエビ属は、僅か2種である。北大西洋に、タラバエビ属の起源があったとすれば、もっと多くの種分化が見られてもいいはずだ。

4 性転換の進化と現生タラバエビ属の分布史

北大西洋への進出が遅い理由は？

アマエビの性転換は雌雄異体から進化したと考えられます。氷期を生き延びて耐寒性を鍛えると共に、配偶者と出会う機会を高めるための性転換が進化したのでは？それらの手段を獲得したことで、北大西洋にも侵入して種分化したと考えられます。

性転換は雌雄異体から進化したか

アマエビの婚姻システムは、オスでは繁殖能力が年齢にかかわらず一定である。これに対して、メスでは繁殖能力が成長にともなって増加する。したがって、雄性先熟の性転換は、個体の再生産にとって有利であり、その進化は第1章で述べたゲスリンらのＳＡ（体長・有利性）モデルによって説明される。なお、日本海産では、オス期を経ない小型メスが僅かに存在した。しかし、アマエビは、オスからメスへの性転換が主な現象であって、ＳＡモデルを基礎としていることに変わりはない。そこで、アマエビの性転換は、雌雄異体からＳＡモデルにしたがって進化した可能性が高く、雌雄異体が原始的であって、性転換（隣接的雌雄同体現象）がより進化した姿、と考えられる。

地史的には新しい北大西洋への侵入

オス期を経ない小型メス（生まれながらのメス）は、北大西洋産でも見つかっている。生息分布海域を拡大している種族は、当初の性質を多く残している。したがって、北太平洋産が日本海に侵入して以降、および北大西洋産が固有種として分岐して以降、いずれも地史的には多くの時間を要していないと推察される。これらの事実も、100万年以上に及ぶタラバエビ属の歴史の中で、性転換の進化が、それほど古くはないことを暗示する。

これらのことから、北太平洋産がベーリング海峡および北極海を越えて北大西洋産へ分岐したのは、更新世の間氷期あるいは後氷期になってからのことで、既に生存に有利な性転換が進化していたと考えられる。また、現生タラバエビ属19種のうち、北大西洋の分布は僅か2種であった。このことも、北大西洋へのタラバエビ属の侵入が、地史的には新しいことを示している。

氷期を通じて寒冷適応できた？

そうすると、北太平洋には少なくとも100万年以上前から分布していたタラバエビ属が、約300万年前以降、間氷期等におけるベーリング海峡の開通によっても、長いこと北大西洋へ侵入できなかったのは何故か、という疑問が湧いてくる。その原因としては、次のようなことが、考えられるのではないだろうか。すなわち、北太平洋産の祖先種は、高緯度から低緯度へ分布海域を拡大する一方、北極海を越えるほどの寒冷適応ができていなかった。それが、氷期を通じて耐寒性が鍛えられたことによって、初めて北大西洋への侵入を果たすことができた。更に、既に深海に適応した祖先種は、氷期の激しい気候変動にさらされたことが進化圧となって、深海で配偶者に遭遇する機会を高めるための仕組み（性転換）が誕生した、ということである。

氷期を生き抜くために耐寒性と性転換を獲得

日本列島近海では、約２５８万年前にタラバエビ属が分布していたことが化石記録から求められている。しかし、その後のタラバエビ属の分布海域については、氷河期を通じて緯度的に一進一退したと考えられる。すなわち、分布海域が南に拡大して低緯度に適応した種では、大規模な寒冷化によって幼生期に死滅した可能性が高い。一方、高緯度の局所的な環境に閉じ込められて生き残った種では、氷期を生き抜くために遺伝子の突然変異が起こり、環境に適応的な耐寒性や性転換が集団全体へと広がったのではないだろうか。そして、更新世の間氷期あるいは後氷期に、耐寒性や性転換という生存のための有力な手段を獲得した子孫が、再び高緯度から低緯度の海域へ、あるいは高緯度からベーリング海峡および北極海を越えて北大西洋へ分布海域を拡大した、という筋書きが想定できるのである。

タラバエビ属の祖先種の多くは氷期に死滅？

タラバエビ属は、１００万年以上前に生息分布していたことを考えると、種レベルとしてばかりではなく、属レベルでも分化するのに十分な時間である。しかしその割に、種分化の程度が総じてそれほど高くはない。また、大規模な氷期には、地球上の生物群が広範囲にわたって一掃されたことが、史実によっても明らかである。そう考えると、タラバエビ属の祖先種のほとんどが、更新世の大規模な氷期を越えられずに死滅したと考えても、さほど無理なことではない。すなわち、タラバエビ属の現生種は、更新世の氷河期に耐寒性や性転換を獲得して、辛うじて生き残った祖先種が、種分化を遂げたと考えねばならない。そうだとすれば、現生タラバエビ属の種分化の程度が、総じてそれほど高くはないことも、日本海産が地史的には新しい後氷期に北太平洋の北西部から侵入して来たことも、合理的に説明できるのではないだろうか。すなわち、日本海産アマエビは、侵入して来たときには既に、性転換が進化しており、耐寒性が出来ていて日本海固有水にも適応が容易であった、というわけである。

耐寒性や性転換を獲得後に北大西洋に

そして北大西洋産はというと、更新世の間氷期あるいは後氷期に、耐寒性や性転換を獲得したアマエビが、北太平洋からベーリング海峡と北極海を越えて分布海域を広げる過程で分岐したと考えられる。また、北大西洋に生息分布する現生タラバエビ属では、もう一つの固有種である ***P. montagui*** が北太平洋産 ***P. tridens*** と双生種の関係を示しているが、同じような分布史を辿ったと推察される。なお、北太平洋産は、北大西洋で種分化した一方、日本海では種分化が見られないことから、少なくとも北大西洋への侵入は日本海よりも早かったとすべきであろう。

5 日本海産の繁殖能力 自然任せでいいの？

深海底に冷たい日本海固有水があったおかげで、日本海に進出したアマエビは「先祖返り」しました。メスが少なくなると性転換の年齢が早くなるというメカニズムは、個体数の維持に役立っていますが、資源調査して漁業を管理することも必要です。

日本海産と似ているスピッツベルゲン産

日本海産アマエビは、分布の最南端に位置することを何度も述べたが、最南端で地史的には短期間で繁栄を遂げられたのは奇跡的といってもよい。その原因としては、前述した通り、アマエビが後氷期になって分布海域を南の方へ拡大した際、日本海では既に日本海固有水という、特別な海洋環境が形成されていたからに他ならない。すなわち、北太平洋の北西部から親潮系水によって幼生散布を受けた日本海は、表層水が対馬暖流の影響を受けて温かい一方、深海底は冷たくて溶存酸素量の豊富な日本海固有水で満たされていた。日本海産にとっては、繁栄するための海洋環境がまさしく用意されていたわけで、先祖帰りした、と言うに相応しい。その結果、日本海産は、生態学的には北極圏（北緯66度33分以北）に位置するスピッツベルゲン産に近いなど、多くの生態学的特異性を見いだす要因になった、と考えられる。

スピッツベルゲンの位置

スピッツベルゲン（北緯79〜80度）は、本書で何度も出てきたが、実は筆者にとっても馴染みが薄い。調べてみると、スヴァールバル諸島にある最大の島で、ヒトが定住する最北の地とされている。このような北部でも大石炭層があり、かつては現在よりもはるかに温暖で熱帯—亜熱帯林に被われていたことを彷彿（ほうふつ）させる。捕鯨や北極探検の基地としても各国が鎬（しのぎ）を削り、ノルウェーのアムンセンなどが活躍した地となると、にわかに親しみが湧いてきた。アムンセンは、フラム号で北極点到達を目指したが、アメリカのピアリーに先を越されてしまい、目標をひそかに南極点に変更した。イギリスのスコットと、国を挙げての競争の末、1911年12月14日に人類初の南極点到達を果たしたのは有名な話である。現在、島はスヴァールバル条約（1925年発効）によって、ノルウェーに主権が与えられているが、日本を含めた締約国の自由な経済活動が認められている。全く未知の島、ということでもなかった。

メスが少ないと性転換が早くなる

　話をアマエビに戻そう。アマエビの性転換では、性転換の開始年齢が群構造によって変化することを第3章で述べた。すなわち、日本海産の性転換年齢は主に5歳であった。しかし、交尾・産卵期にあるオスとメスの群性比〔♀／（♂＋♀）〕が、大きく崩れて、メスの個体数が少ないときには、4歳でも性転換が起こる、ということがあるようだ。

　アマエビに限ったことではないが、海洋生物では量的な変動が常である。ここで、交尾・産卵期にあるオスとメスの群性比は、資源が多くの年級群に支えられて量的に高水準を維持している場合には、急激な変化が起こりにくい。しかし、資源が量的に低水準にある中で、卓越年級群が発生したような場合には、急激な変化（群性比の低下）が起こりやすい。そこで、集団中にメスの個体数が不足してオスばかりになったとすると、メスへの性転換が一定の年齢（ここでは5歳）に決まっていては、かえって繁殖機会の損失を招くことが予想される。そこで、メスへの性転換をもっと早くする（ここでは4歳）、という生き方を選ぶことができれば、繁殖成功をより高くできるはずだ。逆にいうと、性転換年齢の柔軟な変化（バラツキ）は、性転換が進化するためには、不可欠の仕組みであった、というわけである。配偶者の多寡による性転換年齢の変化は、自身の子孫を確実に残す（繁殖成功を高める）方向に進化した結果、とみることができる。

魚類でも、資源の量的水準が低いときに、成熟体長（年齢）の低下が少なからず示されており（例えばコガネガレイ）、アマエビの性転換とは同様の仕組みと考えられる。尤も、早熟メスは、産卵数も卵の大きさも普通のメスと比べて劣ることから、再生産力の低下をもたらす危険性も指摘されている。この点は、留意しておかなければならない。

小さくまとまった生息場所に分散

ところで、アマエビの性転換のきっかけは、水深５００ｍという深海底で、どのようにして決められるのだろうか。成熟期にあるオスとメスが、群構造を意識して損得を計算できるはずもないことは明らかだ。ここで、アマエビの分布様式は、水中ＲＯＶなどの直接観察の結果から、深海底で均等に分布するというよりはむしろ、小さくまとまった生息場所（パッチ）に分散することが多い。そこで、成熟期のオスに対して交尾するメスの個体数が少ないパッチ内では、性転換を早めることによって配偶者と遭遇する機会を高めている、と考えられる。一方、交尾するメスの個体数が多いパッチ内では、性転換を早める必要はないことになる。したがって、先般来求めている性転換年齢というのは、各パッチ内で起きた性転換現象の総和、ということになる。

漁獲量の年変化の幅が小さい

ここで、能登半島近海におけるアマエビ漁獲量の年変化を検討してみたい。同海域におけるアマエビの漁獲圧が、周年にわたって強く働いていることは第３章でも示した（２３７ページ図3－10参照）。そこでの漁獲量の年変化の幅を見ると、たかだか３倍程度である。一方、アマエビと同様に長寿命で漁場利用の歴史が長い底魚資源を見ると、東シナ海・黄海産マダイで約24倍、東部ベーリング海産コガネガレイで10倍強、本州日本海中西部海域産ズワイガニで８倍強である。アマエビの漁獲量の年変化の幅は、漁獲圧の割にかなり小さいことが窺える。

性転換年齢の変化が繁栄の秘密？

アマエビでは、他の底魚資源と違って、性転換年齢の変化という生物的メカニズムがあり、これが個体数の維持に役立っている、と考えられるのではないだろうか。エビ類の中でも、比類のない繁栄を誇っている秘密が、このへんにあるのかもしれない。

しかし、アマエビは、群構造によって性転換年齢が早まったとしても、この生物的メカニズムが群性比の低下を完全に補うものではないことも明らかである。すなわち、自然任せであっては、現在のように発達した漁獲技術の影響を、完全に吸収するのは困難である。したがって、漁業管理の必要性を否定するものではない。

最近、社会全体でＳＤＧｓ（持続可能な開発目標）という言葉をよく見聞きするようになった。漁業は海洋生物資源を利用しているが、海洋生物資源には繁殖力がある。それをうまく利用して管理すれば末永く利用することができる。利用すればそれだけ減ってしまう鉱物資源との大きな違いだ。漁業は海洋生物資源を持続可能な範囲で利用することを究極の目的としており、昔から取り組んで来たいわば老舗である。しかし、うまく行っている場合とそうでない場合があるのも事実で、簡単なことではない。時には現在の生活の質を落とすことを含めて相当な覚悟が必要なテーマだ。

漁業管理では、資源調査が不可欠である。そして、調査の結果、資源が量的に低水準にあることがわかったときには、漁獲を控えることが必要だ。更に、年齢群の構成から将来予測（２５６ページ図3―26参照）して、繁殖期のメスの個体数不足を招かないよう、配慮することも重要である。

第5章　アマエビの生態学的知見に基づく資源利用

1 能登半島近海での実践例
資源確保のための有効策は

アマエビは成長にともなって生息する水深を変えるので、稚エビを保護するために、能登半島近海で水深別操業規制をおこなったところ、それまでの漁獲量の減少傾向に歯止めが掛かりました。魚網の網目拡大に比べると、漁業者に比較的受け入れられやすい資源利用方策と考えられます。

本書で紹介したアマエビの研究結果は、産業振興に生かされることが重要である。そこで、研究で得られた生態学的知見に基づき、資源利用の提言をおこなったので、その結果について述べてみたい。

ヒトデが邪魔して網目対策も限定的

能登半島近海では、試験船による底びき網調査が継続的におこなわれてきた。そこから、同海域の底棲生物の特徴を拾ってみたのが**写真5**である。このうち**写真5―1**は、水深200～300mで採集した漁獲物を示したもので、ヒトデ類（主にクモヒトデ）などが多く、その中からアマエビを選別している。**写真5―2**は、もう少し深い水深400～500mで採集した漁獲物を示したものので、種類は違うがやはりヒトデ類（主にニチリンヒトデ）などが多く、その中からアマエビを選別している。いずれも、能登半島近海が豊かな生産力を示している証左である。しかし、ヒトデ類など、アマエビ以外の混獲生物が非常に多いことが特徴として挙げられる。当初、アマエビの稚エビの漁獲を回避するため、底びき網の適正な網目を求めるための試験が繰り返し実施された。アマエビ資源を合理的に利用するためにも、網目対策は最初に取り組まなければならない課題である。そして、調査の結果を踏まえた網目の拡大が図られてきた。しかし、ヒトデ類などが邪魔して、網目拡大の効果も限定的であった。そこで、導入したのが水深別操業規制である。

写真 5-1　水深 200 ～ 300m の漁獲物（タナカゲンゲ、ノロゲンゲ、ホッコクアカエビ、ズワイガニ、スナイトマキ、クモヒトデなど）

写真 5-2　水深 400 ～ 500m の漁獲物（タナカゲンゲ、ザラビクニン、セッパリカジカ、ホッコクアカエビ、トゲクロザコエビ、ニチリンヒトデ、スナイトマキなど）

稚エビ保護のため水深別操業規制

能登半島の西部海域を生息場とするアマエビは、繁殖生態にともなう顕著な深浅移動が特徴的であった。すなわち、水深200〜300mで孵化した幼生は、約1ケ月の浮遊生活を経て水深300m前後に稚エビとなって着底後、成長しながら徐々に水深500m前後の深海へ移動する（257ページ図3―27参照）。稚エビの分布水深を見ると、網目の拡大によらない、実に巧みなアマエビ資源の合理的な利用方法が提示されていることになる。

そこで、資源利用の目指すべき方向として、定石通りであれば、網目の拡大や漁獲努力量を削減した場合の効果を、パソコンでシミュレーションする。そして、将来的に資源を減らさないための管理方策を決定する、ということになる。しかし、ここでは、将来予測のような難しいことはさておき、単純に稚エビを保護するための水深別操業規制が重要と考えた。具体的には、水深300〜400mの海域での底びき網漁業の操業を制限すれば、稚エビに対する漁獲圧をかなり減少させることに期待が持てる、ということである。

水深別操業規制で石川の漁獲量が増加

図5―1は、1985年以降に検討してきた水深別の操業規制である。すなわち、水深200mと500mに挟まれた点や斜線で網かけした海域を、ズワイガニ漁期（11月6日〜3月20日）を除いて操業できないことにした。なお、ズワイガニ漁期では、ズワイガニ漁の網目が十分に大きい。そのため、稚エビは、周年にわたって保護されることになる。こうした取り組みの結果が、**図5―2**である。図には、能登半島近海のアマエビ漁獲量の経年変化（大和堆を除く）を実線で、参考としてズワイガニ漁獲量の経年変化を一点鎖線で示した。ズワイガニ漁獲量を示した理由は、ズワイ

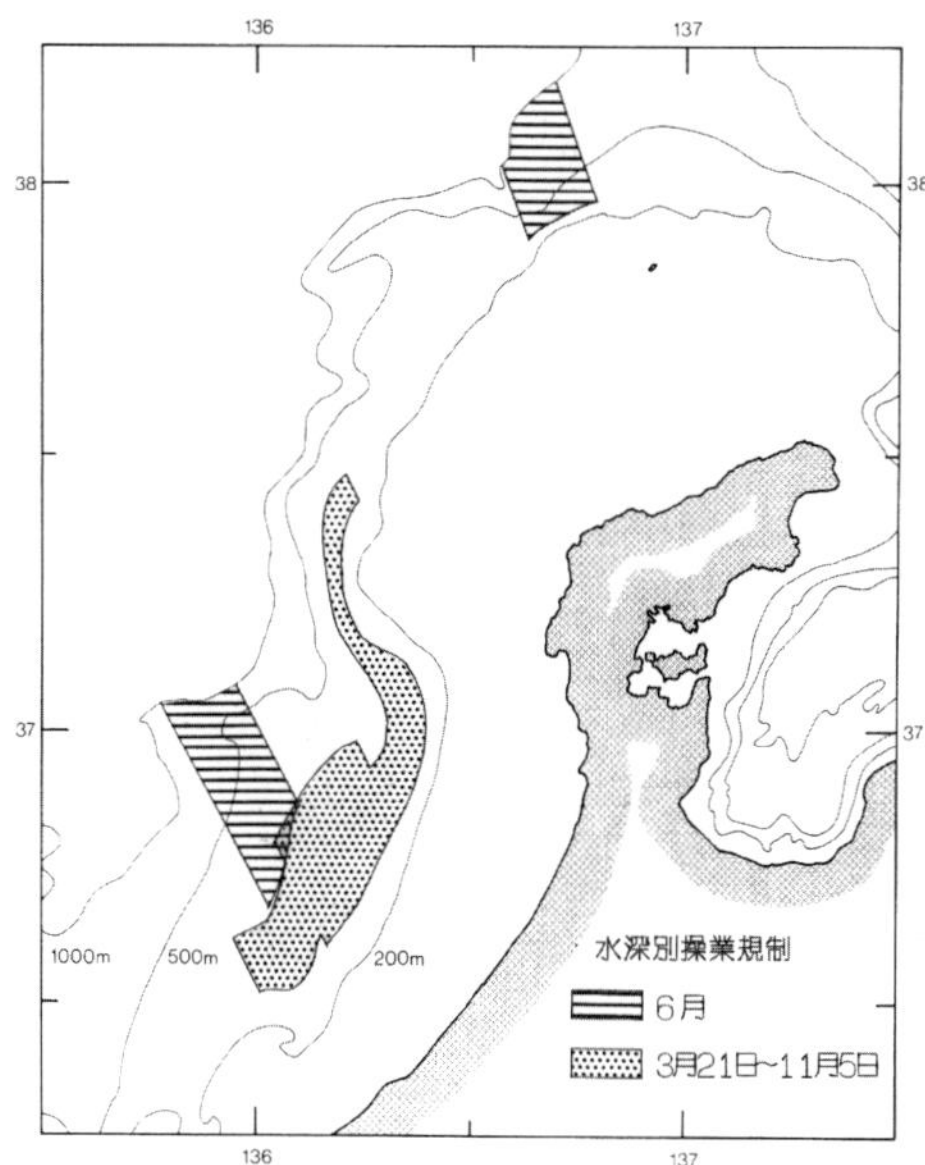

図 5-1　水深別操業規制（水深 300 ～ 400m の底びき網の操業を一時的（3 月 21 日～ 11 月 5 日）に制限することで、水深 300m 前後に着底し、成長しながら徐々に深い海へ移動する稚エビを保護。規制外にあってはズワイガニを対象とする操業で網目が大きいことから稚エビを保護できる）

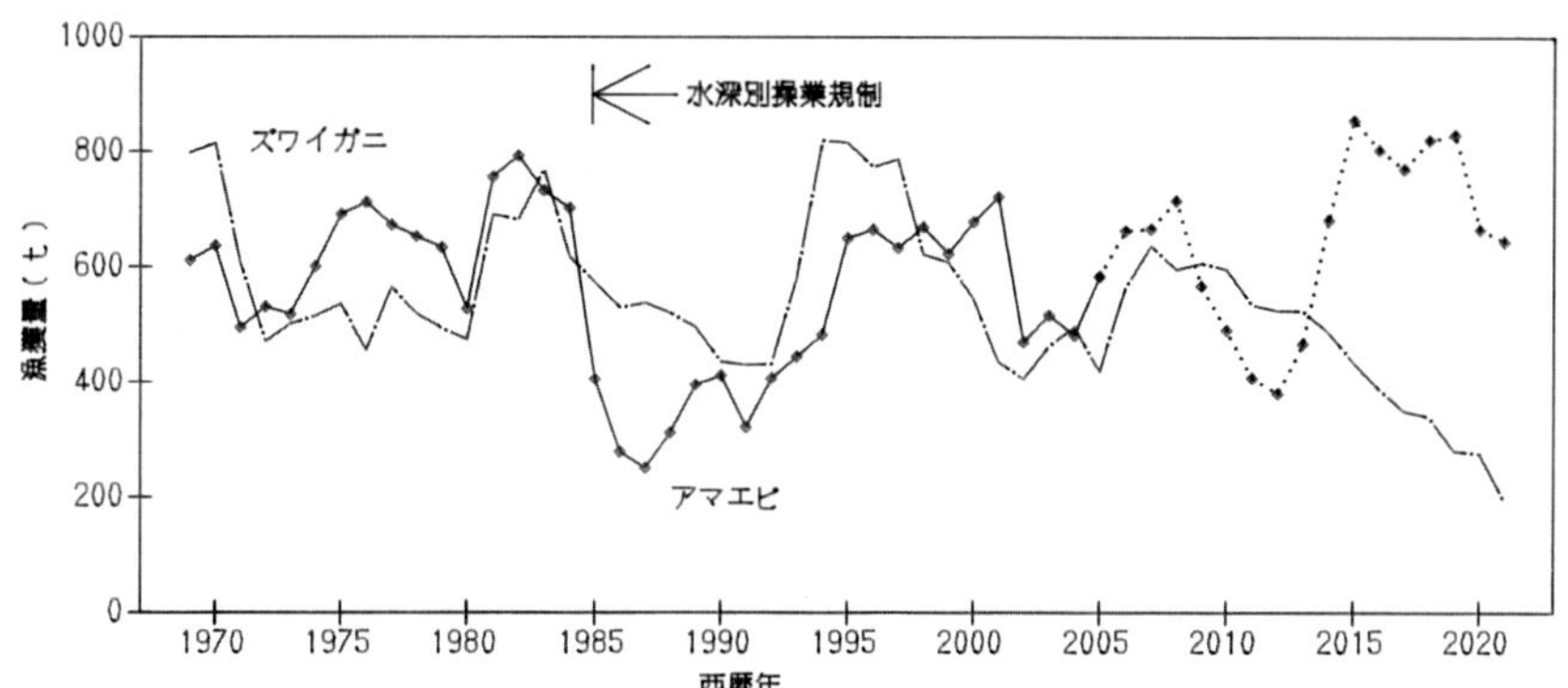

図 5-2　能登半島近海のアマエビとズワイガニの漁獲量の経年変化（アマエビ漁獲量は大和堆を除く、2006 年以降は推定値）（1985 年以降の水深別操業規制によって、減少傾向にあった漁獲量に歯止めをかけ、増加に転ずることに一定の効果があった）

ガニの主な漁場の水深が250〜400mで（図5—3）、アマエビとは漁場の一部が重なる関係にあるからである。図5—2から、1985年以降の水深別操業規制によって、アマエビとズワイガニの漁獲量は、いずれも減少傾向に歯止めが掛かり、増加に転じたことが見て取れる。これから、水深別操業規制は、資源回復に一定の効果があったと考えられる。

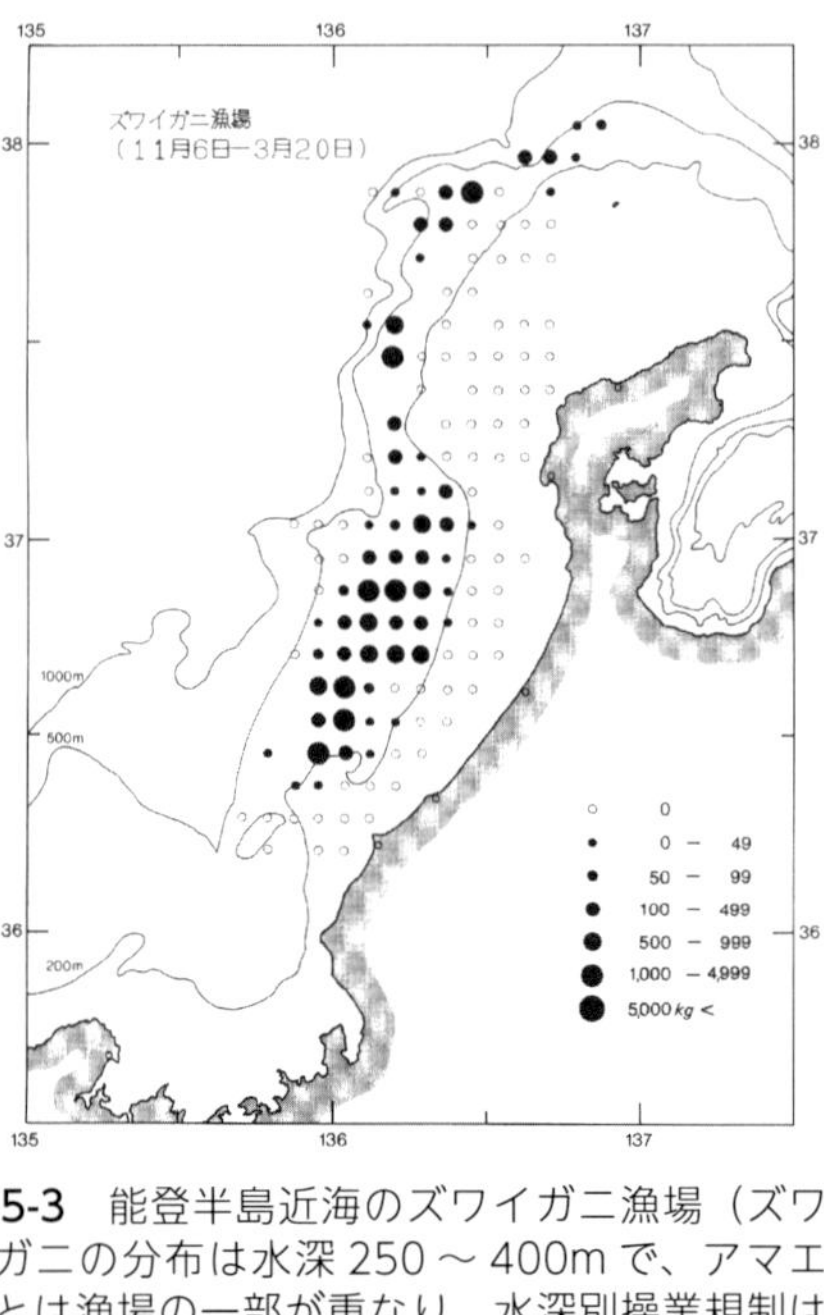

図 5-3　能登半島近海のズワイガニ漁場（ズワイガニの分布は水深 250 ～ 400m で、アマエビとは漁場の一部が重なり、水深別操業規制は両種にとって資源の保護に一定の効果があった）

他県に勝る石川の漁獲量推移の秘密

ここで、アマエビ漁獲量の経年変化（図5—2）を、第1章で指摘した本州日本海側の漁獲量（石川県を含む）の経年変化（25ページ図1—6参照）と比較してみる。両図とも、ほぼ同時期に、漁獲量が増加に転じたことがわかる。増加の理由は、第3章で触れた1984年生まれの卓越年級群の発生によってである。ただ、石川県の漁獲量の増加のテンポは、本州日本海側のそれを上回って推移した。結果論だが、石川県では、水深別操業規制をしたことによって、卓越年級群の稚エビをうまく保護した。そのことが、他県に勝って、その後の漁獲量の増加に繋がった、と考えられるのである。

漁業者に受け入れられやすい水深別操業規制

以上の通り、稚エビを保護するための水深別操業規制は、網目の拡大に匹敵する効果が得られたと考えられる。網目の拡大は、資源利用上の有効な方策であり、多くの網漁業で取り入れられている。しかし、一方で、漁業者にはなかなか受け入れられないという現実がある。漁獲量が全体的に減って、収入が減ることへの懸念があるためである。これに対して、水深別操業規制は、漁業者に比較的受け入れられやすく、能登半島近海では現実的で最も実行可能な資源利用方策になったのではないだろうか。

こうした取り組みが功を奏して、能登半島近海は、現在では北海道沖に次ぐアマエビ漁場となっている。ただ、水深別操業規制は、どこに適用してもうまくいくかというと、それは疑問である。当然のことながら、一定の面積を担保することが必要で、能登半島近海では、海底勾配がおおよそ１０００分の７であった。こうした条件も、水深別の操業規制の効果を高める、一つの要因になったと考えられる。

２ まとめと今後の課題

最後に、今後の課題を３点ほど挙げて、本書の締めくくりとしたい。

（１）日本海研究について

海洋生物の歴史的由来の研究を

アマエビは、冷たい海域に生息することから、氷河期の生き残りといわれることがある。しかし、氷河期の日本海の海底環境といっても、あまり関心が払われることもなかった。１９７０年代になって、アメリカの深海掘削船「グロマー・チャレンジャー号」などによる海底ボーリング調査がおこなわれ、いわゆる縞状構造というのが出てきた。それによって、氷期の日本海の海底環境は、酸化的と考えられていたが、それとは全く正反対であることがわかった。アマエビなどの深海生物の生息を拒む還元的環境にあったのである。日本海の深海の見方が、ガラリと変わった。それも、ごく最近であることを第2章で述べた。こうした物理的な海洋環境が明らかとなる一方で、生物側の応答関係となると、これまであまり検討されてこなかった。今後、多くの日本海生物の歴史的由来について、研究が進むことを期待したい。

(2) 地球温暖化の問題に関して

束ねる研究機関がない現状

日本海は、面積の割に海底が深く、太平洋や大西洋の縮図、いわゆるミニ大洋(大洋で起こっているほとんど全ての現象がみられる)ともいわれている。そのため、日本海では、地球温暖化の影響が比較的早い段階で進んでいることが懸念される。現に、IPCC(国連の「気候変動に関する政府間パネル」)や気象庁などの報告によっても、過去100年間で最も水温上昇の激しかった海域の一つに、日本海が挙げられている。そこで今こそ、日本海をモデルにした総合的な研究に取り組むべきときではないだろうか。

今から半世紀余りも前になるが、水産庁の企画で、日本海では1953年から5年間にわたって、かつてない組織的かつ大規模な対馬暖流開発調査がおこなわれた。この調査によって、日本海の飛躍的な知見の集積が図られ、水産資源の開発が進んだ。調査が果たした役割は、極めて大きい。しかし、それ以降、対馬暖流開発調査に匹敵する総合調査がおこなわれていないのが現状である。

部分的には、海流系に関して九州大学応用力学研究所(福岡県春日市内)、水産資源に関して(国)日本海区水産研究所(新潟県新潟市内)など、大きな研究機関の活動もある。ところが、これらを束ねる研究機関、特に大学の研究機関が存在しない。日本海側には、新潟大学、金沢大学、島根大学という臨海実験施設を有した地方の総合大学がある。地方という言葉は中央との格差を連想させるかもしれないが、そういうことでは決してない。

地方の大学には、人材育成はもとより、地域に密着した研究や産業振興という大きな使命があるはずだ。

しかしながら、日本海の研究となると、あまり手がつけられていない。原因は、各大学が研究を怠っているのではなく、研究者や予算が決定的に少ないことに尽きる。国は、海の重要性に鑑みて２００７年に海洋基本法を成立させている。その趣旨に沿って、日本人にとっては、極めて身近な日本海の総合的な研究体制の確立と、予算づけを願いたいものである。

（３）日本海産アマエビの研究について

資源調査続け的確な操業規制を

地球史で、アマエビは北太平洋の北米西岸からベーリング海、オホーツク海を越えて日本列島近海にまで分布海域を広げた。その間に、氷河期を通じて耐寒性と性転換という仕組みが獲得された。そして日本海では、後氷期の対馬暖流の本格的な流入と日本海固有水の形成が、まぎれもなく本種の繁栄を支えたルーツといえそうだ。一方、近年の地球温暖化は、日本海固有水の形成や、ひいてはアマエビ資源にも悪影響を及ぼすことが懸念される。日本海産アマエビは、これまで述べてきたように、分布史がたかだか８０００年足らずである。この日本海の貴重な贈り物を、今の時代で絶やしてしまうような愚かなことは、あってはならない。

そのためにも、日頃の資源調査が必須だ。調査の結果、資源量が低水準に陥って、現在の水深別操業規制だけでは効果が充分でないとわかったときには、早めに対策を講じることが必要である。禁漁が一番だが、アマエビ漁を生業（なりわい）としている漁業者が多くいる関係上、それは最後の手段だ。そこで次善の策として、生態学的知見を生かすことになる。

具体的には、資源調査によって卓越年級群の発生を見逃さないことである。そして、卓越年級群の発生を認めた場合の取るべき方策は2つある。その一つは、卓越年級群の芽を早くに摘んでしまわないように、場合によっては水深別操業規制の規制幅を一時的に拡大することである。もう一つは、年齢群の構成を明らかにすることである。その際、繁殖期のメスの個体数が少ないと、再生産力の低下を補うために性転換年齢が早まることが予想される。しかし、メスの早熟化にまかせることは、先述したように必ずしもよいことには考えられない。そこで、このような場合は、予めメスの漁獲を一時的に制限して、繁殖期のメスの個体数をできるだけ確保することに努めることである。これらの対策を講じることによって、次の資源利用に繋げることが必要である。

　資源管理では、シミュレーションによって効果を逆算して対策を決めることが先端を行っている、とする考えもあるようだ。しかし、海洋生物資源の数量変動は、ほとんど予測がつかないのも現実で、このことについては再三述べてきた。現状では、資源調査を地道に続けて、そのときの資源状態に見合った対策を講じていくことが、結局は上手な資源利用に繋がるのではないだろうか。

付表　近年の日本海に関連した出来事

西暦年	内容
1972	国連人間環境会議（地球サミット）
1973	第一次石油危機（中東戦争勃発）
1977	旧ソ連邦200海里排他的経済水域宣言（3月～） 日本も200海里排他的経済水域設定（5月～）
1979	第二次石油危機（イラン革命）
1982	メキシコ・エルチチョン火山噴火（3月29日～） 国連海洋法条約が採択（批准国が60に達して1994年に発効） 国際捕鯨委員会（IWC）が商業捕鯨モラトリアムを採択（1986年から実施）
1983	参議院の農林水産委員会で「資源管理型漁業の確立に関する決議」を採択 日本海中部地震（M7.7、5月26日） 島根県西部を初め日本海側の広い範囲で豪雨災害発生（7月23日）
1984	大韓航空機撃墜事件（9月1日） 冬～春に異常冷水発生
1986	第38八千代丸事件（7月28日） スルメイカ大不漁
1991	フィリピン・ピナツボ火山噴火（6月7日～） 台風19号通過で未曾有の被害発生(9月) エルニーニョ発生 ソ連邦が崩壊してロシア連邦が成立
1992	エルニーニョ発生 国連決議で公海大規模流し網漁を禁止
1993	「白神山地」世界自然遺産登録 能登半島沖地震（M6.6、2月7日） 北海道南西沖地震（M7.8、7月12日） 記録的な冷夏・米不作～翌年の米騒動へ

1996	日本も国連海洋法条約を批准（7月20日発効）
1997	20世紀最大のエルニーニョ発生（〜1988）
	ロシア船籍ナホトカ号重油流出事故（1月2日〜）
1998	梅雨明け無し、長江の大洪水発生（6〜8月）
	日韓漁業協定（新協定）署名（翌年1月22日発効）
2002	冷夏
2003	エチゼンクラゲ来遊、エルニーニョ（北冷西暑）
2004	エチゼンクラゲ来遊、夏〜秋は猛暑、台風多発
	新潟県中越地震（M6.8、10月23日）
2005	エチゼンクラゲ来遊
2006	エチゼンクラゲ来遊、富山湾でカツオ好漁

2007	暖冬（1〜2月）
	能登半島地震（M6.9、3月25日）
	新潟県中越沖地震（M6.8、7月16日）
	海洋基本法成立（7月20日施行）
	エチゼンクラゲ来遊
	「石見銀山」世界文化遺産登録
2008	金沢市の浅野川で水害発生（7月28日）
	この年は台風無し
2009	エチゼンクラゲ来遊、エルニーニョ（北冷西暑）
	長江で世界最大規模の三峡ダム完成
2010	夏〜秋は酷暑
2011	東日本大震災（M9.0、3月11日）
	オホーツク海でスルメイカの漁場形成
2012	福井県水月湖の年縞を「世界標準のものさし」として採用
	台風少ない
2013	水温は過去30年間で最も高い
2014	太平洋側は水温高めでサケ定置にブ

年	事項
	リ・マグロ
2015	ユネスコの正式事業化により「糸魚川、山陰海岸、隠岐」を世界ジオパークに認定 水温高め、年末のブリ不漁
2016	ロシアが自国内でのサケ・マス流し網漁を禁止 日本列島を襲う台風が多発、津軽海峡のマグロ不漁、大和堆に中国のかぶせ網漁船出没
2017	大和堆に北朝鮮の数百隻に及ぶ漁船が進出
2018	梅雨明け早く夏は記録ずくめの酷暑、台風が多発 北朝鮮の漁船の進出が更に顕著となる 国際捕鯨取締条約から脱退（12月）
2019	山形県沖地震（M6.7、6月18日） 7月に商業捕鯨を再開（商業捕鯨モラトリアム決定から37年振り） 台風が多発 北朝鮮と中国の漁船が進出 スルメイカ大不漁
2020	1～2月暖冬（2007年を上回る） 国際地質科学連合が「チバニアン」を正式決定 新型コロナウイルス感染が世界的流行（パンデミック） 中国漁船の進出が顕著となる 長江で大洪水（6～7月）
2021	黄河流域で大雨（7月） 「北海道・北東北の縄文遺跡群」世界文化遺産登録 燃油高騰
2022	ロシアがウクライナへ軍事侵攻（2月24日～） ロシアとの関係が悪化（ロシア水域に入域できず） 6月は記録的な猛暑（2021～ラ

ニーニャ現象）
長江流域で大干ばつ（7〜8月）
能登半島地震（M6.5、5月5日）
「白山手取川ユネスコ世界ジオパーク」
認定：国内で10ヶ所目
夏は酷暑
スルメイカ大不漁

2023

あとがき

筆者の日本海での研究生活は40年足らずの短いものであるが、実にさまざまのことがあった。水産試験場の試験船に乗って日本海を縦横に走って調査したのは忘れがたい思い出だ。身近に起きた事件や生物現象など、他人にとってはどうでもよいことかもしれないが、記録に残しておきたいこともある。世界では、地球科学的な発見が相次いだことも刺激的であった。一方で、災害が多い国に住んでいることを痛感させられた。自身、東京から石川県へIターン就職して、災害の少ない地と周囲からも聞かされていた。しかしながら、1991年の台風19号と2007年の能登半島地震では、身の危険を感じる経験もした。そして、1995年1月17日の阪神・淡路大震災、2011年3月11日の東日本大震災・原発事故と、歴史に残る大きな災害や事故を目の当たりにしようとは思ってもみなかった。残念ながら、ヒトは忘れやすい欠点を抱えている。筆者が力不足も省みず、ささやかな体験や感じたことを記しておきたい、と思った次第である。

幸か不幸か、日本海は身近な存在でありながら、関連した書籍が極めて少ない。本書でも述べたように、日本海では地球上で起こっているさまざまな現象が凝縮されている。日本海が北極海に匹敵する冷たい海、と知っている日本人はほとんどいないであろう。日本海を知ることによって、さまざまな地球科学的現象を学ぶことができる。未知のことも多く、興味は尽きないはずだ。特に若いヒトには、本書を通じて日本海に興味を持つきっかけになれば嬉しい。

今の教育制度では、生物・物理・化学・地学などが縦割りで教えられている。しかし、何のための教育か。最も大切なのは命を守る教育ではないのか。いざという時に、役に立たない学問では願い下げである。日本列島に住む限り、死ぬまで災害と無縁でいられることなど有り得ない。知識があれば、被害を減らすことができるのである。その意味では、教育の中心に災害を据えるべきだ。地震・津波・台風・火山噴火・土砂災害などの発生メカニズムや、対処方法を小さい頃から繰り返し教えることが重要である。派生的に生物・物理・化学・地学・歴史・語学などの必要性もわかってくるはずだ。押し付け教育では、頭に入らないのは筆者の経験からしても証明済みだ。災害教育であっても、日本海は良い教材になるはずだ。

かくいう筆者も、日本海に精通しているわけではない。魚・エビ・イカなどの水産資源調査を通じて、かじった程度である。本書では特に、日本海の成因を知りたい一心で、多くの文献を参考にさせていただいた。参考文献を末尾に掲載したが、もちろんこれらに留まらない。趣味といってもよい博物館めぐりでは、各地で個性ある展示を参考にさせていただいた。しかし、解説が予備知識と照らして、とまどうこともしばしばであった。それだけ、日本海が関係する地学的現象については、解明されていないことが多く、混沌としていることの証左であろう。参考にした資料のすべてを明記できなかったが、その非礼をお許し願うとともに、お礼を申しあげたい。根っからのテレビ好きであるが、思いがけず本書の内容を補強するのに役立った。また、ネット上の情報も多く参考にさせていただいたことを白状しなければならない。ただ、ネット上の情報は錯綜しており、同じテーマであっても複数の情報を見比べることを常とした。

本書の構想を練っていた折、東京大学海洋研究所の蒲生俊敬博士によって、その名もずばり『日本海―その深層で起こっていること―』（２０１６，講談社）というタイトルの本が出版された。先を越されてしまったと思った。しかし、海洋研究では著名な先生が執筆された高著である。筆者を比べるのは無謀というものである。筆者の有意性を強いて挙げれば、日本海の傍（かたわら）で長く生活していることであろう。日本海に直接触れた乗船調査も延べにすれば1000日を超えた。その自負だけは持って書いたつもりである。ただ、思いつくままだ。したがって、決して体系的なものではない。読者には、物足りない部分や興味ある部分については、更に調べて深化させていただければ幸いである。その一冊に、蒲生本は日本海が直面する環境問題を適切に扱った好著である。筆者とも志を共有する部分がある。

本書を書き終わってみて、中途半端な魚屋が、日本海をどこまでわかりやすく解説できたか、実は心もとない。筆者なりに勉強してわかったことを記述したつもりだが、見当違いがあるかもしれない。特に、専門外の地学的現象については、素人の怖いもの知らずで、専門家ならためらうようなことも、書いてしまった気がする。間違いがあれば叱責をいただきたい。間違いを正していただけるような日本海通の若いヒトが出てくれれば、筆者の目的の幾らかは達成できた、というものである。

なお、私事ではあるが、第3章の研究結果については、成長・繁殖生態・分布と移動・群構造と性転換、のタイトルでその都度、論文にまとめて（社）日本水産学会へ投稿した。そして、学会誌へも掲載された。このことが、現役を終えてからであったが、博士論文をまとめるのに役立った。筆者の定年退職後にもかかわらず、アマエビ研究の取りまとめの機会を与えていただいた浜崎活幸先生（東京海洋大学教授）、そして現役時代にアマエビ共同研究を実施して以来、交流を続けている「アマエビ会」の南卓志先生（元東北大学教授、元日本海区水産研究所）、粕谷芳夫氏（元福井県水産試験場）、片野卓氏（元新潟県水産試験場）、安沢弥氏（元新潟県水産試験場）、佐藤洋氏（元山形県水産試験場）には、お世話になった。ここに掲げた方々の厚い友情がなければ、本書の出版に漕ぎ着けることはできなかった。心から感謝してやまない次第である。

本書の編集に当たっては、北國新聞社出版局の協力をいただいた。拙稿をまとめることができたのも、そのお陰である。

２０１８年10月　貞方　勉

改訂版によせて

初版を出してから、書き足りなかったと思うことがしきりであった。初版から5年を過ぎて、新発見などにより内容の大幅な変更を必要とするようなことは無かったように思う。しかし、郷土の偉人・関沢明清翁のことをどうしても書いて置きたいという思いが勝って、とうとう改訂版を出す決意をした。５年といっても、振り返ってみれば歴史的な事件に出会うことになり、よくぞ生き延びたと神仏に感謝したくなる。新型コロナウイルス感染の世界的流行（パンデミック）であり、ヨーロッパでの紛争とはいえ隣国が戦争を始めたことであり、そして居住地の奥能登で再び大きな地震に遭ったことなどである。これらのことを含めて、改訂版では随所で書き足りなかった部分の補充と時点修正をおこなった。

関沢明清翁の記述に当たっては、同翁の再評価に尽力された元石川県漁業協同組合連合会の荒谷顕明氏、よき理解者となってくれた石原元博士（大学の同級生）にはさまざまなアドバイスをいただいた。記してお礼を申し上げたい。また、初版の誤字・脱字を指摘してくださった読者の方がたにもお礼を申し上げたい。

改訂版の編集に当たっても、北國新聞社の協力をいただいた。

２０２３年12月　著者しるす

北海道水産林務部〔1985 ～ 2021〕北海道水産現勢
北陸農政局統計情報部（1953 ～ 2010）：石川農林水産統計
前田圭司・丸山秀佳（1996）：地域性底魚類の資源生態調査研究 エビ類、平成 7 年度北海道立水産試験場事業報告書
皆川哲夫・角三繁夫（1976）：有用甲殻類種苗生産研究（ホッコクアカエビ）、昭和 49 年度石川県増殖試験場事業報告書
御手洗村史編算委員会（1955）：御手洗の歴史，松任町御手洗公民館
湊和雄・宮竹貴久（2020）世界自然遺産やんばる，朝日新書
柳田國男編（1988）：海村生活の研究，図書刊行会
山岡耕春（2016）：南海トラフ地震，岩波書店
山崎晴雄・久保純子（2017）：日本列島 100 万年史―大地に刻まれた壮大な物語，講談社
山下欣二（1996）：甲殻類の歴史動物学，海洋と生物
横山祐典（2018）：地球 46 億年気候変動 - 炭素循環で読み解く、地球気候の過去・現在・未来，講談社
リチャード・ドーキンス（日高敏隆・岸由二・羽田節子・垂水雄二訳）（2006）：利己的な遺伝子，紀伊國屋書店
和田顕太（2012）関沢明清―若き加賀藩士，夜明けの海へ―、北國新聞社

中川　毅（2017）：人類と気候の 10 万年史—過去に何が起きたのか、これから何が起こるのか，講談社
中島淳一（2018）：日本列島の下では何が起きているのか - 列島誕生から地震・火山噴火のメカニズムまで，講談社
中西正男・沖野郷子（2016）：海洋底地球科学，東京大学出版会
中野美代子（2015）：日本海ものがたり—世界地図からの旅，岩波書店
長崎福三（1998）システムとしての〈森—川—海〉—魚付林の視点から—，（社）農山漁村文化協会
長沼　毅（1996）：深海生物学への招待，日本放送出版協会
日本放送協会（2007）：おくのほそ道を歩こう，日本放送出版協会
西村三郎（1974）：日本海の成立—生物地理学からのアプローチ，築地書館
西村三郎（1981）：地球の海と生命—海洋生物地理学序説，海鳴社
日本海区水産研究所（1973 ～ 2010）：日本海区沖合底びき網漁業漁場別漁獲統計資料
日本海区水産研究所（1987）大規模砂泥域開発調査事業〔日本海海域〕調査報告書
日本甲殻類学会（編集）（2017）エビ・カニの疑問 50，成山堂書店
能田　成（2008）：日本海はどう出来たか，ナカニシヤ出版
農林水産省〔2014 ～ 2021〕農林水産物品目別実績〔輸入〕
農林水産省統計情報部（1971 ～ 2021）：漁業養殖業生産統計年報
畠山幸司（2002）：海と大地の物語—古日本海と信州の海—，長野市立博物館
藤岡換太郎（1997）：深海底の科学—日本列島を潜ってみれば，日本放送出版協会
藤岡換太郎（2012）：山はどうしてできるのか—ダイナミックな地球科学入門，講談社
藤岡換太郎（2013）：海はどうしてできたのか—壮大なスケールの地球進化史，講談社
藤岡換太郎・平田大二編著（2014）：日本海の拡大と伊豆弧の衝突—神奈川の大地の生い立ち，有燐堂
藤岡換太郎（2016）：深海底の地球科学，朝倉書店
藤岡換太郎（2018）：フォッサマグナ - 日本列島を分断する巨大地溝の正体，講談社
藤田至則（1990）：日本列島の成立—環太平洋変動，築地書館
Bergstrom, B.I.（2000）：The biology of Pandalus. , Advan. Mar. Biol.,　38

小泉　格（2008）：図説　地球の歴史，朝倉書店
国立天文台編（2015）：理科年表，丸善出版
小林貞一（1956）：東亜地質（上巻），朝倉書店
貞方　勉（1982）1981年7月15日釧路沖で漁獲されたスルメイカについて，昭和56年度イカ類資源・漁海況検討会議，北海道区水産研究所
貞方　勉（2015）：日本海能登半島近海産ホッコクアカエビの資源生物学的研究，東京海洋大学審査学位論文
佐野貴司（2017）：海に沈んだ大陸の謎，講談社
Squires, H.J.（1992）：Recognition of Pandalus eous Makarov, 1935, as a pacific species not a variety of the atlantic Pandalus borealis Kroyer,1938. , Crustaceana, 63
Stickney, A.P. and H.C. Perkins（1977）：Environmental physiology of commercial shrimp, Pandalus borealis., Project 3-202-R Completion Report, Dep. Mar. Resour., W. Boothbay Harbor, Maine
財務省（2013）：貿易統計（輸入）
水産庁（2021）漁業資源評価資料
菅沼悠介（2020）地磁気逆転と「チバニアン」，講談社
鈴木牧之編撰（1936）：北越雪譜，岩波書店
周藤賢治（2009）：東北日本弧―日本海の拡大とマグマの生成，共立出版
Jagersten, G.（1936）：Uber die Geschlechtsverhaltnisse unt das Wachstrum bei Pandalus. Ark. Zool., 28A
平　朝彦（1990）：日本列島の誕生，岩波書店
高木秀雄監修（2018）：日本列島5億年史，洋泉社
高田　宏（1992）：日本海繁盛記，岩波書店
瀧澤美奈子（2013）：日本の深海―資源と生物のフロンティア，講談社
竹田いさみ（2019）海の地政学、中公新書
巽　好幸（2011）：地球の中心で何が起こっているのか，幻冬舎
巽　好幸（2016）：富士山大噴火と阿蘇山大爆発，幻冬舎
堤　之恭（2014）：絵でわかる日本列島の誕生，講談社
寺田寅彦（1927）：日本海沿岸の列島に就いて，東京帝国大学地震研究所彙報，3
泊　次郎（2008）：プレートテクトニクスの拒絶と受容―戦後日本の地球科学史，東京大学出版会

参考文献

阿部宗明監修（1987）：原色魚類大図鑑，北隆館

池内　敏（2016）：竹島―もうひとつの日韓関係史，中央公論新社

石川県漁業協同組合連合会（1969）：石川水産の歩み

石川自然誌研究会（1984）石川の自然ガイド，のとの自然

NHK スペシャル「列島誕生 ジオ・ジャパン」制作班監修（2017）：激動の日本列島誕生の物語，宝島社

岡部敬史・山出高士（2016）：くらべる東西，東京書籍

柏野祐二（2016）：海の教科書―波の不思議から海洋大循環まで，講談社

絈野義夫（1989）：日本海のおいたち，青木書店

蟹澤聰史（2012）：「おくのほそ道」を科学する，河北新報出版センター

鎌田浩毅（2016）：地球の歴史（上）水惑星の誕生，（中）生命の登場，（下）人類の台頭，中央公論新社

神沼克伊（2010）：みんなが知りたい南極・北極の疑問 50，ソフトバンク クリエイティブ

Kawai, N., Nakajima, T. and Hirooka, K,（1971）：The evolution of the island arc of Japan and the formation of granites in the circum-Pacific belt. J, Geomag. Geoelectr, 23

川崎　健（2009）：イワシと気候変動，岩波新書

木村政昭編（2002）琉球弧の成立と生物の渡来，沖縄タイムス社

工藤寛正（2019）子規のおくのほそ道「はて知らずの記」を歩く、里文出版

Komai, T.（1999）：A revision of the genus Pandalus. J. Natural History, 33

国立天文台編（2016）理科年表、丸善

木幡　孜（2003）漁業崩壊―国産魚を切り捨てる飽食日本―，れんが書房新社

蒲生俊敬（2016）：日本海―その深層で起こっていること，講談社

北里　洋（2012）：日本の海はなぜ豊かなのか，岩波書店

Ghiselin, M.T.（1992）：The evolution of hermaphroditism among animals. Quart. Rev. Biol., 44

小泉　格（2006）：日本海と環日本海地域―その成立と自然環境の変遷，角川学芸出版

［著者略歴］
貞方　勉（さだかた・つとむ）
1950 年千葉県生まれ
1973 年東京水産大学卒業
元石川県水産試験場職員、博士［海洋科学］

［改訂版］
アマエビの生物学と日本海
―繁殖戦略、その神秘のメカニズム

2019 年　1 月 30 日　第 1 版第 1 刷発行
2023 年 12 月 30 日　改訂版第 1 刷発行

著　者　**貞方　勉**
発　行　**北國新聞社**

〒 920 － 8588
金沢市南町 2 番 1 号
TEL 076 － 260 － 3587（出版部直通）
FAX 076 － 260 － 3423
E-mail　syuppan@hokkoku.co.jp

ISBN978-4-8330-2300-9